技術者のための 情報通信法規

吉川忠久[著]

OHM
Ohmsha

まえがき

　近年，ICT 関連の業種として，コンピュータ，電気通信（公衆通信），無線通信，放送の分野は著しく伸びており，それらの業務に従事する方にとって，関係する法令の知識は必須のものとなっています。また，インターネットなどのコンピュータ通信に関する新たな法令も施行され，ICT 関連の業務に従事するためには，それらの法令の知識が必要とされています。

　公衆通信を取り扱う電気通信事業者の設備を監督する技術者として，必要な資格の電気通信主任技術者の国家試験においては，電気通信法規の科目があり，ネットワーク管理者として，コンピュータシステムを管理する情報処理技術者の国家試験においては，電気通信法規の内容が出題されているので，これらの国家試験に合格するためには，関係する電気通信法規の学習が必要です。

　これまで，電気通信事業法，電波法，電子署名法，著作権法などの個々の法令について解説された書籍は多数出版されておりましたが，これらの法令を総合的にまとめた書籍が少ないのが現状でした。

　そこで，本書では情報・電気通信関係法令を総合的にまとめるとともに，電気通信主任技術者，情報処理技術者，無線従事者の資格を受験する際の法規科目および電気通信関係法規の参考書として十分な内容の法令を集録しました。

　本書の構成は各条文を羅列したものとせずに，法律と関係する規則の関係を示しながら条文を解説しています。

　また，大学，高専，専門学校において，情報通信法規のテキストとして活用できるように必要な内容を網羅し，まとめとして，演習問題を挙げてありますので，知識の内容を確認して学習の効果を上げることができます。

　本書は日本理工出版会から 2017 年に発行した「技術者のための情報通信法規教本［新版］をオーム社から再発行するものです。再発行にあたり，法令改正に合わせて内容の一部を変更しています。

　本書によって，情報通信法規の理解を深めて，ICT 関係の業務で活躍することに，あるいは情報通信関係の資格取得のお役に立てれば幸いです。

著者しるす

目　次

本書の使い方

1 情報・電気通信・放送技術者のために必要な法令及びその条文を挙げたので，条文中で省略している条項があります。条文の項数や号数の番号が飛んでいる場合は，省略しています。

2 第1章は電気通信事業法及び関係する政令，省令についての条文を記載し解説しています。以降の各章では，それぞれの法律ごとに分けて記述しています。各章において，「第○条」の記載は，その章の法律の条項を表します。

3 （＊1）等の表記は，条文中において，（ ）内の文書が長くてわかりにくいものについては，次のように，別に記載してあります。

> 電気通信事業法
> **第7条** 基礎的電気通信役務（＊1）を提供する電気通信事業者は，その適切，公平かつ安定的な提供に努めなければならない。
>
> ＊1 国民生活に不可欠であるため，あまねく日本全国における提供が確保されるべきものとして総務省令で定める電気通信役務をいう。以下同じ。

4 条文中において，「1，2，3……」の数字は項を表し，「一，二，三，……」の漢字は号を表します。

電気通信事業法

（昭和59年12月25日法律第86号）

1 概　要

　電気通信事業法が昭和60年4月1日に施行され，電気通信サービスを提供する電気通信事業者の参入が続いています。また，電話のみによる通信からインターネット等の通信へと急速な変化をする電気通信に，電気通信事業者の多様な事業展開を促進する観点から，事業者の参入や提供するサービスに関する電気通信事業法の規制が大きく見直されて，改正されています。

1.1　電気通信事業法の目的

　電気通信事業法は，それまで独占されていた電気通信事業に競争会社を参入させることで，電気通信事業を能率的に運用し，良質で安い電気通信サービスを提供することを目的としています。電気通信事業法第1条（「法1条」と略記します。）には，その目的が次のように定められています。

電気通信事業法
第1条　この法律は，電気通信事業の公共性にかんがみ，その運営を適正かつ合理的なものとするとともに，その公正な競争を促進することにより，電気通信役務の円滑な提供を確保するとともにその利用者の利益を保護し，もって電気通信の健全な発達及び国民の利便の確保を図り，公共の福祉を増進することを目的とする。

1.2　電気通信事業法令

　電気通信事業法は国会で制定される法律です。法律に基づいて具体的にかつ詳細を規定しているのが政令，省令，告示です。政令は内閣で，電気通信に関する省令，告示は総務省で制定されます。これらをひとまとめにして，電気通信事業法令とい

い，主なものを次に示します。（　）内は，本章中で用いる略記です。

電気通信事業法施行令（施行令）

電気通信事業法施行規則（施）

　法の施行に必要とする事項，電気通信事業に関する手続き等について定められています。

電気通信事業会計規則（会計）

　電気通信料金の適正な算定のために，電気通信事業者の会計の基準について定められています。

事業用電気通信設備規則（事業設備）

　電気通信事業者の設備の基準について定められています。

電気通信主任技術者規則（主任）

　電気通信主任技術者の業務の監督の範囲，選任，国家試験等について定められています。

工事担任者規則（工担）

　工事担任者が行うことができる工事及び監督の範囲，国家試験等について定められています。

端末設備等規則（端末設備）

　電気通信事業者が設置する電気通信回線設備に接続する利用者の端末設備の技術基準について定められています。

1.3　定　義

　電気通信に関する主な用語が定義されています。ここに掲げた以外の詳細な用語は，各規定の中で定義しています。

電気通信事業法
第2条　この法律において，次の各号に掲げる用語の意義は，当該各号に定めるところによる。
一　**電気通信**　有線，無線その他の電磁的方式により，符号，音響，又は影像を送り，伝え，又は受けることをいう。

　その他の電磁的方法には，レーザ等の光を用いて空間伝送する通信等が含まれます。

二　**電気通信設備**　電気通信を行うための機械，器具，線路その他の電気的設備をいう。
三　**電気通信役務**　電気通信設備を用いて他人の通信を媒介し，その他電気

通信設備を他人の通信の用に供することをいう。

四　**電気通信事業**　電気通信役務を他人の需要に応ずるために提供する事業
（＊1）をいう。

＊1　放送法（昭和25年法律第132号）第118条第1項に規定する放送
局設備供給役務に係る事業を除く。

放送法に規定されている放送局の設備を供給する役務は除かれています。

五　**電気通信事業者**　電気通信事業を営むことについて，第9条の登録を受
けた者及び第16条第1項の規定による届出をした者をいう。

六　**電気通信業務**　電気通信事業者の行う電気通信役務の提供の業務をい
う。

＊1の表記は，条文中で（　）内の文章が長くてわかりにくいものにつ
いて，別に記載してあります。

1.4　条　約

条約改正に伴う電気通信事業法の改正の遅れや条約のみに規定がある場合等
に，条約が優先されることが規定されています。

電気通信事業法
第5条　電気通信事業に関し条約に別段の定めがあるときは，その規定に
よる。

電気通信事業法に関係する条約は，
国際電気通信連合憲章
国際電気通信連合条約
電気通信規則
無線通信規則
国際電気通信衛星機構に関する協定（INTELSAT）
国際移動通信衛星機構に関する条約（IMSO）
等があります。

2 通信の秘密

　日本国憲法第21条に検閲の禁止及び通信の秘密の保護について規定があり，この規定に基づいて電気通信事業法に規定されています。

憲　法
第21条　集会，結社及び言論，出版その他一切の表現の自由は，これを保障する。
2　検閲は，これをしてはならない。通信の秘密は，これを侵してはならない。

用語解説

　「検閲」とは，国の機関等が新聞・放送・映画・信書・電話等の表現内容を強制的に検査することをいいます。

電気通信事業法
第3条　電気通信事業者の取扱中に係る通信は，検閲してはならない。

電気通信事業法
第4条　電気通信事業者の取扱中に係る通信の秘密は，侵してはならない。
2　電気通信事業に従事する者は，在職中電気通信事業者の取扱中に係る通信に関して知り得た他人の秘密を守らなければならない。その職を退いた後においても，同様とする。

　通信の秘密には，その通信内容だけではなく，通信当事者の所在地，氏名，発信場所等の情報も含まれます。また，漏話によって通信の秘密が侵されないように事業用電気通信設備規則，端末設備等規則等に技術基準が規定されています。
　有線電気通信法，電波法にも秘密の保護の規定がありますが，電気通信業務に係わる通信の秘密に関しては電気通信事業法の規定が適用されます。罰則は法179条に規定されています。

演習問題

　問1　電気通信事業法の目的について，電気通信事業法に規定するところを述べよ。

〔参照条文：法1条〕

問2　次の用語の定義について，電気通信事業法に規定するところを述べよ。
　① 電気通信
　② 電気通信役務
　③ 電気通信事業者

〔参照条文：法2条〕

問3　通信の秘密について，電気通信事業法に規定するところを述べよ。

〔参照条文：法4条〕

③ 電気通信事業

3.1　利用の公平

　特定の利用者に対して，正当な理由がないのに，差別して，有利に又は不利に取り扱ってはならないことが規定されています。

電気通信事業法
第6条　電気通信事業者は，電気通信役務の提供について，不当な差別的取扱いをしてはならない。

　また，総務大臣が支障があると認めたときは，電気通信事業者は改善命令等を受けることがあります。

電気通信事業法
第29条　総務大臣は，次の各号のいずれかに該当すると認めるときは，電気通信事業者に対し，利用者の利益又は公共の利益を確保するために必要な限度において，業務の方法の改善その他の措置をとるべきことを命ずることができる。
　二　電気通信事業者が特定の者に対し不当な差別的取扱いを行っているとき。

　条文の項数や号数の番号が飛んでいる場合は，省略しています。

3.2　基礎的電気通信役務の提供

　日本全国における提供が確保されるべきものとして電気通信事業法施行規則に基礎的電気通信役務の事業者を定めて，適切，公平かつ安定的な役務の提供に努めることが規定されています。

電気通信事業法
第7条．基礎的電気通信役務（＊1）を提供する電気通信事業者は，その適切，公平かつ安定的な提供に努めなければならない。

＊1　国民生活に不可欠であるためあまねく日本全国における提供が確保されるべきものとして総務省令で定める電気通信役務をいう。以下同じ。

　総務大臣は基礎的電気通信役務の提供の確保に寄与することを目的とする一般社団法人の基礎的電気通信役務支援機関を指定します。支援機関は基礎的電気通信役務を提供する適格電気通信事業者を指定し，電気通信事業者が利用者から徴収した負担金（ユニバーサルサービス料）を基礎的電気通信役務の費用の一部に充てるための交付金として，適格電気通信事業者に交付します（法106条～110条）。基礎的電気通信役務を提供する適格電気通信事業者として，東日本電信電話株式会社（ＮＴＴ東日本）と西日本電信電話株式会社（ＮＴＴ西日本）が指定されています。

3.3　重要通信

　非常災害時等において，重要通信を優先すること。また，重要通信を優先的に取り扱った結果，他の通信を取り扱えなくなった場合に，必要がある場合は業務の一部を停止することを認める規定です。

電気通信事業法
第8条　電気通信事業者は，天災，事変その他の非常事態が発生し，又は発生するおそれがあるときは，災害の予防若しくは救援，交通，通信若しくは電力の供給の確保又は秩序の維持のために必要な事項を内容とする通信を優先的に取り扱わなければならない。公共の利益のため緊急に行うことを要するその他の通信であって総務省令で定めるものについても，同様とする。
2　前項の場合において，電気通信事業者は，必要があるときは，総務省令で定める基準に従い，電気通信業務の一部を停止することができる。
3　電気通信事業者は，第1項に規定する通信（以下「重要通信」という。）の円滑な実施を他の電気通信事業者と相互に連携を図りつつ確保するため，他の電気通信事業者と電気通信設備を相互に接続する場合には，総務省令で定めるところにより，重要通信の優先的な取扱いについて取り決めることその他の必要な措置を講じなければならない。

　電気通信事業法で定める非常災害時等の通信の種類については，電気通信事

業法施行規則において，緊急に行うことを要する通信及びその通信を行う機関について規定されています。

　業務の一部を停止したとき，通信の秘密が漏洩したとき，重大な事故が生じたときは，法 28 条の規定により総務大臣に報告しなければなりません。

3.4　事業の登録等
（1）　登　録

　電気通信事業を営もうとするときは，総務大臣の登録を受けなければなりません。ただし，電気通信事業法施行規則で定める小規模な設備を設置する事業者の場合は，法 16 条の規定により総務大臣に届けなければなりません。

電気通信事業法
第 9 条　電気通信事業を営もうとする者は，総務大臣の登録を受けなければならない。ただし，次に掲げる場合は，この限りでない。
　一　その者の設置する電気通信回線設備（送信の場所と受信の場所との間を接続する伝送路設備及びこれと一体として設置される交換設備並びにこれらの附属設備をいう。以下同じ。）の規模及び当該電気通信回線設備を設置する区域の範囲が総務省令で定める基準を超えない場合
　二　その者の設置する電気通信回線設備が電波法（昭和 25 年法律第131 号）第 7 条第 2 項第六号に規定する基幹放送に加えて基幹放送以外の無線通信の送信をする無線局の無線設備である場合（前号に掲げる場合を除く。）

電気通信事業法
第 10 条　前条の登録を受けようとする者は，総務省令で定めるところにより，次の事項を記載した申請書を総務大臣に提出しなければならない。
　一　氏名又は名称及び住所並びに法人にあっては，その代表者の氏名
　二　外国法人等（外国の法人及び団体並びに外国に住所を有する個人をいう。以下この章及び第 118 条第四号において同じ。）にあっては，国内における代表者又は国内における代理人の氏名又は名称及び国内の住所
　三　業務区域
　四　電気通信設備の概要
2　前項の申請書には，第 12 条第 1 項第一号から第三号までに該当しないことを誓約する書面その他総務省令で定める書類を添付しなければならない。

電気通信事業法
第11条 総務大臣は，第9条の登録の申請があった場合においては，次
条第1項の規定により登録を拒否する場合を除き，次の事項を電気通信
事業者登録簿に登録しなければならない。
一 前条第1項各号に掲げる事項
二 登録年月日及び登録番号
2 総務大臣は，前項の規定による登録をしたときは，遅滞なく，その旨
を申請者に通知しなければならない。

用語解説

「登録」とは，一定の法律事実等を行政庁等に備える公簿に記載するこ
とをいいます。登録されることによって，法的効果が発生します。この規
定では総務大臣が登録簿に登録することです。
登録は，許可や免許と異なり一定の条件に適合すれば登録を受けること
ができます。また，総務大臣の権限により登録の取消し等の処分を受ける
ことがあります。

---

(2) 電気通信事業の登録の拒否

一般に，届けは拒否されることはありませんが，登録の手続きの場合では，
法令違反，経済的，技術的能力の欠如等の場合に登録が拒否されることがあり
ます。

電気通信事業法
第12条 総務大臣は，第10条第1項の申請書を提出した者が次の各号
のいずれかに該当するとき，又は当該申請書若しくはその添付書類のう
ちに重要な事項について虚偽の記載があり，若しくは重要な事実の記載
が欠けているときは，その登録を拒否しなければならない。
一 この法律，有線電気通信法（昭和28年法律第96号）若しくは電波
法又はこれらに相当する外国の法令の規定により罰金以上の刑に処せ
られ，その執行を終わり，又はその執行を受けることがなくなった日
から2年を経過しない者
二 第14条第1項の規定により登録の取消しを受け，その取消しの日か
ら2年を経過しない者又はこの法律に相当する外国の法令の規定によ
り当該外国において受けている同種類の登録（当該登録に類する許可
その他の行政処分を含む。第50条の3第二号において同じ。）の取消

しを受け，その取消しの日から2年を経過しない者

三　法人又は団体であって，その役員のうちに前2号のいずれかに該当する者があるもの

四　外国法人等であって国内における代表者又は国内における代理人を定めていない者

五　その電気通信事業が電気通信の健全な発達のために適切でないと認められる者

2　総務大臣は，前項の規定により登録を拒否したときは，文書によりその理由を付して通知しなければならない。

（3）　登録の更新

第一種指定電気通信設備若しくは第二種指定電気通信設備を設置する者（「指定設備設置事業者」という。）又はその特定関係法人（グループ会社）が，大規模事業者（指定設備設置事業者，特定電気通信設備を設置する者）と合併や株式取得等を行った場合に，これらの事業者は電気通信事業の登録の更新を受けなければなりません。

電気通信事業法
第12条の2　第9条の登録は，次に掲げる事由が生じた場合において，当該事由が生じた日から起算して3月以内にその更新を受けなかったときは，その効力を失う。

一　第9条の登録を受けた者が設置する電気通信設備が，第33条第1項［第一種指定電気通信設備］の規定により新たに指定をされたとき（その者が設置する他の電気通信設備が同項の規定により既に指定をされているときを除く。），又は第34条第1項［第二種指定電気通信設備］の規定により新たに指定をされたとき（その者が設置する他の電気通信設備が同項の規定により既に指定をされているときを除く。）。

二　第9条の登録を受けた者（第一種指定電気通信設備（第33条第2項に規定する第一種指定電気通信設備をいう。以下第31条までにおいて同じ。）又は第二種指定電気通信設備（第34条第2項に規定する第二種指定電気通信設備をいう。第4項第二号ハ及び第30条第1項において同じ。）を設置する電気通信事業者たる法人である場合に限る。以下この項において同じ。）が，次のいずれかに該当するとき。

イ　その特定関係法人以外の者（特定電気通信設備を設置する者に限る。以下この項において同じ。）と合併（合併後存続する法人が当該第9条の登録を受けた者である場合に限る。）をしたとき。

ロ　その特定関係法人以外の者から分割により電気通信事業（当該特

定電気通信設備を用いて電気通信役務を提供する電気通信事業に限る。以下この項において同じ。）の全部又は一部を承継したとき。

ハ　その特定関係法人以外の者から電気通信事業の全部又は一部を譲り受けたとき。

三，四，2～4［省略］

（4）　電気通信事業の変更登録

電気通信事業の業務区域，電気通信設備の概要について変更があったときは，総務大臣の変更登録を受けなければなりません。ただし，総務省令で定める軽微な事項について変更があった場合は，届けを出さなければなりません。軽微な事項については，電気通信事業法施行規則に規定されています。

電気通信事業法
第13条　第9条の登録を受けた者は，第10条第1項第二号又は第三号又は第四号の事項を変更しようとするときは，総務大臣の変更登録を受けなければならない。ただし，総務省令で定める軽微な変更については，この限りでない。

2　前項の変更登録を受けようとする者は，総務省令で定めるところにより，変更に係る事項を記載した申請書を総務大臣に提出しなければならない。

3　第10条第2項，第11条及び第12条の規定は，第1項の変更登録について準用する。この場合において，第11条第1項中「次の事項」とあるのは「変更に係る事項」と，第12条第1項中「第10条第1項の申請書を提出した者が次の各号」とあるのは「変更登録に係る申請書を提出した者が次の各号（第二号にあっては，この法律に相当する外国の法令の規定に係る部分に限る。）」と読み替えるものとする。

4　第9条の登録を受けた者は，第10条第1項第一号，第二号若しくは第五号の事項に変更があったとき，又は第1項ただし書の総務省令で定める軽微な変更をしたときは，遅滞なく，その旨を総務大臣に届け出なければならない。その届出があった場合には，総務大臣は，遅滞なく，当該登録を変更するものとする。

（5）　電気通信事業の登録の取消し及び抹消

電気通信事業法
第14条　総務大臣は，第9条の登録を受けた者が次の各号のいずれかに該当するときは，同条の登録を取り消すことができる。

一　当該第9条の登録を受けた者がこの法律又はこの法律に基づく命令
　若しくは処分に違反した場合において，公共の利益を阻害すると認め
　るとき。

二　不正の手段により第9条の登録又は第12条の2第1項の登録の更
　新又は前条第1項の変更登録を受けたとき。

三　第12条第1項第一号から第四号まで（第二号にあっては，この法
　律に相当する外国の法令の規定に係る部分に限る。）のいずれかに該
　当するに至ったとき。

2　第12条第2項の規定は，前項の場合に準用する。

電気通信事業法
第15条　総務大臣は，第18条の規定による電気通信事業の全部の廃止若
　しくは解散の届出があったとき，第12条の2第1項の規定により登録が
　その効力を失ったとき，又は前条第1項の規定による登録の取消しをし
　たときは，当該第9条の登録を受けた者の登録を抹消しなければならな
　い。

3.5　電気通信事業の届出等

　電気通信回線設備の規模及び設備を設置する区域の範囲が電気通信事業法施
行規則で定める基準を超えない場合の電気通信事業を営もうとする者は，総務
大臣に届けなければなりません。

（1）電気通信事業の届出

電気通信事業法
第16条　電気通信事業を営もうとする者（第9条の登録を受けるべき者
　を除く。）は，総務省令で定めるところにより，次の事項を記載した書類
　を添えて，その旨を総務大臣に届け出なければならない。

一　氏名又は名称及び住所並びに法人にあっては，その代表者の氏名

二　外国法人等にあっては，国内における代表者又は国内における代理
　人の氏名又は名称及び国内の住所

三　業務区域

四　電気通信設備の概要（第44条第1項の事業用電気通信設備を設置
　する場合に限る。）

五　その他総務省令で定める事項

2　前項の届出をした者は，同項第一号，第二号又は第五号の事項に変更
　があったときは，遅滞なく，その旨を総務大臣に届け出なければならな

い。

3　第1項の届出をした者は，同項第三号又は第四号の事項を変更しよう
とするときは，その旨を総務大臣に届け出なければならない。ただし，
総務省令で定める軽微な変更については，この限りでない。

4　第1項の届出をした者は，第41条第4項の規定により新たに指定を
されたときは，総務省令で定めるところにより，その指定の日から1月
以内に，第1項第四号の事項を総務大臣に届け出なければならない。

　事業用電気通信設備を設置する電気通信事業者は，電気通信の概要を記載し
て届けなければなりません（第44条第1項）。また，利用者の利益に及ぼす影
響が大きいものとして，電気通信設備を適正に管理すべき電気通信事業者とし
て指定された電気通信事業者も同様に届けなければなりません（第41条第4項）。

（2）承　継

電気通信事業法
第17条　電気通信事業の全部の譲渡しがあったとき，又は電気通信事業
者について合併，分割（電気通信事業の全部を承継させるものに限る。）
若しくは相続があったときは，当該電気通信事業の全部を譲り受けた者
又は合併後存続する法人若しくは合併により設立した法人，分割により
当該電気通信事業の全部を承継した法人若しくは相続人（相続人が2人
以上ある場合においてその協議により当該電気通信事業を承継すべき相
続人を定めたときは，その者。以下この項において同じ。）は，電気通信
事業者の地位を承継する。ただし，当該電気通信事業者が第9条の登録
を受けた者である場合において，当該電気通信事業の全部を譲り受けた
者又は合併後存続する法人若しくは合併により設立した法人，分割によ
り当該電気通信事業の全部を承継した法人若しくは相続人が第12条第1
項第一号から第四号までのいずれかに該当するときは，この限りでない。

2　前項の規定により電気通信事業者の地位を承継した者は，遅滞なく，
その旨を総務大臣に届け出なければならない。

（3）事業の休止及び廃止並びに法人の解散

　電気通信事業を休止又は廃止するときは，事前に総務大臣に届けなければな
りません。また，利用者の利益を保護するために利用者に対し，休止又は廃止
することを事前に周知しなければなりません。ただし，電気通信事業法施行規
則で定める小規模な事業については除かれます。

電気通信事業法
第18条　電気通信事業者は，電気通信事業の全部又は一部を休止し，又は廃止したときは，遅滞なく，その旨を総務大臣に届け出なければならない。

2　電気通信事業者たる法人が合併以外の事由により解散したときは，その清算人（解散が破産手続き開始の決定による場合にあっては，破産管財人）又は外国の法令上これらに相当する者は，遅滞なく，その旨を総務大臣に届け出なければならない。

電気通信事業法
第26条の4　電気通信事業者は，電気通信業務の全部又は一部を休止し，又は廃止しようとするときは，総務省令で定めるところにより，あらかじめ，当該休止し，又は廃止しようとする電気通信業務に係る利用者に対し，利用者の利益を保護するために必要な事項として総務省令で定める事項を周知させなければならない。ただし，利用者の利益に及ぼす影響が比較的少ないものとして総務省令で定める電気通信役務に係る電気通信業務の休止又は廃止については，この限りでない。

2　前項本文の場合において，電気通信事業者は，利用者の利益に及ぼす影響が大きいものとして総務省令で定める電気通信役務に係る電気通信業務の休止又は廃止については，総務省令で定めるところにより，あらかじめ，同項の総務省令で定める事項を総務大臣に届け出なければならない。

電気通信事業法
第26条の5　総務大臣は，その保有する前条第2項の総務省令で定める電気通信役務に係る電気通信業務の休止及び廃止に関する次に掲げる情報を整理し，これをインターネットの利用その他の適切な方法により公表するものとする。

一　第18条第1項及び前条第2項の規定による届出に関して作成し，又は取得した情報

二　その他総務省令で定める情報

3.6　電気通信役務

（1）基礎的電気通信役務の契約約款

　基礎的電気通信役務を提供する電気通信事業者は，役務に関する料金その他の提供条件について契約約款を定め，その実施前に，総務大臣に届け出なけれ

ばなりません。その契約約款に定める事項について，料金の額の算出方法が不適切，特定の者に対し不当な差別的取扱いをする等の場合は，総務大臣は契約約款を変更することを命ずることができます。

電気通信事業法
第19条 基礎的電気通信役務を提供する電気通信事業者は，その提供する基礎的電気通信役務に関する料金その他の提供条件（第52条第1項又は第70条第1項第一号の規定により認可を受けるべき技術的条件に係る事項及び総務省令で定める事項を除く。）について契約約款を定め，総務省令で定めるところにより，その実施前に，総務大臣に届け出なければならない。これを変更しようとするときも，同様とする。

2 総務大臣は，前項の規定により届け出た契約約款が次の各号のいずれかに該当すると認めるときは，基礎的電気通信役務を提供する当該電気通信事業者に対し，相当の期限を定め，当該契約約款を変更すべきことを命ずることができる。

一 料金の額の算出方法が適正かつ明確に定められていないとき。

二 電気通信事業者及びその利用者の責任に関する事項並びに電気通信設備の設置の工事その他の工事に関する費用の負担の方法が適正かつ明確に定められていないとき。

三 電気通信回線設備の使用の態様を不当に制限するものであるとき。

四 特定の者に対し不当な差別的取扱いをするものであるとき。

五 重要通信に関する事項について適切に配慮されているものでないとき。

六 他の電気通信事業者との間に不当な競争を引き起こすものであり，その他社会的経済的事情に照らして著しく不適当であるため，利用者の利益を阻害するものであるとき。

3 基礎的電気通信役務を提供する電気通信事業者は，第1項の規定により契約約款で定めるべき料金その他の提供条件については，同項の規定により届け出た契約約款によらなければ当該基礎的電気通信役務を提供してはならない。ただし，次項の規定により契約約款に定める当該基礎的電気通信役務の料金を減免する場合は，この限りでない。

4 基礎的電気通信役務を提供する電気通信事業者は，総務省令で定める基準に従い，第1項の規定により届け出た契約約款に定める当該基礎的電気通信役務の料金を減免することができる。

（2）指定電気通信役務の保障契約約款

　指定電気通信役務を提供する電気通信事業者は，役務に関する料金その他の提供条件について契約約款を定め，その実施前に，総務大臣に届け出なければなりません。指定電気通信役務であって，基礎的電気通信役務である電気通信役務については，この規定（法20条）が適用されます。

電気通信事業法
第20条　指定電気通信役務（＊1）を提供する電気通信事業者は，その提供する指定電気通信役務に関する料金その他の提供条件（＊2）について契約約款を定め，総務省令で定めるところにより，その実施前に，総務大臣に届け出なければならない。これを変更しようとするときも，同様とする。

2　指定電気通信役務であって，基礎的電気通信役務である電気通信役務については，前項（第4項の規定により読み替えて適用する場合を含む。）の規定は適用しない。

3　総務大臣は，第1項（次項の規定により読み替えて適用する場合を含む。）の規定により届け出た契約約款（以下「保障契約約款」という。）が次の各号のいずれかに該当すると認めるときは，指定電気通信役務を提供する当該電気通信事業者に対し，相当の期限を定め，当該保障契約約款を変更すべきことを命ずることができる。

一　料金の額の算出方法が適正かつ明確に定められていないとき。
二　電気通信事業者及びその利用者の責任に関する事項並びに電気通信設備の設置の工事その他の工事に関する費用の負担の方法が適正かつ明確に定められていないとき。
三　電気通信回線設備の使用の態様を不当に制限するものであるとき。
四　特定の者に対し不当な差別的取扱いをするものであるとき。
五　重要通信に関する事項について適切に配慮されているものでないとき。
六　他の電気通信事業者との間に不当な競争を引き起こすものであり，その他社会的経済的事情に照らして著しく不適当であるため，利用者の利益を阻害するものであるとき。

4　第33条第1項の規定により新たに指定をされた電気通信設備を設置する電気通信事業者がその指定の日以後最初に第1項の規定により総務大臣に届け出るべき契約約款については，同項中「その実施前に，総務大臣に届け出なければならない。これを変更しようとするときも，同様とする。」とあるのは，「第33条第1項の規定により新たに指定をされた日から3月以内に，総務大臣に届け出なければならない。」とする。

5 指定電気通信役務を提供する電気通信事業者は，当該指定電気通信役務の提供の相手方と料金その他の提供条件について別段の合意がある場合を除き，保障契約約款に定める料金その他の提供条件によらなければ当該指定電気通信役務を提供してはならない。ただし，次項の規定により保障契約約款に定める当該指定電気通信役務の料金を減免する場合は，この限りでない。

6 指定電気通信役務を提供する電気通信事業者は，総務省令で定める基準に従い，保障契約約款に定める当該指定電気通信役務の料金を減免することができる。

＊1 第一種指定電気通信設備を設置する電気通信事業者が当該第一種指定電気通信設備を用いて提供する電気通信役務であって，当該電気通信役務に代わるべき電気通信役務が他の電気通信事業者によって十分に提供されないことその他の事情を勘案して当該第一種指定電気通信設備を設置する電気通信事業者が当該第一種指定電気通信設備を用いて提供する電気通信役務の適正な料金その他の提供条件に基づく提供を保障することにより利用者の利益を保護するため特に必要があるものとして総務省令で定めるものをいう。以下同じ。

＊2 第52条第1項又は第70条第1項第一号の規定により認可を受けるべき技術的条件に係る事項及び総務省令で定める事項を除く。第5項及び第25条第2項において同じ。

電気通信役務の提供の相手方と料金その他の提供条件について別段の合意がある場合を除き，指定電気通信役務を提供する電気通信事業者は，保障契約約款に定める料金その他の提供条件によらなければ，その指定電気通信役務を提供してはなりません。

（3）特定電気通信役務の料金

指定電気通信役務であって，電気通信事業法施行規則で定める大規模な電気通信役務を特定電気通信役務と定め，特定電気通信役務を提供する電気通信事業者は，総務大臣が示す基準料金指数以下の料金で電気通信役務を提供しなければなりません。

電気通信事業法
第21条 総務大臣は，毎年少なくとも1回，総務省令で定めるところにより，指定電気通信役務であって，その内容，利用者の範囲等からみて利

用者の利益に及ぼす影響が大きいものとして総務省令で定めるもの（以下「特定電気通信役務」という。）に関する料金について，総務省令で定める特定電気通信役務の種別ごとに，能率的な経営の下における適正な原価及び物価その他の経済事情を考慮して，通常実現することができると認められる水準の料金を料金指数（＊１）により定め，その料金指数（以下「基準料金指数」という。）を，その適用の日の総務省令で定める日数前までに，当該特定電気通信役務を提供する電気通信事業者に通知しなければならない。

2　特定電気通信役務を提供する電気通信事業者は，特定電気通信役務に関する料金を変更しようとする場合において，当該変更後の料金の料金指数が当該特定電気通信役務に係る基準料金指数を超えるものであるときは，第19条第1項又は前条第1項（同条第4項の規定により読み替えて適用する場合を含む。）の規定にかかわらず，総務大臣の認可を受けなければならない。

3　総務大臣は，前項の認可の申請があった場合において，基準料金指数以下の料金指数の料金により難い特別な事情があり，かつ，当該申請に係る変更後の料金が次の各号のいずれにも該当しないと認めるときは，同項の認可をしなければならない。

一　料金の額の算出方法が適正かつ明確に定められていないこと。

二　特定の者に対し不当な差別的取扱いをするものであること。

三　他の電気通信事業者との間に不当な競争を引き起こすものであり，その他社会的経済的事情に照らして著しく不適当であるため，利用者の利益を阻害するものであること。

4　総務大臣は，基準料金指数の適用後において，当該基準料金指数が適用される特定電気通信役務に関する料金の料金指数が当該基準料金指数を超えている場合は，当該基準料金指数以下の料金指数の料金により難い特別な事情があると認めるときを除き，当該特定電気通信役務を提供する電気通信事業者に対し，相当の期限を定め，当該特定電気通信役務に関する料金を変更すべきことを命ずるものとする。

5　第一種指定電気通信設備であった電気通信設備を設置している電気通信事業者が当該電気通信設備を用いて提供する電気通信役務（基礎的電気通信役務に限る。）に関する料金であって第33条第1項の規定による指定の解除の際現に第2項の規定により認可を受けているものは，第19条第1項の規定により届け出た契約約款に定める料金とみなす。

6　特定電気通信役務を提供する電気通信事業者は，第2項の規定により認可を受けるべき料金については，同項の規定により認可を受けた料金

によらなければ当該特定電気通信役務を提供してはならない。ただし，次項の規定により当該特定電気通信役務の料金を減免する場合は，この限りでない。

7　特定電気通信役務を提供する電気通信事業者は，総務省令で定める基準に従い，第2項の規定により認可を受けた当該特定電気通信役務の料金を減免することができる。

＊1　電気通信役務の種別ごとに，料金の水準を表す数値として，通信の距離及び速度その他の区分ごとの料金額並びにそれらが適用される通信量，回線数等を基に総務省令で定める方法により算出される数値をいう。以下同じ。

3.7　業　務

（1）通信量等の記録

電気通信事業法
第22条　特定電気通信役務を提供する電気通信事業者は，総務省令で定める方法により，その提供する特定電気通信役務の通信量，回線数等を記録しておかなければならない。

（2）契約約款等の掲示等

基礎的電気通信役務，指定電気通信役務又は特定電気通信役務を提供する電気通信事業者は，届け出た契約約款，認可を受けた料金について，公衆の見やすいように掲示しなければなりません。

電気通信事業法
第23条　基礎的電気通信役務，指定電気通信役務又は特定電気通信役務を提供する電気通信事業者は，第19条第1項又は第20条第1項（同条第4項の規定により読み替えて適用する場合を含む。）の規定により届け出た契約約款（第52条第1項又は第70条第1項第一号の規定により認可を受けた技術的条件を含む。）又は第21条第2項の規定により認可を受けた料金を，総務省令で定めるところにより，公表するとともに，営業所その他の事業所において公衆の見やすいように掲示しておかなければならない。

2　前項の規定は，第19条第1項又は第20条第1項の総務省令で定める事項に係る提供条件について準用する。

(3) 会計の整理

電気通信事業法
第24条　次に掲げる電気通信事業者は，総務省令で定める勘定科目の分類その他会計に関する手続に従い，その会計を整理しなければならない。
一　次に掲げる電気通信役務を提供する電気通信事業者
　　イ　基礎的電気通信役務
　　ロ　指定電気通信役務
　　ハ　特定ドメイン名電気通信役務（ドメイン名電気通信役務（第164条第2項第一号に規定するドメイン名電気通信役務をいう。第41条及び第41条の2において同じ。）のうち，確実かつ安定的な提供を特に確保する必要があるものとして総務省令で定めるものをいう。第39条の3において同じ。）
二　第30条第1項の規定により指定された電気通信事業者
三　第一種指定電気通信設備を設置する電気通信事業者

(4) 提供義務

電気通信事業法
第25条　基礎的電気通信役務を提供する電気通信事業者は，正当な理由がなければ，その業務区域における基礎的電気通信役務の提供を拒んではならない。
2　指定電気通信役務を提供する電気通信事業者は，当該指定電気通信役務の提供の相手方と料金その他の提供条件について別段の合意がある場合を除き，正当な理由がなければ，その業務区域における保障契約約款に定める料金その他の提供条件による当該指定電気通信役務の提供を拒んではならない。

　電気通信役務の提供を拒んで，業務を一部停止することができる通信として，非常事態が発生したときに行う重要通信（法8条）があります。

(5) 提供条件の説明

電気通信事業法
第26条　電気通信事業者は，利用者（電気通信役務の提供を受けようとする者を含み，電気通信事業者である者を除く。以下この項，第27条及び第27条の2において同じ。）と次に掲げる電気通信役務の提供に関する契約の締結をしようとするときは，総務省令で定めるところにより，

当該電気通信役務に関する料金その他の提供条件の概要について，その者に説明しなければならない。ただし，当該契約の内容その他の事情を勘案し，当該提供条件の概要について利用者に説明しなくても利用者の利益の保護のため支障を生ずることがないと認められるものとして総務省令で定める場合は，この限りでない。

一　その一端が移動端末設備と接続される伝送路設備を用いて提供される電気通信役務であって，その内容，料金その他の提供条件，利用者の範囲及び利用状況を勘案して利用者の利益を保護するため特に必要があるものとして総務大臣が指定するもの

二　その一端が移動端末設備と接続される伝送路設備を用いて提供される電気通信役務以外の電気通信役務であって，その内容，料金その他の提供条件，利用者の範囲及び利用状況を勘案して利用者の利益を保護するため特に必要があるものとして総務大臣が指定するもの

三　前2号に掲げるもののほか，その内容，料金その他の提供条件，利用者の範囲その他の事情を勘案して利用者の利益に及ぼす影響が少なくないものとして総務大臣が指定する電気通信役務

2　前項各号の規定による指定は，告示によって行う。

利用者が電気通信事業者と携帯電話等の契約を締結するときに，電気通信事業者は料金等の提供条件について，利用者に説明しなければなりません。

（6）書面の交付

電気通信事業法
第26条の2　電気通信事業者は，前条第1項各号に掲げる電気通信役務の提供に関する契約が成立したときは，遅滞なく，総務省令で定めるところにより，書面を作成し，これを利用者（電気通信事業者である者を除く。以下この条及び次条において同じ。）に交付しなければならない。ただし，当該契約の内容その他の事情を勘案し，当該書面を利用者に交付しなくても利用者の利益の保護のため支障を生ずることがないと認められるものとして総務省令で定める場合は，この限りでない。

2．3［省略］

（7）書面による解除

電気通信事業法
第26条の3　電気通信事業者と第26条第1項第一号又は第二号に掲げる電気通信役務の提供に関する契約を締結した利用者は，総務省令で定

める場合を除き，前条第1項の書面を受領した日（当該電気通信役務（第26条第1項第一号に掲げる電気通信役務に限る。）の提供が開始された日が当該受領した日より遅いときは，当該開始された日）から起算して8日を経過するまでの間（＊1），書面により当該契約の解除を行うことができる。

2〜5［省略］

＊1　利用者が，電気通信事業者又は届出媒介等業務受託者（第73条の2第2項に規定する届出媒介等業務受託者をいう。第27条の3第2項第二号において同じ。）がそれぞれ第27条の2第一号又は第73条の3において準用する同号の規定に違反してこの項の規定による当該契約の解除に関する事項につき不実のことを告げる行為をしたことにより当該告げられた内容が事実であるとの誤認をし，これによって当該期間を経過するまでの間にこの項の規定による当該契約の解除を行わなかった場合には，当該利用者が，当該電気通信事業者が総務省令で定めるところによりこの項の規定による当該契約の解除を行うことができる旨を記載して交付した書面を受領した日から起算して8日を経過するまでの間

　契約して書面が交付された日から8日間は，利用者は書面によって契約を解除することができます。届出媒介等業務受託者は携帯電話等の取次店や代理店等のことです。

(8) 苦情等の処理

電気通信事業法
第27条　電気通信事業者は，第26条第1項各号に掲げる電気通信役務に係る当該電気通信事業者の業務の方法又は当該電気通信事業者が提供する同項各号に掲げる電気通信役務についての利用者からの苦情及び問合せについては，適切かつ迅速にこれを処理しなければならない。

(9) 電気通信事業者等の禁止行為

電気通信事業法
第27条の2　電気通信事業者は，次に掲げる行為をしてはならない。
一　利用者に対し，第26条第1項各号に掲げる電気通信役務の提供に関する契約に関する事項であって，利用者の判断に影響を及ぼすこととなる重要なものにつき，故意に事実を告げず，又は不実のことを告げる行為

　　二　第26条第1項各号に掲げる電気通信役務の提供に関する契約の締結の勧誘に先立って，その相手方（電気通信事業者である者を除く。）に対し，自己の氏名若しくは名称又は当該契約の締結の勧誘である旨を告げずに勧誘する行為（利用者の利益の保護のため支障を生ずるおそれがないものとして総務省令で定めるものを除く。）

　　三　第26条第1項各号に掲げる電気通信役務の提供に関する契約の締結の勧誘を受けた者（電気通信事業者である者を除く。）が当該契約を締結しない旨の意思（当該勧誘を引き続き受けることを希望しない旨の意思を含む。）を表示したにもかかわらず，当該勧誘を継続する行為（利用者の利益の保護のため支障を生ずるおそれがないものとして総務省令で定めるものを除く。）

　　四　前3号に掲げるもののほか，利用者の利益の保護のため支障を生ずるおそれがあるものとして総務省令で定める行為

（10）移動電気通信役務を提供する電気通信事業者の禁止行為

電気通信事業法
第27条の3　総務大臣は，総務省令で定めるところにより，移動電気通信役務（＊1）を提供する電気通信事業者（＊2）を次項の規定の適用を受ける電気通信事業者として指定することができる。

2　前項の規定により指定された電気通信事業者は，次に掲げる行為をしてはならない。

　　一　その移動電気通信役務の提供を受けるために必要な移動端末設備となる電気通信設備の販売等（販売，賃貸その他これらに類する行為をいう。）に関する契約の締結に際し，当該契約に係る当該移動電気通信役務の利用者（電気通信役務の提供を受けようとする者を含む。次号，第29条第2項，第73条の4及び第167条の2において同じ。）に対し，当該移動電気通信役務の料金を当該契約の締結をしない場合におけるものより有利なものとすることその他電気通信事業者間の適正な競争関係を阻害するおそれがある利益の提供として総務省令で定めるものを約し，又は第三者に約させること。

　　二　その移動電気通信役務の提供に関する契約の締結に際し，当該移動電気通信役務の利用者に対し，当該契約の解除を行うことを不当に妨げることにより電気通信事業者間の適正な競争関係を阻害するおそれがあるものとして総務省令で定める当該移動電気通信役務に関する料金その他の提供条件を約し，又は届出媒介等業務受託者に約させること。

3　第1項の規定による移動電気通信役務の指定及び電気通信事業者の指定は，告示によって行う。

＊1　第26条第1項第一号に掲げる電気通信役務又は同項第三号に掲げる電気通信役務（その一端が移動端末設備と接続される伝送路設備を用いて提供されるものに限る。）であって，電気通信役務の提供の状況その他の事情を勘案して電気通信事業者間の適正な競争関係を確保する必要があるものとして総務大臣が指定するものをいう。以下同じ。

＊2　移動電気通信役務（当該電気通信事業者が提供するものと同種のものに限る。）の利用者の総数に占めるその提供する移動電気通信役務の利用者の数の割合が電気通信事業者間の適正な競争関係に及ぼす影響が少ないものとして総務省令で定める割合を超えないものを除く。

（11）届出媒介等業務受託者

電気通信事業法
第73条の2　電気通信事業者又は媒介等業務受託者から委託を受けて第26条第1項各号に掲げる電気通信役務の提供に関する契約の締結の媒介等の業務を行おうとする者は，総務省令で定めるところにより，次に掲げる事項を記載した書類を添えて，その旨を総務大臣に届け出なければならない。

一　氏名又は名称及び住所並びに法人にあっては，その代表者の氏名

二　委託を受ける電気通信事業者又は媒介等業務受託者の氏名又は名称及び住所

三　当該媒介等の業務に係る電気通信役務を提供する電気通信事業者の氏名又は名称及び住所

四　当該媒介等の業務に係る電気通信役務についての第26条第1項各号に掲げる電気通信役務の別

五　前各号に掲げるもののほか，総務省令で定める事項

2～5 ［省略］

電気通信事業法
第73条の4　総務大臣は，次の各号のいずれかに該当するときは，当該各号に定める者に対し，利用者の利益を確保するために必要な限度において，業務の方法の改善その他の措置をとるべきことを命ずることができる。

一　届出媒介等業務受託者が前条において準用する第26条第1項又は第27条の2の規定に違反したとき　当該届出媒介等業務受託者

二　第27条の3第1項の規定により指定された電気通信事業者が提供

電気通信事業法

する移動電気通信役務の提供に関する契約の締結の媒介等の業務を行う届出媒介等業務受託者が前条において準用する第27条の3第2項の規定に違反したとき　当該届出媒介等業務受託者

(12) 媒介等業務受託者に対する指導

電気通信事業法
第27条の4　電気通信事業者は，電気通信役務の提供に関する契約の締結の媒介，取次ぎ又は代理（以下「媒介等」という。）の業務又はこれに付随する業務の委託をした場合には，総務省令で定めるところにより，当該委託を受けた者（その者から委託（2以上の段階にわたる委託を含む。）を受けた者を含む。以下「媒介等業務受託者」という。）に対する指導その他の当該委託に係る業務の適正かつ確実な遂行を確保するために必要な措置を講じなければならない。

(13) 業務の停止等の報告

業務の一部を停止したとき，通信の秘密が漏洩したとき，重大な事故が生じたときは，電気通信事業者は総務大臣に報告しなければなりません。

電気通信事業法
第28条　電気通信事業者は，第8条第2項の規定により電気通信業務の一部を停止したとき，又は電気通信業務に関し通信の秘密の漏えいその他総務省令で定める重大な事故が生じたときは，その旨をその理由又は原因とともに，遅滞なく，総務大臣に報告しなければならない。

(14) 業務の改善命令

電気通信事業法
第29条　総務大臣は，次の各号のいずれかに該当すると認めるときは，電気通信事業者に対し，利用者の利益又は公共の利益を確保するために必要な限度において，業務の方法の改善その他の措置をとるべきことを命ずることができる。

一　電気通信事業者の業務の方法に関し通信の秘密の確保に支障があるとき。

二　電気通信事業者が特定の者に対し不当な差別的取扱いを行っているとき。

三　電気通信事業者が重要通信に関する事項について適切に配慮していないとき。

四　電気通信事業者が提供する電気通信役務（基礎的電気通信役務又は

指定電気通信役務（保障契約約款に定める料金その他の提供条件により提供されるものに限る。）を除く。次号から第七号までにおいて同じ。）に関する料金についてその額の算出方法が適正かつ明確でないため，利用者の利益を阻害しているとき。

五　電気通信事業者が提供する電気通信役務に関する料金その他の提供条件が他の電気通信事業者との間に不当な競争を引き起こすものであり，その他社会的経済的事情に照らして著しく不適当であるため，利用者の利益を阻害しているとき。

六　電気通信事業者が提供する電気通信役務に関する提供条件（料金を除く。次号において同じ。）において，電気通信事業者及びその利用者の責任に関する事項並びに電気通信設備の設置の工事その他の工事に関する費用の負担の方法が適正かつ明確でないため，利用者の利益を阻害しているとき。

七　電気通信事業者が提供する電気通信役務に関する提供条件が電気通信回線設備の使用の態様を不当に制限するものであるとき。

八　事故により電気通信役務の提供に支障が生じている場合に電気通信事業者がその支障を除去するために必要な修理その他の措置を速やかに行わないとき。

九　電気通信事業者が国際電気通信事業に関する条約その他の国際約束により課された義務を誠実に履行していないため，公共の利益が著しく阻害されるおそれがあるとき。

十　電気通信事業者が電気通信設備の接続，共用又は卸電気通信役務（電気通信事業者の電気通信事業の用に供する電気通信役務をいう。以下同じ。）の提供について特定の電気通信事業者に対し不当な差別的取扱いを行いその他これらの業務に関し不当な運営を行っていることにより他の電気通信事業者の業務の適正な実施に支障が生じているため，公共の利益が著しく阻害されるおそれがあるとき。

十一　電気通信回線設備を設置することなく電気通信役務を提供する電気通信事業の経営によりこれと電気通信役務に係る需要を共通とする電気通信回線設備を設置して電気通信役務を提供する電気通信事業の当該需要に係る電気通信回線設備の保持が経営上困難となるため，公共の利益が著しく阻害されるおそれがあるとき。

十二　前各号に掲げるもののほか，電気通信事業者の事業の運営が適正かつ合理的でないため，電気通信の健全な発達又は国民の利便の確保に支障が生ずるおそれがあるとき。

2　総務大臣は，次の各号のいずれかに該当するときは，当該各号に定め

る者に対し，利用者の利益を確保するために必要な限度において，業務の方法の改善その他の措置をとるべきことを命ずることができる。

一　電気通信事業者が第26条第1項［提供条件の説明］，第26条の2第1項［書面の交付］，第26条の4第1項［電気通信業務の休止及び廃止の周知］，第27条［苦情等の処理］，第27条の2［電気通信事業者等の禁止行為］又は第27条の4［媒介等業務受託者に対する指導］の規定に違反したとき　当該電気通信事業者

二　第27条の3第1項［移動電気通信役務を提供する電気通信事業者の指定］の規定により指定された電気通信事業者が同条第2項の規定に違反したとき　当該電気通信事業者

（15）禁止行為等

電気通信事業法
第30条　総務大臣は，総務省令で定めるところにより，第二種指定電気通信設備を設置する電気通信事業者について，当該第二種指定電気通信設備を用いる電気通信役務の提供の業務に係る最近1年間における収益の額の，当該電気通信役務に係る業務区域と同一の区域内における全ての同種の電気通信役務の提供の業務に係る当該1年間における収益の額を合算した額に占める割合が総務省令で定める割合を超える場合において，当該割合の推移その他の事情を勘案して他の電気通信事業者との間の適正な競争関係を確保するため必要があると認めるときは，当該第二種指定電気通信設備を設置する電気通信事業者を第3項から第5項及び第6項の規定の適用を受ける電気通信事業者として指定することができる。

2　総務大臣は，前項の規定による指定の必要がなくなったと認めるときは，当該指定を解除しなければならない。

3　第1項の規定により指定された電気通信事業者は，次に掲げる行為をしてはならない。

一　他の電気通信事業者の電気通信設備との接続の業務に関して知り得た当該他の電気通信事業者及びその利用者に関する情報を当該業務の用に供する目的以外の目的のために利用し，又は提供すること。

二　当該電気通信事業者が法人である場合において，その電気通信業務について，当該電気通信事業者の特定関係法人（第12条の2第4項第一号に規定する特定関係法人をいう。次条第1項において同じ。）である電気通信事業者であって総務大臣が指定するものに対し，不当

に優先的な取扱いをし，又は利益を与えること。

4　第一種指定電気通信設備を設置する電気通信事業者は，次に掲げる行為をしてはならない。

一　他の電気通信事業者の電気通信設備との接続の業務に関して知り得た当該他の電気通信事業者及びその利用者に関する情報を当該業務の用に供する目的以外の目的のために利用し，又は提供すること。

二　その電気通信業務について，特定の電気通信事業者に対し，不当に優先的な取扱いをし，若しくは利益を与え，又は不当に不利な取扱いをし，若しくは不利益を与えること。

三　他の電気通信事業者（第164条第1項各号に掲げる電気通信事業を営む者を含む。）又は電気通信設備の製造業者若しくは販売業者に対し，その業務について，不当に規律をし，又は干渉をすること。

5　総務大臣は，前2項の規定に違反する行為があると認めるときは，第1項の規定により指定された電気通信事業者又は第一種指定電気通信設備を設置する電気通信事業者に対し，当該行為の停止又は変更を命ずることができる。

6　第1項の規定により指定された電気通信事業者及び第一種指定電気通信設備を設置する電気通信事業者は，総務省令で定めるところにより，電気通信役務に関する収支の状況その他その会計に関し総務省令で定める事項を公表しなければならない。

（16）第二種指定電気通信設備の基準等

　電気通信事業法施行規則に第二種指定電気通信設備を指定する収益の割合は10分の1と定められています。

電気通信事業法施行規則
第23条の9の2　法第34条第1項の規定による指定及びその解除は，告示によってこれを行う。この場合において，総務大臣は，当該指定及びその解除を受けることとなる設備を設置する電気通信事業者にその旨を通知するものとする。

2　法第34条第1項の総務省令で定める割合は，10の1とし，前年度末及び前々年度末における割合の合計を2で除して計算する。この場合において，同項の同一の電気通信事業者が設置する伝送路設備を用いる電気通信役務に係る業務区域（以下この項において「対象業務区域」という。）と同一の区域内に設置されている全ての同種の伝送路設備に接続される特定移動端末設備の数は，次に掲げる数の合計数とする。

　一　当該電気通信事業者が設置する当該伝送路設備に接続される特定移動端末設備の数

　二　対象業務区域のうち，都道府県の区域と一致する部分については，その都道府県の区域内に設置されているすべての同種の伝送路設備（前号の伝送路設備を除く。）に接続される特定移動端末設備の数

　三　対象業務区域のうち，都道府県の区域と一致しない部分については，当該部分の属する都道府県の区域内に設置されているすべての同種の伝送路設備（第一号の伝送路設備を除く。）に接続される特定移動端末設備の数に，当該都道府県の人口に占める当該部分の人口の割合を乗じた数

3　［省略］

3.8　電気通信事業者間の接続

（1）電気通信回線設備との接続

　電気通信事業者が他の電気通信事業者から電気通信設備の接続の請求を受けたときは，特に定める場合を除き，その接続に応じなければなりません。電気通信事業法施行規則に接続に応じなくてもよい理由が規定されています。また，自営電気通信設備の接続についても，同様に規定されています（法70条）。

> **電気通信事業法**
> **第32条**　電気通信事業者は，他の電気通信事業者から当該他の電気通信事業者の電気通信設備をその設置する電気通信回線設備に接続すべき旨の請求を受けたときは，次に掲げる場合を除き，これに応じなければならない。
> 　一　電気通信役務の円滑な提供に支障が生ずるおそれがあるとき。
> 　二　当該接続が当該電気通信事業者の利益を不当に害するおそれがあるとき。
> 　三　前2号に掲げる場合のほか，総務省令で定める正当な理由があるとき。

（2）第一種指定電気通信設備との接続

　指定電気通信設備は，他の電気通信事業者の電気通信設備との接続が利用者の利便の向上，電気通信の発達に欠くことのできない電気通信設備として，全国各地域ごとに電気通信事業者と設備が指定されています。指定電気通信設備の接続に関して，会計の公表，料金の認可制等の規制を行うことによって，電気通信事業者の間で公正な競争が行われるように規定されています。

電気通信事業法
第33条　総務大臣は，総務省令で定めるところにより，全国の区域を分けて電気通信役務の利用状況及び都道府県の区域を勘案して総務省令で定める区域ごとに，その一端が利用者の電気通信設備（移動端末設備を除く。）と接続される伝送路設備のうち同一の電気通信事業者が設置するものであって，その伝送路設備の電気通信回線の数の，当該区域内に設置される全ての同種の伝送路設備の電気通信回線の数のうちに占める割合が総務省令で定める割合を超えるもの及び当該区域において当該電気通信事業者がこれと一体として設置する電気通信設備であって総務省令で定めるものの総体を，他の電気通信事業者の電気通信設備との接続が利用者の利便の向上及び電気通信の総合的かつ合理的な発達に欠くことのできない電気通信設備として指定することができる。

2　前項の規定により指定された電気通信設備（以下「第一種指定電気通信設備」という。）を設置する電気通信事業者は，当該第一種指定電気通信設備と他の電気通信事業者の電気通信設備との接続に関し，当該第一種指定電気通信設備を設置する電気通信事業者が取得すべき金額（以下この条において「接続料」という。）及び他の電気通信事業者の電気通信設備との接続箇所における技術的条件，電気通信役務に関する料金を定める電気通信事業者の別その他の接続の条件（以下「接続条件」という。）について接続約款を定め，総務大臣の認可を受けなければならない。これを変更しようとするときも，同様とする。

3　前項の認可を受けるべき接続約款に定める接続料及び接続条件であって，その内容からみて利用者の利便の向上及び電気通信の総合的かつ合理的な発達に及ぼす影響が比較的少ないものとして総務省令で定めるものは，同項の規定にかかわらず，その認可を要しないものとする。

4　総務大臣は，第2項（第16項の規定により読み替えて適用する場合を含む。以下この項，第6項，第9項，第10項及び第14項において同じ。）の認可の申請が次の各号のいずれにも適合していると認めるときは，第2項の認可をしなければならない。

一　次に掲げる事項が適正かつ明確に定められていること。

イ　他の電気通信事業者の電気通信設備を接続することが技術的及び経済的に可能な接続箇所のうち標準的なものとして総務省令で定める箇所における技術的条件

ロ　総務省令で定める機能ごとの接続料

ハ　第一種指定電気通信設備を設置する電気通信事業者及びこれとその電気通信設備を接続する他の電気通信事業者の責任に関する事項

　ニ　電気通信役務に関する料金を定める電気通信事業者の別
　ホ　イからニまでに掲げるもののほか，第一種指定電気通信設備との
　　接続を円滑に行うために必要なものとして総務省令で定める事項
二　接続料が能率的な経営の下における適正な原価に適正な利潤を加え
　た金額を算定するものとして総務省令で定める方法により算定された
　金額に照らし公正妥当なものであること。
三　接続条件が，第一種指定電気通信設備を設置する電気通信事業者が
　その第一種指定電気通信設備に自己の電気通信設備を接続することと
　した場合の条件に比して不利なものでないこと。
四　特定の電気通信事業者に対し不当な差別的取扱いをするものでない
　こと。
5 〜 18　［省略］

（3）第二種指定電気通信設備との接続

第34条　総務大臣は，総務省令で定めるところにより，その一端が特定
　移動端末設備と接続される伝送路設備のうち同一の電気通信事業者が設
　置するものであって，その伝送路設備に接続される特定移動端末設備の
　数の，その伝送路設備を用いる電気通信役務に係る業務区域と同一の区
　域内に設置されている全ての同種の伝送路設備に接続される特定移動端
　末設備の数のうちに占める割合が総務省令で定める割合を超えるもの及
　び当該電気通信事業者が当該電気通信役務を提供するために設置する電
　気通信設備であって総務省令で定めるものの総体を，他の電気通信事業
　者の電気通信設備との適正かつ円滑な接続を確保すべき電気通信設備と
　して指定することができる。
2　前項の規定により指定された電気通信設備（以下「第二種指定電気通
　信設備」という。）を設置する電気通信事業者は，当該第二種指定電気通
　信設備と他の電気通信事業者の電気通信設備との接続に関し，当該第二
　種指定電気通信設備を設置する電気通信事業者が取得すべき金額及び接
　続条件について接続約款を定め，総務省令で定めるところにより，その
　実施前に，総務大臣に届け出なければならない。これを変更しようとす
　るときも，同様とする。
3　総務大臣は，前項（第8項の規定により読み替えて適用する場合を含
　む。）の規定により届け出た接続約款が次の各号のいずれかに該当する
　と認めるときは，当該第二種指定電気通信設備を設置する電気通信事業
　者に対し，相当の期限を定め，当該接続約款を変更すべきことを命ずる

ことができる。

一 次に掲げる事項が適正かつ明確に定められていないとき。

　イ 他の電気通信事業者の電気通信設備を接続することが技術的及び経済的に可能な接続箇所のうち標準的なものとして総務省令で定める箇所における技術的条件

　ロ 総務省令で定める機能ごとの第二種指定電気通信設備を設置する電気通信事業者が取得すべき金額

　ハ 第二種指定電気通信設備を設置する電気通信事業者及びこれとその電気通信設備を接続する他の電気通信事業者の責任に関する事項

　ニ 電気通信役務に関する料金を定める電気通信事業者の別

　ホ イからニまでに掲げるもののほか，第二種指定電気通信設備との接続を円滑に行うために必要なものとして総務省令で定める事項

二 第二種指定電気通信設備を設置する電気通信事業者が取得すべき金額が能率的な経営の下における適正な原価に適正な利潤を加えたものを算定するものとして総務省令で定める方法により算定された金額を超えるものであるとき。

三 接続条件が，第二種指定電気通信設備を設置する電気通信事業者がその第二種指定電気通信設備に自己の電気通信設備を接続することとした場合の条件に比して不利なものであるとき。

四 特定の電気通信事業者に対し不当な差別的な取扱いをするものであるとき。

4 第二種指定電気通信設備を設置する電気通信事業者は，第2項（第8項の規定により読み替えて適用する場合を含む。次項において同じ。）の規定により届け出た接続約款によらなければ，他の電気通信事業者との間において，第二種指定電気通信設備との接続に関する協定を締結し，又は変更してはならない。

5 第二種指定電気通信設備を設置する電気通信事業者は，総務省令で定めるところにより，第2項の規定により届け出た接続約款を公表しなければならない。

6 第二種指定電気通信設備を設置する電気通信事業者は，総務省令で定めるところにより，第二種指定電気通信設備との接続に関する会計を整理し，及びこれに基づき当該接続に関する収支の状況その他総務省令で定める事項を公表しなければならない。

7 第二種指定電気通信設備を設置する電気通信事業者は，他の電気通信事業者がその電気通信設備と第二種指定電気通信設備との接続を円滑に行うために必要な情報の提供に努めなければならない。

8 　第1項の規定により新たに指定をされた電気通信設備を設置する電気通信事業者がその指定の日以後最初に第2項の規定により総務大臣に届け出るべき接続約款に定める当該電気通信事業者が取得すべき金額及び接続条件については，同項中「その実施前に，総務大臣に届け出なければならない。これを変更しようとするときも，同様とする。」とあるのは，「前項の規定により新たに指定をされた日から3月以内に，総務大臣に届け出なければならない。」とする。

9 　第1項の規定により新たに指定をされた電気通信設備を設置する電気通信事業者が，前項の規定により読み替えて適用する第2項の規定により当該電気通信事業者が接続約款の届出をした日（以下この項において「届出日」という。）に現に締結している他の電気通信事業者との電気通信設備の接続に関する協定のうち当該新たに指定をされた電気通信設備との接続に関するものについては，第4項の規定は，届出日から起算して3月間は，適用しない。

（4）電気通信設備の接続に関する命令等

　電気通信事業者が他の電気通信事業者に対して，接続に関する協定の締結を申し入れた場合に，それに応じなかったときは，総務大臣は協議を行うように命令することができます。また，協議が調わないときは，当事者は，総務大臣の仲裁を申請することが規定されています。

電気通信事業法
第35条 　総務大臣は，電気通信事業者が他の電気通信事業者に対し当該他の電気通信事業者が設置する電気通信回線設備と当該電気通信事業者の電気通信設備との接続に関する協定の締結を申し入れたにもかかわらず当該他の電気通信事業者がその協議に応じず，又は当該協議が調わなかった場合で，当該協定の締結を申し入れた電気通信事業者から申立てがあったときは，第32条各号に掲げる場合に該当すると認めるとき及び第155条第1項の規定による仲裁の申請がされているときを除き，当該他の電気通信事業者に対し，その協議の開始又は再開を命ずるものとする。

2 　総務大臣は，前項に規定する場合のほか，電気通信事業者間において，その一方が電気通信設備の接続に関する協定の締結を申し入れたにもかかわらず他の一方がその協議に応じず，又は当該協議が調わなかった場合で，当該一方の電気通信事業者から申立てがあった場合において，その接続が公共の利益を増進するために特に必要であり，かつ，適切であると認めるときは，第155条第1項の規定による仲裁の申請がされているときを除き，他の一方の電気通信事業者に対し，その協議の開始又は

　再開を命ずることができる。

3　電気通信事業者の電気通信設備との接続に関し，当事者が取得し，若しくは負担すべき金額又は接続条件その他協定の細目について当事者間の協議が調わないときは，当該電気通信設備に接続する電気通信設備を設置する電気通信事業者は，総務大臣の裁定を申請することができる。ただし，当事者が第155条第1項の規定による仲裁の申請をした後は，この限りでない。

4　前項に規定する場合のほか，第1項又は第2項の規定による命令があった場合において，当事者が取得し，若しくは負担すべき金額又は接続条件その他協定の細目について，当事者間の協議が調わないときは，当事者は，総務大臣の裁定を申請することができる。

5～10［省略］

（5）第一種指定電気通信設備の機能の変更又は追加に関する計画

電気通信事業法
第36条　第一種指定電気通信設備を設置する電気通信事業者は，当該第一種指定電気通信設備の機能（総務省令で定めるものを除く。）の変更又は追加の計画を有するときは，総務省令で定めるところにより，その計画を当該工事の開始の日の総務省令で定める日数前までに総務大臣に届け出なければならない。その届け出た計画を変更しようとするときも，同様とする。

2　第一種指定電気通信設備を設置する電気通信事業者は，総務省令で定めるところにより，前項の規定により届け出た計画を公表しなければならない。

3　総務大臣は，第1項の規定による届出があった場合において，その届け出た計画の実施により他の電気通信事業者の電気通信設備と第一種指定電気通信設備との円滑な接続に支障が生ずるおそれがあると認めるときは，当該第一種指定電気通信設備を設置する電気通信事業者に対し，その計画を変更すべきことを勧告することができる。

（6）第一種指定電気通信設備の共用に関する協定

電気通信事業法
第37条　第一種指定電気通信設備を設置する電気通信事業者は，他の電気通信事業者と当該第一種指定電気通信設備の共用に関する協定を締結し，又は変更しようとするときは，総務省令で定めるところにより，あらかじめ総務大臣に届け出なければならない。

2　第33条第1項の規定により新たに指定をされた電気通信設備を設置する電気通信事業者は，当該指定の際現に当該電気通信事業者が締結している他の電気通信事業者との協定のうち当該電気通信設備の共用に関するものを，総務省令で定めるところにより，遅滞なく，総務大臣に届け出なければならない。

(7) 電気通信設備の共用に関する命令等

電気通信設備の接続に関する命令と同様に，電気通信設備の共用に関する協定の締結を申し入れた場合に，それに応じなかったときは，総務大臣は協議を行うように命令することができます。

電気通信事業法
第38条　総務大臣は，電気通信事業者間においてその一方が電気通信設備又は電気通信設備設置用工作物（電気通信事業者が電気通信設備を設置するために使用する建物その他の工作物をいう。以下同じ。）の共用に関する協定の締結を申し入れたにもかかわらず他の一方がその協議に応じず又は当該協議が調わなかった場合で，当該一方の電気通信事業者から申立てがあった場合において，その共用が公共の利益を増進するために特に必要であり，かつ，適切であると認めるときは，第156条第1項において準用する第155条第1項の規定による仲裁の申請がされているときを除き，他の一方の電気通信事業者に対し，その協議の開始又は再開を命ずることができる。

2　第35条第3項から第10項までの規定は，電気通信設備又は電気通信設備設置用工作物の共用について準用する。この場合において，同条第3項及び第4項中「接続条件」とあるのは「共用の条件」と，同条第3項中「電気通信設備に接続する電気通信設備を設置する」とあるのは「電気通信事業者と協定を締結しようとする」と，「第155条第1項」とあるのは「第156条第1項において準用する第155条第1項」と，同条第4項中「第1項又は第2項」とあるのは「第38条第1項」と読み替えるものとする。

(8) 第一種指定電気通信設備又は第二種指定電気通信設備を用いる卸電気通信役務の提供

電気通信事業法
第38条の2　第一種指定電気通信設備又は第二種指定電気通信設備を設置する電気通信事業者は，当該第一種指定電気通信設備又は第二種指定電気通信設備を用いる卸電気通信役務の提供の業務を開始したときは，

総務省令で定めるところにより，遅滞なく，その旨，総務省令で定める区分ごとの卸電気通信役務の種類その他総務省令で定める事項を総務大臣に届け出なければならない。届け出た事項を変更し，又は当該業務を廃止したときも，同様とする。

（9）第一種指定電気通信設備及び第二種指定電気通信設備に関する情報の公表

電気通信事業法
第39条の2　総務大臣は，その保有する第一種指定電気通信設備及び第二種指定電気通信設備に関する次に掲げる情報を整理し，これをインターネットの利用その他の適切な方法により公表するものとする。
　一　第33条第1項の規定による指定及び同条第2項の規定による認可に関して作成し，又は取得した情報
　二　第34条第1項の規定による指定及び同条第2項の規定による届出に関して作成し，又は取得した情報
　三　第38条の2の規定による届出に関して作成し，又は取得した情報
　四　その他総務省令で定める情報

（10）特定ドメイン名電気通信役務を提供する電気通信事業者の提供義務等

電気通信事業法
第39条の3　特定ドメイン名電気通信役務を提供する電気通信事業者は，正当な理由がなければ，その業務区域における特定ドメイン名電気通信役務の提供を拒んではならない。
2　総務大臣は，特定ドメイン名電気通信役務を提供する電気通信事業者が前項の規定に違反したときは，当該電気通信事業者に対し，利用者の利益又は公共の利益を確保するために必要な限度において，業務の方法の改善その他の措置をとるべきことを命ずることができる。
3　特定ドメイン名電気通信役務を提供する電気通信事業者は，総務省令で定めるところにより，電気通信役務に関する収支の状況その他その会計に関し総務省令で定める事項を公表しなければならない。

（11）外国政府等との協定等の認可

電気通信事業法
第40条　電気通信事業者は，外国政府又は外国人若しくは外国法人との間に，電気通信業務に関する協定又は契約であって総務省令で定める重

要な事項を内容とするものを締結し，変更し，又は廃止しようとするときは，総務大臣の認可を受けなければならない。

演習問題

問1　基礎的電気通信役務の定義を述べ，これを提供する電気通信事業者が努めなければならないことについて，電気通信事業法に規定するところを述べよ。

〔参照条文：法7条〕

問2　天災，事変その他の非常事態のときに，電気通信事業者が優先的に取り扱わなければならない通信には，どのようなものがあるか。また，そのときどのような措置をとることができるか，電気通信事業法に規定するところを述べよ。

〔参照条文：法8条〕

問3　電気通信事業を営もうとする者は，どのようにしなければならないか。ただし，その者の設置する電気通信回線設備の規模及び当該電気通信回線設備を設置する区域の範囲が総務省令で定める基準を超えない場合，基幹放送に加えて基幹放送以外の無線通信の送信をする無線局の無線設備である場合を除き，電気通信事業法に規定するところを述べよ。

〔参照条文：法9条〕

問4　総務大臣が電気通信事業者から，電気通信事業の登録の申請があったときに，拒否しなければならない事項について，電気通信事業法に規定するところを述べよ。

〔参照条文：法12条〕

問5　総務大臣が基礎的電気通信役務を提供する当該電気通信事業者に対し，相当の期限を定め，当該契約約款を変更すべきことを命ずることがあるのはどのような場合か，電気通信事業法に規定するところを述べよ。

〔参照条文：法19条〕

問6　指定電気通信役務を提供する電気通信事業者の契約約款について，電気通信事業法に規定するところを述べよ。

〔参照条文：法20条〕

問7　基準料金指数とはなにか，電気通信事業法に規定するところを述べよ。

〔参照条文：法 21 条〕

問8　電気通信事業者が総務大臣に報告しなければならないのは，どのようなときか，電気通信事業法に規定するところを述べよ。

〔参照条文：法 28 条〕

問9　総務大臣が電気通信事業者に対し，利用者の利益又は公共の利益を確保するために必要な限度において，業務の方法の改善その他の措置をとるべきことを命ずることができるのはどのようなときか，電気通信事業法に規定するところを述べよ。

〔参照条文：法 29 条〕

問10　電気通信事業者が，他の電気通信事業者から当該他の電気通信事業者の電気通信設備をその設置する電気通信回線設備に接続すべき旨の請求を受けたとき，これに応じなくてもよい場合について，電気通信事業法に規定するところを述べよ。

〔参照条文：法 32 条〕

4　事業用電気通信設備

　事業用電気通信設備には，交換機・搬送装置等の機械設備，機械設備間を接続するケーブル等の屋内線設備，電柱・管路等の屋外建造物等があります。

4.1　電気通信事業の用に供する電気通信設備
（1）電気通信設備の維持

　電気通信事業の確実かつ安定的な提供を確保するため，電気通信回線設備を設置する電気通信事業者，基礎的電気通信役務を提供する電気通信事業者に対して，その電気通信設備が事業用電気通信設備規則で定める技術基準に適合するように電気通信設備を維持することが規定されています。

電気通信事業法
第41条　電気通信回線設備を設置する電気通信事業者は，その電気通信事業の用に供する電気通信設備（第3項に規定する電気通信設備，専らドメイン名電気通信役務を提供する電気通信事業の用に供する電気通信

設備及びその損壊又は故障等による利用者の利益に及ぼす影響が軽微な
ものとして総務省令で定めるものを除く。）を総務省令で定める技術基
準に適合するように維持しなければならない。

2　基礎的電気通信役務を提供する電気通信事業者は，その基礎的電気通
信役務を提供する電気通信事業の用に供する電気通信設備（前項及び次
項に規定する電気通信設備並びに専らドメイン名電気通信役務を提供す
る電気通信事業の用に供する電気通信設備を除く。）を総務省令で定め
る技術基準に適合するように維持しなければならない。

3　第108条第1項の規定により指定された適格電気通信事業者は，その基
礎的電気通信役務を提供する電気通信事業の用に供する電気通信設備（専
らドメイン名電気通信役務を提供する電気通信事業の用に供する電気通
信設備を除く。）を総務省令で定める技術基準に適合するように維持しな
ければならない。

4　総務大臣は，総務省令で定めるところにより，電気通信役務（基礎的
電気通信役務及びドメイン名電気通信役務を除く。）のうち，内容，利
用者の範囲等からみて利用者の利益に及ぼす影響が大きいものとして総
務省令で定める電気通信役務を提供する電気通信事業者を，その電気通
信事業の用に供する電気通信設備を適正に管理すべき電気通信事業者と
して指定することができる。

5　前項の規定により指定された電気通信事業者は，同項の総務省令で定
める電気通信役務を提供する電気通信事業の用に供する電気通信設備
（第1項に規定する電気通信設備を除く。）を総務省令で定める技術基準
に適合するように維持しなければならない。

6　第1項から第3項まで及び前項の技術基準は，これにより次の事項が
確保されるものとして定められなければならない。

一　電気通信設備の損壊又は故障により，電気通信役務の提供に著しい
支障を及ぼさないようにすること。

二　電気通信役務の品質が適正であるようにすること。

三　通信の秘密が侵されないようにすること。

四　利用者又は他の電気通信事業者の接続する電気通信設備を損傷し，
又はその機能に障害を与えないようにすること。

五　他の電気通信事業者の接続する電気通信設備との責任の分界が明確
であるようにすること。

電気通信事業法
第41条の2　ドメイン名電気通信役務を提供する電気通信事業者は，そ
のドメイン名電気通信役務を提供する電気通信事業の用に供する電気通

信設備を当該電気通信設備の管理に関する国際的な標準に適合するよう
に維持しなければならない。

　電気通信設備を適正に管理すべき電気通信事業者として，大規模なインター
ネットプロバイダーが指定されています。
　電気通信設備を維持する技術基準として，電気通信設備の損壊等により，電
気通信役務の提供に著しい支障を及ぼさないようにすること等の6項目が定め
られています。

（2）電気通信事業者による電気通信設備の自己確認

電気通信事業法
第42条　電気通信回線設備を設置する電気通信事業者は，第41条第1
　項に規定する電気通信設備の使用を開始しようとするときは，当該電気
　通信設備（総務省令で定めるものを除く。）が，同項の総務省令で定め
　る技術基準に適合することについて，総務省令で定めるところにより，
　自ら確認しなければならない。
2　　電気通信回線設備を設置する電気通信事業者は，第10条第1項第四
　号又は第16条第1項第四号の事項を変更しようとするときは，当該変
　更後の第41条第1項に規定する電気通信設備（前項の総務省令で定め
　るものを除く。）が，同条第1項の総務省令で定める技術基準に適合す
　ることについて，総務省令で定めるところにより，自ら確認しなければ
　ならない。
3　　電気通信回線設備を設置する電気通信事業者は，第1項又は前項の規
　定により確認した場合には，当該各項に規定する電気通信設備の使用の
　開始前に，総務省令で定めるところにより，その結果を総務大臣に届け
　出なければならない。
4　　前3項の規定は，基礎的電気通信役務を提供する電気通信事業者につ
　いて準用する。この場合において，第1項及び第2項中「第41条第1項」
　とあるのは「第41条第2項」と，同項中「同条第1項」とあるのは「同
　条第2項」と読み替えるものとする。
5　　第1項から第3項までの規定は，第108条第1項の規定により指定さ
　れた適格電気通信事業者について準用する。この場合において，第1項
　及び第2項中「第41条第1項」とあるのは「第41条第3項」と，同項
　中「同条第1項」とあるのは「同条第3項」と読み替えるものとする。
6　第1項から第3項までの規定は，第41条第4項の規定により指定され
　た電気通信事業者について準用する。この場合において，第1項及び第

2項中「第41条第1項」とあるのは「第41条第5項」と，同項中「同条第1項」とあるのは「同条第5項」と読み替えるものとする。

7　第41条第4項の規定により新たに指定をされた電気通信事業者がその指定の日以後最初に前項において読み替えて準用する第1項の規定によりすべき確認及び当該確認に係る前項において準用する第3項の規定により総務大臣に対してすべき届出については，前項において読み替えて準用する第1項中「第41条第5項に規定する電気通信設備の使用を開始しようとするときは，当該」とあるのは「第41条第4項の規定により新たに指定をされた日から3月以内に，同条第5項に規定する」と，前項において準用する第3項中「当該各項に規定する電気通信設備の使用の開始前に」とあるのは「遅滞なく」とする。

（3）技術基準適合命令

法41条に基づく事業用電気通信設備規則の規定に適合しない場合は，総務大臣は電気通信事業者にその設備の改善を命ずることができます。

電気通信事業法
第43条　総務大臣は，第41条第1項に規定する電気通信設備が同項の総務省令で定める技術基準に適合していないと認めるときは，当該電気通信設備を設置する電気通信事業者に対し，その技術基準に適合するように当該設備を修理し，若しくは改造することを命じ，又はその使用を制限することができる。

2　前項の規定は，第41条第2項，第3項又は第5項に規定する電気通信設備が当該各項の総務省令で定める技術基準に適合していないと認める場合について準用する。

4.2　管理規程
（1）管理規程の届け出

電気通信回線設備を設置する電気通信事業者，基礎的電気通信役務を提供する電気通信事業者に対して，その電気通信設備の管理規程を定めることが規定されています。管理規程で定める内容については，管理する者の職務及び組織，電気通信主任技術者の職務を代行する者，従事する者に対する教育，巡視・点検及び検査，運転又は操作，事故の報告・記録及び措置，非常の場合にとるべき措置，等が電気通信事業法施行規則に定められています。

電気通信事業法
第44条 電気通信事業者は，総務省令で定めるところにより，第41条第1項から第5項まで（第4項を除く。）又は第41条の2のいずれかに規定する電気通信設備（以下「事業用電気通信設備」という。）の管理規程を定め，電気通信事業の開始前に，総務大臣に届け出なければならない。

2　管理規程は，電気通信役務の確実かつ安定的な提供を確保するために電気通信事業者が遵守すべき次に掲げる事項に関し，総務省令で定めるところにより，必要な内容を定めたものでなければならない。

一　電気通信役務の確実かつ安定的な提供を確保するための事業用電気通信設備の管理の方針に関する事項

二　電気通信役務の確実かつ安定的な提供を確保するための事業用電気通信設備の管理の体制に関する事項

三　電気通信役務の確実かつ安定的な提供を確保するための事業用電気通信設備の管理の方法に関する事項

四　第44条の3第1項に規定する電気通信設備統括管理者の選任に関する事項

3　電気通信事業者は，管理規程を変更したときは，遅滞なく，変更した事項を総務大臣に届け出なければならない。

4　第41条第4項の規定により新たに指定をされた電気通信事業者がその指定の日以後最初に第1項の規定により総務大臣に対してすべき届出については，同項中「電気通信事業の開始前に」とあるのは，「第41条第4項の規定により新たに指定をされた日から3月以内に」とする。

(2) 管理規程の変更命令等

電気通信事業法
第44条の2　総務大臣は，電気通信事業者が前条第1項又は第3項の規定により届け出た管理規程が同条第2項の規定に適合しないと認めるときは，当該電気通信事業者に対し，これを変更すべきことを命ずることができる。

2　総務大臣は，電気通信事業者が管理規程を遵守していないと認めるときは，当該電気通信事業者に対し，電気通信役務の確実かつ安定的な提供を確保するために必要な限度において，管理規程を遵守すべきことを命ずることができる。

(3) 電気通信設備統括管理者

電気通信設備統括管理者は，電気通信事業の用に供する電気通信設備の管理

に関する業務のうち，電気通信設備の設計，工事，維持又は運用に関する業務に通算して3年以上従事した経験を有すること等の要件が電気通信事業法施行規則で定められています。

電気通信事業法
第44条の3　電気通信事業者は，第44条第2項第一号から第三号までに掲げる事項に関する業務を統括管理させるため，事業運営上の重要な決定に参画する管理的地位にあり，かつ，電気通信設備の管理に関する一定の実務の経験その他の総務省令で定める要件を備える者のうちから，総務省令で定めるところにより，電気通信設備統括管理者を選任しなければならない。
2　電気通信事業者は，電気通信設備統括管理者を選任し，又は解任したときは，総務省令で定めるところにより，遅滞なく，その旨を総務大臣に届け出なければならない。
3　第41条第4項の規定により新たに指定をされた電気通信事業者がその指定の日以後最初に第1項の規定によりすべき選任は，その指定の日から3月以内にしなければならない。

(4) 電気通信設備統括管理者等の義務

電気通信事業法
第44条の4　電気通信設備統括管理者は，誠実にその職務を行わなければならない。
2　電気通信事業者は，電気通信役務の確実かつ安定的な提供の確保に関し，電気通信設備統括管理者のその職務を行う上での意見を尊重しなければならない。

(5) 電気通信設備統括管理者の解任命令

電気通信事業法
第44条の5　総務大臣は，電気通信設備統括管理者がその職務を怠った場合であって，当該電気通信設備統括管理者が引き続きその職務を行うことが電気通信役務の確実かつ安定的な提供の確保に著しく支障を及ぼすおそれがあると認めるときは，電気通信事業者に対し，当該電気通信設備統括管理者を解任すべきことを命ずることができる。

4.3　電気通信主任技術者

(1) 選　任

電気通信事業者は，電気通信設備が技術基準に適合していることを管理させるために電気通信主任技術者を選任しなければなりません。詳細は電気通信主任技術者規則に規定されています。

電気通信事業法
第45条 電気通信事業者は，事業用電気通信設備の工事，維持及び運用に関し総務省令で定める事項を監督させるため，総務省令で定めるところにより，電気通信主任技術者資格者証の交付を受けている者のうちから，電気通信主任技術者を選任しなければならない。ただし，その事業用電気通信設備が小規模である場合その他の総務省令で定める場合は，この限りでない。

2　電気通信事業者は，前項の規定により電気通信主任技術者を選任したときは，遅滞なく，その旨を総務大臣に届け出なければならない。これを解任したときも，同様とする。

3　第41条第4項の規定により新たに指定をされた電気通信事業者がその指定の日以後最初に第1項の規定によりすべき選任は，その指定の日から3月以内にしなければならない。

(2) 資格者証の種類及び監督の範囲

電気通信主任技術者の資格は，電気通信事業者の伝送交換設備と線路設備について管理を行うことができます。資格の種類と電気通信設備の工事，維持及び運用に関する事項の範囲は，電気通信主任技術者規則に規定されています。

電気通信事業法
第46条 電気通信主任技術者資格者証の種類は，伝送交換技術及び線路技術について総務省令で定める。

2　電気通信主任技術者資格者証の交付を受けている者が監督することができる電気通信設備の工事，維持及び運用に関する事項の範囲は，前項の電気通信主任技術者資格者証の種類に応じて総務省令で定める。

3　総務大臣は，次の各号のいずれかに該当する者に対し，電気通信主任技術者資格者証を交付する。

一　電気通信主任技術者試験に合格した者

二　電気通信主任技術者資格者証の交付を受けようとする者の養成課程で，総務大臣が総務省令で定める基準に適合するものであることの認定をしたものを修了した者

三　前2号に掲げる者と同等以上の専門的知識及び能力を有すると総務大臣が認定した者

4　総務大臣は，前項の規定にかかわらず，次の各号のいずれかに該当す

電気通信事業法（縦書き）

る者に対しては，電気通信主任技術者資格者証の交付を行わないことができる。
　一　次条の規定により電気通信主任技術者資格者証の返納を命ぜられ，その日から１年を経過しない者
　二　この法律の規定により罰金以上の刑に処せられ，その執行を終わり，又はその執行を受けることがなくなった日から２年を経過しない者
５　電気通信主任技術者資格者証の交付に関する手続的事項は，総務省令で定める。

（3）資格者証の返納

電気通信主任技術者資格者証を受けている者が，電気通信事業法及びこれに基づく命令に違反すると資格者証の返納を命ぜられることがあります。

電気通信事業法
第47条　総務大臣は，電気通信主任技術者資格者証を受けている者がこの法律又はこの法律に基づく命令の規定に違反したときは，その電気通信主任技術者資格者証の返納を命ずることができる。

返納は10日以内に行わなければならないことが電気通信主任技術者規則に規定されています。

用語解説

「電気通信事業法に基づく命令」とは，電気通信事業法施行規則，電気通信主任技術者規則等の省令のことです。

（4）電気通信主任技術者試験

電気通信主任技術者の国家試験は，指定試験機関の一般財団法人日本データ通信協会に属する電気通信国家試験センターが毎年２回実施しています。試験の実施細目は，電気通信主任技術者規則に規定されています。

電気通信事業法
第48条　電気通信主任技術者試験は，電気通信設備の工事，維持及び運用に関して必要な専門的知識及び能力について行う。
２　電気通信主任技術者試験は，電気通信主任技術者資格者証の種類ごとに，総務大臣が行う。
３　電気通信主任技術者試験の試験科目，受験手続その他電気通信主任技

術者試験の実施細目は，総務省令で定める。

（5）電気通信主任技術者等の義務

電気通信事業法
第49条　電気通信主任技術者は，事業用電気通信設備の工事，維持及び運用に関する事項の監督の職務を誠実に行わなければならない。

2　電気通信事業者は，電気通信主任技術者に対し，その職務の執行に必要な権限を与えなければならない。

3　電気通信事業者は，電気通信主任技術者のその職務を行う事業場における事業用電気通信設備の工事，維持又は運用に関する助言を尊重しなければならず，事業用電気通信設備の工事，維持又は運用に従事する者は，電気通信主任技術者がその職務を行うため必要であると認めてする指示に従わなければならない。

4　電気通信事業者は，総務省令で定める期間ごとに，電気通信主任技術者に，第85条の2第1項の規定により登録を受けた者（以下「登録講習機関」という。）が行う事業用電気通信設備の工事，維持及び運用に関する事項の監督に関する講習を受けさせなければならない。

演習問題

問1　電気通信回線設備を設置する電気通信事業者及び基礎的電気通信役務を提供する電気通信事業者が，電気通信事業の用に供する電気通信設備の技術基準で確保するべき事項について，電気通信事業法に規定するところを述べよ。

〔参照条文：法41条〕

問2　総務大臣は，電気通信回線設備を設置する電気通信事業者の電気通信設備が総務省令で定める技術基準に適合していないと認めるときは，当該電気通信事業者に対し，どのような命令を行うことがあるか，電気通信事業法に規定するところを述べよ。

〔参照条文：法43条〕

問3　電気通信事業者は総務省令で定めるところにより，電気通信設備の管理規程を定めなければならないことになっているが，管理規程で定めなければならない事項について，電気通信事業法に規定するところを述べよ。

〔参照条文：法44条〕

問4　電気通信主任技術者の選任について，電気通信事業法に規定すると
ころを述べよ。

〔参照条文：法45条〕

5　端末設備

　端末設備とは，電気通信回線設備の一端に接続される電気通信設備であって，
一の部分の設置の場所が他の部分の設置の場所と同一の構内又は同一の建物内
であるものをいい，別の建物にわたるものは，自営電気通信設備と定義されて
います。

5.1　端末設備の接続

　利用者が電気通信事業者に対して，技術基準に適合している端末設備の接続
を請求したときは，拒むことができません。技術基準は総務省令で定めるもの
と，電気通信事業者が総務大臣の認可を受けて定める場合があります。

電気通信事業法
第52条　電気通信事業者は，利用者から端末設備（＊1）をその電気通
信回線設備（＊2）に接続すべき旨の請求を受けたときは，その接続が
総務省令で定める技術基準（＊3）に適合しない場合その他総務省令で
定める場合を除き，その請求を拒むことができない。
2　前項の技術基準は，これにより次の事項が確保されるものとして定め
られなければならない。
一　電気通信回線設備を損傷し，又はその機能に障害を与えないように
すること。
二　電気通信回線設備を利用する他の利用者に迷惑を及ぼさないように
すること。
三　電気通信事業者の設置する電気通信回線設備と利用者の接続する端
末設備との責任の分界が明確であるようにすること。

＊1　電気通信回線設備の一端に接続される電気通信設備であって，一の
部分の設置の場所が他の部分の設置の場所と同一の構内（これに準ずる
区域内を含む。）又は同一の建物内であるものをいう。以下同じ。
＊2　その損壊又は故障等による利用者の利益に及ぼす影響が軽微なもの
として総務省令で定めるものを除く。第69条第1項及び第2項並びに
第70条第1項において同じ。
＊3　当該電気通信事業者又は当該電気通信事業者とその電気通信設備を

接続する他の電気通信事業者であって総務省令で定めるものが総務大臣
の認可を受けて定める技術的条件を含む。次項並びに第69条第1項及
び第2項において同じ。

利用者からの端末設備の接続請求を拒める場合が端末設備規則に規定されて
います。これらの端末設備には公衆電話機等があります。

5.2　端末機器の技術基準適合認定

（1）技術基準適合認定

技術基準適合認定は，総務大臣の登録を受けた登録認定機関が認定の業務を
行っています。

電気通信事業法
第53条　第86条第1項の規定により登録を受けた者（以下「登録認定
機関」という。）は，その登録に係る技術基準適合認定（前条第1項の総
務省令で定める技術基準に適合していることの認定をいう。以下同じ。）
を受けようとする者から求めがあった場合には，総務省令で定めるとこ
ろにより審査を行い，当該求めに係る端末機器（総務省令で定める種類
の端末設備の機器をいう。以下同じ。）が前条第1項の総務省令で定める
技術基準に適合していると認めるときに限り，技術基準適合認定を行う
ものとする。
2　登録認定機関は，その登録に係る技術基準適合認定をしたときは，総
務省令で定めるところにより，その端末機器に技術基準適合認定をした
旨の表示を付さなければならない。
3　何人も，前項（第104条第4項において準用する場合を含む。），第58
条（第104条第7項において準用する場合を含む。），第65条，第68条
の2又は第68条の8第3項の規定により表示を付する場合を除くほか，
国内において端末機器又は端末機器を組み込んだ製品にこれらの表示又
はこれらと紛らわしい表示を付してはならない。

（2）妨害防止命令

電気通信事業法
第54条　総務大臣は，登録認定機関による技術基準適合認定を受けた端
末機器であって前条第2項又は第68条の8第3項の表示が付されている
ものが，第52条第1項の総務省令で定める技術基準に適合しておらず，
かつ，当該端末機器の使用により電気通信回線設備を利用する他の利用

者の通信に妨害を与えるおそれがあると認める場合において，当該妨害の拡大を防止するために特に必要があると認めるときは，当該技術基準適合認定を受けた者に対し，当該端末機器による妨害の拡大を防止するために必要な措置を講ずべきことを命ずることができる。

(3) 表示が付されていないものとみなす場合

電気通信事業法
第55条　登録認定機関による技術基準適合認定を受けた端末機器であって第53条第2項又は第68条の8第3項の規定により表示が付されているものが第52条第1項の総務省令で定める技術基準に適合していない場合において，総務大臣が電気通信回線設備を利用する他の利用者の通信への妨害の発生を防止するため特に必要があると認めるときは，当該端末機器は，第53条第2項又は第68条の8第3項の規定による表示が付されていないものとみなす。

2　総務大臣は，前項の規定により端末機器について表示が付されていないものとみなされたときは，その旨を公示しなければならない。

(4) 端末機器の設計についての認証

電気通信事業法
第56条　登録認定機関は，端末機器を取り扱うことを業とする者から求めがあった場合には，その端末機器を，第52条第1項の総務省令で定める技術基準に適合するものとして，その設計（当該設計に合致することの確認の方法を含む。）について認証（以下「設計認証」という。）する。

2　登録認定機関は，その登録に係る設計認証の求めがあった場合には，総務省令で定めるところにより審査を行い，当該求めに係る設計が第52条第1項の総務省令で定める技術基準に適合するものであり，かつ，当該設計に基づく端末機器のいずれもが当該設計に合致するものとなることを確保することができると認めるときに限り，設計認証を行うものとする。

(5) 設計合致義務等

電気通信事業法
第57条　登録認定機関による設計認証を受けた者（以下「認証取扱業者」という。）は，当該設計認証に係る設計（以下「認証設計」という。）に基づく端末機器を取り扱う場合においては，当該端末機器を当該認証設計に合致するようにしなければならない。

2　認証取扱業者は，設計認証に係る確認の方法に従い，その取扱いに係

る前項の端末機器について検査を行い，総務省令で定めるところにより，その検査記録を作成し，これを保存しなければならない。

（6）認証設計に基づく端末機器の表示

電気通信事業法
第58条　認証取扱業者は，認証設計に基づく端末機器について，前条第2項の規定による義務を履行したときは，当該端末機器に総務省令で定める表示を付することができる。

（7）認証取扱業者に対する措置命令

電気通信事業法
第59条　総務大臣は，認証取扱業者が第57条第1項の規定に違反していると認める場合には，当該認証取扱業者に対し，設計認証に係る確認の方法を改善するために必要な措置をとるべきことを命ずることができる。

（8）表示の禁止

電気通信事業法
第60条　総務大臣は，次の各号に掲げる場合には，認証取扱業者に対し，2年以内の期間を定めて，当該各号に定める認証設計又は設計に基づく端末機器に第58条の表示を付することを禁止することができる。
一　認証設計に基づく端末機器が第52条第1項の総務省令で定める技術基準に適合していない場合において，電気通信回線設備を利用する他の利用者の通信への妨害の発生を防止するため特に必要があると認めるとき（第六号に掲げる場合を除く。）。　当該端末機器の認証設計
二　認証取扱業者が第57条第2項の規定に違反したとき。
　　当該違反に係る端末機器の認証設計
三　認証取扱業者が前条の規定による命令に違反したとき。
　　当該違反に係る端末機器の認証設計
四　認証取扱業者が不正な手段により登録認定機関による設計認証を受けたとき。　当該設計認証に係る設計
五　登録認定機関が第56条第2項の規定又は第103条において準用する第91条第2項の規定に違反して設計認証をしたとき。
　　当該設計認証に係る設計
六　第52条第1項の総務省令で定める技術基準が変更された場合において，当該変更前に設計認証を受けた設計が当該変更後の技術基準に適合しないと認めるとき。　当該設計

①　電気通信事業法

2 　総務大臣は，前項の規定により表示を付することを禁止したときは，その旨を公示しなければならない。

(9) 外国取扱業者

電気通信事業法
第62条 　登録認定機関による技術基準適合認定を受けた者が外国取扱業者（外国において本邦内で使用されることとなる端末機器を取り扱うことを業とする者をいう。以下同じ。）である場合における当該外国取扱業者に対する第54条の規定の適用については，同条中「命ずる」とあるのは，「請求する」とする。

2〜4 　［省略］

(10) 技術基準適合自己確認等

電気通信事業法
第63条 　端末機器のうち，端末機器の技術基準，使用の態様等を勘案して，電気通信回線設備を利用する他の利用者の通信に著しく妨害を与えるおそれが少ないものとして総務省令で定めるもの（以下「特定端末機器」という。）の製造業者又は輸入業者は，その特定端末機器を，第52条第1項の総務省令で定める技術基準に適合するものとして，その設計（当該設計に合致することの確認の方法を含む。）について自ら確認することができる。

2〜6 　［省略］

技術基準適合自己確認等についても技術基準適合認定と同様に，設計合致義務（法64条），表示（法65条），表示の禁止（法66条）等について規定されています。

(11) 修理業者の登録

電気通信事業法
第68条の3 　特定端末機器（適合表示端末機器に限る。以下この条，次条及び第68条の7から第68条の9までにおいて同じ。）の修理の事業を行う者は，総務大臣の登録を受けることができる。

2 　前項の登録を受けようとする者は，総務省令で定めるところにより，次に掲げる事項を記載した申請書を総務大臣に提出しなければならない。
　　一 　氏名又は名称及び住所並びに法人にあっては，その代表者の氏名
　　二 　事務所の名称及び所在地

　三　修理する特定端末機器の範囲

　四　特定端末機器の修理の方法の概要

　五　修理された特定端末機器が第52条第1項の総務省令で定める技術基準に適合することの確認（次項，次条及び第68条の7から第68条の9までにおいて「修理の確認」という。）の方法の概要

3　前項の申請書には，総務省令で定めるところにより，特定端末機器の修理の方法及び修理の確認の方法を記載した修理方法書その他総務省令で定める書類を添付しなければならない。

電気通信事業法

第68条の7　登録修理業者は，その登録に係る特定端末機器を修理する場合には，修理方法書に従い，修理及び修理の確認をしなければならない。

2　登録修理業者は，その登録に係る特定端末機器を修理する場合には，総務省令で定めるところにより，修理及び修理の確認の記録を作成し，これを保存しなければならない。

電気通信事業法

第68条の8　登録修理業者は，その登録に係る特定端末機器を修理したときは，総務省令で定めるところにより，当該特定端末機器に修理をした旨の表示を付さなければならない。

2　何人も，前項の規定により表示を付する場合を除くほか，国内において端末機器に同項の表示又はこれと紛らわしい表示を付してはならない。

3　登録修理業者は，修理方法書に従い，その登録に係る特定端末機器の修理及び修理の確認をしたときは，総務省令で定めるところにより，当該特定端末機器に，第53条第2項（第104条第4項において準用する場合を含む。），第58条（第104条第7項において準用する場合を含む。），第65条又はこの項の規定により当該特定端末機器に付されている表示と同一の表示を付することができる。

　第53条第2項（第104条第4項において準用する場合を含む。），第58条（第104条第7項において準用する場合を含む。）若しくは第65条又は第68条の8第3項の規定により表示が付されている端末機器（第55条第1項（第61条，前条並びに第104条第4項及び第7項において準用する場合を含む。）の規定により表示が付されていないものとみなされたものを除く。）を「適合表示端末機器」という。

（12）端末設備の接続の検査

電気通信事業法
第69条 利用者は，適合表示端末機器を接続する場合その他総務省令で定める場合を除き，電気通信事業者の電気通信回線設備に端末設備を接続したときは，当該電気通信事業者の検査を受け，その接続が第52条第1項の技術基準に適合していると認められた後でなければ，これを使用してはならない。これを変更したときも，同様とする。

2 　電気通信回線設備を設置する電気通信事業者は，端末設備に異常がある場合その他電気通信役務の円滑な提供に支障がある場合において必要と認めるときは，利用者に対し，その端末設備の接続が第52条第1項の技術基準に適合するかどうかの検査を受けるべきことを求めることができる。この場合において，当該利用者は，正当な理由がある場合その他総務省令で定める場合を除き，その請求を拒んではならない。

3 　前項の規定は，第52条第1項の規定により認可を受けた同項の総務省令で定める電気通信事業者について準用する。この場合において，前項中「総務省令で定める技術基準」とあるのは，「規定により認可を受けた技術的条件」と読み替えるものとする。

4 　第1項及び第2項（前項において準用する場合を含む。）の検査に従事する者は，その身分を示す証明書を携帯し，関係人に提示しなければならない。

（13）自営電気通信設備の接続

電気通信事業法
第70条 電気通信事業者は，電気通信回線設備を設置する電気通信事業者以外の者からその電気通信設備（端末設備以外のものに限る。以下「自営電気通信設備」という。）をその電気通信回線設備に接続すべき旨の請求を受けたときは，次に掲げる場合を除き，その請求を拒むことができない。

一　その自営電気通信設備の接続が，総務省令で定める技術基準（当該電気通信事業者又は当該電気通信事業者とその電気通信設備を接続する他の電気通信事業者であって総務省令で定めるものが総務大臣の認可を受けて定める技術的条件を含む。次項において同じ。）に適合しないとき。

二　その自営電気通信設備を接続することにより当該電気通信事業者の電気通信回線設備の保持が経営上困難となることについて当該電気通信事業者が総務大臣の認定を受けたとき。

2　第 52 条第 2 項の規定は前項第一号の総務省令で定める技術基準について，前条の規定は同項の請求に係る自営電気通信設備の接続の検査について，それぞれ準用する。この場合において，同条第 1 項中「第 52 条第 1 項の総務省令で定める技術基準」とあるのは「次条第 1 項第一号の総務省令で定める技術基準（同号の規定により認可を受けた技術的条件を含む。次項において同じ。）」と，同条第 2 項及び第 3 項中「第 52 条第 1 項」とあるのは「次条第 1 項第一号」と，同項中「同項」とあるのは「同号」と読み替えるものとする。

6　工事担任者

6.1　工事担任者

（1）工事担任者による工事の実施及び監督

電気通信事業者の電気通信回線設備と利用者の端末設備等を接続する工事は，専門的な知識と技能を持つ工事担任者が行うか実地に監督しなければなりません。ただし，プラグ・ジャック方式等の接続方式で，工事担任者を必要としない工事もあります。

電気通信事業法
第 71 条　利用者は，端末設備又は自営電気通信設備を接続するときは，工事担任者資格者証の交付を受けている者（以下「工事担任者」という。）に，当該工事担任者資格者証の種類に応じ，これに係る工事を行わせ，又は実地に監督させなければならない。ただし，総務省令で定める場合は，この限りでない。
2　工事担任者は，その工事の実施又は監督の職務を誠実に行わなければならない。

（2）工事担任者資格者証

工事担任者の資格は，総合通信，第一級アナログ通信，第二級アナログ通信，第一級デジタル通信，第二級デジタル通信の種類があり，工事担任者規則に工事及び監督を行うことができる範囲が定められています。

電気通信事業法
第 72 条　工事担任者資格者証の種類及び工事担任者が行い，又は監督することができる端末設備若しくは自営電気通信設備の接続に係る工事の範囲は，総務省令で定める。

2　第46条第3項から第5項まで及び第47条の規定は，工事担任者資格者証について準用する。この場合において，第46条第3項第一号中「電気通信主任技術者試験」とあるのは「工事担任者試験」と，同項第三号中「専門的知識及び能力」とあるのは「知識及び技能」と読み替えるものとする。

（3）　工事担任者試験

電気通信事業法
第73条　工事担任者試験は，端末設備及び自営電気通信設備の接続に関して必要な知識及び技能について行う。
2　第48条第2項及び第3項の規定は，工事担任者試験について準用する。この場合において，同条第2項中「電気通信主任技術者資格者証」とあるのは，「工事担任者資格者証」と読み替えるものとする。

（4）　指定試験機関

電気通信主任技術者及び工事担任者の国家試験は，総務大臣がその試験事務を指定して行わせる指定試験機関の一般財団法人日本データ通信協会が実施しています。

電気通信事業法
第74条　総務大臣は，その指定する者（以下「指定試験機関」という。）に，電気通信主任技術者試験又は工事担任者試験の実施に関する事務（以下「試験事務」という。）を行わせることができる。
2　指定試験機関の指定は，総務省令で定める区分ごとに，試験事務を行おうとする者の申請により行う。
3　総務大臣は，指定試験機関の指定をしたときは，その旨を公示しなければならない。
4　総務大臣は，指定試験機関の指定をしたときは，当該指定に係る区分の試験事務を行わないものとする。

演習問題

問1　端末設備とはどのような設備か，電気通信事業法に規定するところを述べよ。

〔参照条文：法52条〕

問2　端末設備の接続の技術基準で確保すべき事項について，電気通信事業法に規定するところを述べよ。

〔参照条文：法52条〕

問3　総務大臣が，認証取扱業者に対し，2年以内の期間を定めて，認証設計又は設計に基づく端末機器に電気通信事業法で定める表示を付することを禁止することができるのはどのような場合か，電気通信事業法に規定するところを述べよ。

〔参照条文：法60条〕

問4　電気通信回線設備を設置する電気通信事業者が，利用者に対して，その端末設備の接続が電気通信事業法で定める技術基準に適合するかどうかの検査を受けるべきことを求めることができるのはどのような場合か，電気通信事業法に規定するところを述べよ。

〔参照条文：法69条〕

問5　電気通信事業者が，自営電気通信設備をその電気通信回線設備に接続すべき旨の請求を受けたときに，その請求を拒むことができるのは，どのような場合か，電気通信事業法に規定するところを述べよ。

〔参照条文：法70条〕

7　登録認定機関・承認認定機関

7.1　登録認定機関

（1）登録認定機関の登録

電気通信事業法
第86条　端末機器について，技術基準適合認定の事業を行う者は，総務省令で定める事業の区分（以下この節において単に「事業の区分」という。）ごとに，総務大臣の登録を受けることができる。

2　前項の登録を受けようとする者は，総務省令で定めるところにより，次に掲げる事項を記載した申請書を総務大臣に提出しなければならない。
　一　氏名又は名称及び住所並びに法人にあっては，その代表者の氏名
　二　事業の区分
　三　事務所の名称及び所在地
　四　技術基準適合認定の審査に用いる測定器その他の設備の概要

　　五　第 91 条第 2 項の認定員の選任に関する事項

　　六　業務開始の予定期日

3　前項の申請書には，技術基準適合認定の業務の実施に関する計画を記載した書類その他総務省令で定める書類を添付しなければならない。

（2）指定認定機関の登録の基準

電気通信事業法

第 87 条　総務大臣は，前条第 1 項の登録を申請した者（以下この項において「登録申請者」という。）が次の各号のいずれにも適合しているときは，その登録をしなければならない。

　　一　別表第二に掲げる条件のいずれかに適合する知識経験を有する者が技術基準適合認定を行うものであること。

　　二　別表第三に掲げる測定器その他の設備であって，次のいずれかに掲げる較正又は校正（以下この号において「較正等」という。）を受けたもの（＊1）を使用して技術基準適合認定を行うものであること。

　　　イ　国立研究開発法人情報通信研究機構（ハにおいて「機構」という。）又は電波法第 102 条の 18 第 1 項の指定較正機関が行う較正

　　　ロ　計量法（平成 4 年法律第 51 号）第 135 条［特定標準器による校正等］又は第 144 条［認定事業者による校正等の証明書の交付］の規定に基づく校正

　　　ハ　外国において行う較正であって，機構又は電波法第 102 条の 18 第 1 項の指定較正機関が行う較正に相当するもの

　　　ニ　イからハまでのいずれかに掲げる較正等を受けたものを用いて行う較正等

　　三　登録申請者が，端末機器の製造業者，輸入業者又は販売業者（以下この号において「特定製造業者等」という。）に支配されているものとして次のいずれかに該当するものでないこと。

　　　イ　登録申請者が株式会社である場合にあっては，特定製造業者等がその親法人（会社法第 879 条第 1 項に規定する親法人をいう。）であること。

　　　ロ　登録申請者の役員（持分会社（会社法第 575 条第 1 項に規定する持分会社をいう．）にあっては，業務を執行する社員）に占める特定製造業者等の役員又は職員（過去 2 年間に当該特定製造業者等の役員又は職員であった者を含む。）の割合が 2 分の 1 を超えていること。

　　　ハ　登録申請者（法人にあっては，その代表権を有する役員）が，特

定製造業者等の役員又は職員（過去2年間に当該特定製造業者等の役員又は職員であった者を含む。）であること。

2　次の各号のいずれかに該当する者は，前条第1項の登録を受けることができない。

一　この法律又は有線電気通信法若しくは電波法の規定により罰金以上の刑に処せられ，その執行を終わり，又はその執行を受けることがなくなった日から2年を経過しない者であること。

二　第100条第1項又は第2項（第103条において準用する場合を含む。）の規定により登録を取り消され，その取消しの日から2年を経過しない者であること。

三　法人であって，その役員のうちに前2号のいずれかに該当する者があること。

3　前条及び前2項に規定するもののほか，同条第1項の登録に関し必要な事項は，総務省令で定める。

＊1　その較正等を受けた日の属する月の翌月の1日から起算して1年（技術基準適合認定を行うのに優れた性能を有する測定器その他の設備として総務省令で定める測定器その他の設備に該当するものにあっては，当該測定器その他の設備の区分に応じ，1年を超え3年を超えない範囲内で総務省令で定める期間）以内のものに限る。

較正（校正）は，計器類の狂いや精度を標準器と比較して正すことをいいます。計量法では，校正という用語が用いられているので，法87条1項二号では，較正又は校正を較正等と定義しています。

［　］内は，注釈です。

(3) 登録の更新

電気通信事業法
第88条　第86条第1項の登録は，5年以上10年以内において政令で定める期間ごとにその更新を受けなければ，その期間の経過によって，その効力を失う。

2　第86条第2項及び第3項並びに前条の規定は，前項の登録の更新について準用する。

登録認定機関に係る登録の有効期間は，電気通信事業法施行令に5年と定められています。

(4) 登録簿

電気通信事業法
第89条 総務大臣は,登録認定機関について,登録認定機関登録簿を備え,次に掲げる事項を登録しなければならない。
一 登録及びその更新の年月日並びに登録番号
二 第86条第2項第一号から第三号までに掲げる事項

(5) 技術基準適合認定の義務等

電気通信事業法
第91条 登録認定機関は,その登録に係る技術基準適合認定を行うべきことを求められたときは,正当な理由がある場合を除き,遅滞なく,技術基準適合認定のための審査を行わなければならない。
2 登録認定機関は,前項の審査を行うときは,総務省令で定める方法に従い,別表第二号に掲げる条件に適合する知識経験を有する者(以下「認定員」という。)に行わせなければならない。

(6) 技術基準適合認定の報告等

電気通信事業法
第92条 登録認定機関は,その登録に係る技術基準適合認定をしたときは,技術基準適合認定を受けた端末機器の種別その他総務省令で定める事項を総務大臣に報告しなければならない。
2 総務大臣は,前項の報告を受けたときは,総務省令で定めるところにより,その旨を公示しなければならない。

(7) 改善命令等

電気通信事業法
第97条 総務大臣は,登録認定機関が第87条第1項各号のいずれかに適合しなくなったと認めるときは,当該登録認定機関に対し,これらの規定に適合するため必要な措置をとるべきことを命ずることができる。
2 総務大臣は,登録認定機関が第53条第1項又は第91条の規定に違反していると認めるときは,当該登録認定機関に対し,技術基準適合認定のための審査を行うべきこと又は技術基準適合認定のための審査の方法その他の業務の方法の改善に関し必要な措置をとるべきことを命ずることができる。

(8) 総務大臣による技術基準適合認定の実施

電気通信事業法
第102条　総務大臣は，第86条第1項の登録を受ける者がいないとき，又は登録認定機関が第99条第1項の規定により技術基準適合認定の業務を休止し，若しくは廃止した場合，第100条第1項若しくは第2項の規定により登録を取り消した場合，同項の規定により登録認定機関に対し技術基準適合認定の業務の全部若しくは一部の停止を命じた場合若しくは登録認定機関が天災その他の事由によりその登録に係る技術基準適合認定の業務の全部若しくは一部を実施することが困難となった場合において必要があると認めるときは，技術基準適合認定の業務の全部又は一部を自ら行うものとする。

2　総務大臣は，前項の規定により技術基準適合認定の業務を行うこととし，又は同項の規定により行っている技術基準適合認定の業務を行わないこととするときは，あらかじめその旨を公示しなければならない。

3　総務大臣が第1項の規定により技術基準適合認定の業務を行うこととした場合における技術基準適合認定の業務の引継ぎその他の必要な事項は，総務省令で定める。

7.2　承認認定機関

　端末機器の技術基準適合認定制度に類する外国の法令に基づいて検査された端末機器を日本国内で使用する場合は，総務大臣の承認を受けた承認認定機関が技術基準適合認定を行うことができます。

電気通信事業法
第104条　総務大臣は，外国の法令に基づく端末機器の検査に関する制度で技術基準適合認定の制度に類するものに基づいて端末機器の検査，試験等を行う者であって，当該外国において，外国取扱業者が取り扱う本邦内で使用されることとなる端末機器について技術基準適合認定を行おうとするものから申請があったときは，事業の区分ごとに，これを承認することができる。

2　前項の規定による承認を受けた者（以下「承認認定機関」という。）は，その承認に係る技術基準適合認定の業務を休止し，又は廃止したときは，遅滞なく，その旨を総務大臣に届け出なければならない。

3〜8　[省略]

8 基礎的電気通信役務支援機関

(1) 基礎的電気通信役務支援機関の指定

電気通信事業法
第106条 総務大臣は，基礎的電気通信役務の提供の確保に寄与することを目的とする一般社団法人又は一般財団法人であって，次条に規定する業務（以下「支援業務」という。）に関し次に掲げる基準に適合すると認められるものを，その申請により，全国に一を限って，基礎的電気通信役務支援機関（以下「支援機関」という。）として指定することができる。
一　職員，設備，支援業務の実施の方法その他の事項についての支援業務の実施に関する計画が支援業務の適確な実施のために適切なものであること。
二　前号の支援業務の実施に関する計画を適確に実施するに足りる経理的基礎及び技術的能力があること。
三　支援業務以外の業務を行っている場合には，その業務を行うことによって支援業務が不公正になるおそれがないこと。

電気通信事業法
第107条 支援機関は，次に掲げる業務を行うものとする。
一　次条第1項の規定により指定された適格電気通信事業者に対し，当該指定に係る基礎的電気通信役務の提供に要する費用の額が当該指定に係る基礎的電気通信役務の提供により生ずる収益の額を上回ると見込まれる場合において，当該上回ると見込まれる額の費用の一部に充てるための交付金を交付すること。
二　前号に掲げる業務に附帯する業務を行うこと。

　基礎的電気通信役務支援機関は，一般社団法人電気通信事業者協会が指定されています。

(2) 適格電気通信事業者の指定

　支援機関は，基礎的電気通信役務（ユニバーサルサービス）を提供する電気通信事業者からの申請により，適格電気通信事業者として指定します。

電気通信事業法
第108条 総務大臣は，支援機関の指定をしたときは，基礎的電気通信役務を提供する電気通信事業者であって，次に掲げる基準に適合すると認められるものを，その申請により，適格電気通信事業者として指定することができる。

一　総務省令で定めるところにより，申請に係る基礎的電気通信役務の提供の業務に関する収支の状況その他総務省令で定める事項を公表していること。

二　申請に係る基礎的電気通信役務を提供するために設置している電気通信設備が第一種指定電気通信設備及び第二種指定電気通信設備以外の電気通信設備であるときは，当該電気通信設備と他の電気通信事業者の電気通信設備との接続に関し，当該基礎的電気通信役務を提供する電気通信事業者が取得すべき金額及び接続条件について接続約款を定め，総務省令で定めるところにより，これを公表していること。

三　申請に係る基礎的電気通信役務に係る業務区域の範囲が総務省令で定める基準に適合するものであること。

2　前項の規定による指定は，総務省令で定める基礎的電気通信役務の種別ごとに行う。

3～5［省略］

（3）交付金の交付

電気通信事業法
第109条　支援機関は，年度（毎年4月1日から翌年3月31日までをいう。以下この節において同じ。）ごとに，総務省令で定める方法により第107条第一号の交付金（以下この節において単に「交付金」という。）の額を算定し，当該交付金の額及び交付方法について総務大臣の認可を受けなければならない。

2　適格電気通信事業者は，総務省令で定めるところにより，交付金の額を算定するための資料として，前年度における前条第1項の指定に係る基礎的電気通信役務の提供に要した原価及び当該指定に係る基礎的電気通信役務の提供により生じた収益の額その他総務省令で定める事項を支援機関に届け出なければならない。

3　前項の原価は，能率的な経営の下における適正な原価を算定するものとして総務省令で定める方法により算定しなければならない。

4　支援機関は，第1項の認可を受けたときは，総務省令で定めるところにより，交付金の額を公表しなければならない。

（4）　負担金の徴収

電気通信事業法
第110条　支援機関は，年度ごとに，支援業務に要する費用の全部又は一部に充てるため，次に掲げる電気通信事業者であって，その事業の規

模が政令で定める基準を超えるもの（以下この条において「接続電気通信事業者等」という。）から，負担金を徴収することができる。ただし，接続電気通信事業者等の前年度における電気通信役務の提供により生じた収益の額（その者が，前年度又はその年度（第3項の規定による通知を受けるまでの間に限る。）において，他の接続電気通信事業者等について合併，分割（電気通信事業の全部を承継させるものに限る。）若しくは相続があった場合における合併後存続する法人若しくは合併により設立された法人，分割により当該事業の全部を承継した法人若しくは相続人又は他の接続電気通信事業者等から電気通信事業の全部を譲り受けた者であるときは，合併により消滅した法人，分割をした法人若しくは被相続人又は当該事業を譲り渡した接続電気通信事業者等の前年度における電気通信役務の提供により生じた収益の額を含む。）として総務省令で定める方法により算定した額に対する当該負担金（以下この節において単に「負担金」という。）の額の割合は，政令で定める割合を超えてはならない。

一　適格電気通信事業者が第108条第1項の指定に係る基礎的電気通信役務を提供するために設置している電気通信設備との接続に関する協定を締結している電気通信事業者

二　前号に掲げる電気通信事業者の電気通信設備との接続に関する協定を締結している電気通信事業者その他電気通信事業者の電気通信設備を介して同号に規定する電気通信設備と接続する電気通信設備を設置している電気通信事業者

三　第一号に規定する電気通信設備，これと接続する電気通信設備又は電気通信事業者の電気通信設備を介して同号に規定する電気通信設備と接続する電気通信設備を用いる卸電気通信役務の提供を受ける契約を締結している電気通信事業者

2　支援機関は，年度ごとに，総務省令で定める方法により負担金の額を算定し，負担金の額及び徴収方法について総務大臣の認可を受けなければならない。

3　支援機関は，前項の認可を受けたときは，接続電気通信事業者等に対し，その認可を受けた事項を記載した書面を添付して，納付すべき負担金の額，納付期限及び納付方法を通知しなければならない。

4　接続電気通信事業者等は，前項の規定による通知に従い，支援機関に対し，負担金を納付する義務を負う。

5～8［省略］

　支援機関は，電気通信事業者から基礎的電気通信役務（ユニバーサルサービス）の負担金を徴収し，適格電気通信事業者に交付金を交付します。一般に，電気通信事業者はユニバーサルサービス料として利用者から徴収します。

9 事業の認定

（1）事業の認定

　電気通信回線設備を設置して電気通信役務を提供する電気通信事業を営む電気通信事業者は，申請により総務大臣の認定を受けることができます。認定を受けた電気通信事業者は道路占有，他人の土地の使用，公水面の使用等において公益特権を受けることができます。

> **電気通信事業法**
> **第117条**　電気通信回線設備を設置して電気通信役務を提供する電気通信事業を営む電気通信事業者又は当該電気通信事業を営もうとする者は，次節［法128から法143条］の規定の適用を受けようとする場合には，申請により，その電気通信事業の全部又は一部について，総務大臣の認定を受けることができる。
> 2　前項の認定を受けようとする者は，総務省令で定めるところにより，次の事項を記載した申請書を総務大臣に提出しなければならない。
> 　一　氏名又は名称及び住所並びに法人にあっては，その代表者の氏名
> 　二　申請に係る電気通信事業の業務区域
> 　三　申請に係る電気通信事業の用に供する電気通信設備の概要
> 3　前項の申請書には，事業計画書その他総務省令で定める書類を添付しなければならない。

（2）認定の欠格事由

　認定を受ける電気通信事業は公共性の高い事業であり，通信の秘密の確保等の信頼性が要求されるので，電気通信事業法及び関係する有線電気通信法，電波法の違反者に対しては，認定しないことが規定されています。

> **電気通信事業法**
> **第118条**　次の各号のいずれかに該当する者は，前条第1項の認定を受けることができない。
> 　一　この法律又は有線電気通信法若しくは電波法又はこれらに相当する外国の法令の規定により罰金以上の刑（これに相当する外国の法令による刑を含む。）に処せられ，その執行を終わり，又はその執行を受

けることがなくなった日から2年を経過しない者

二　第125条第二号に該当することにより認定がその効力を失い，その効力を失った日から2年を経過しない者又は第126条第1項の規定により認定の取消しを受け，その取消しの日から2年を経過しない者

三　法人又は団体であって，その役員のうちに前2号のいずれかに該当する者があるもの

四　外国法人等であって国内における代表者又は国内における代理人を定めていない者

（3）認定の基準

電気通信事業法

第119条　総務大臣は，第117条第1項の認定の申請が次の各号のいずれにも適合していると認めるときでなければ，同項の認定をしてはならない。

一　申請に係る電気通信事業を適確に遂行するに足りる経理的基礎及び技術的能力があること。

二　申請に係る電気通信事業の計画が確実かつ合理的であること。

三　申請に係る電気通信事業を営むために必要とされる第9条の登録若しくは第13条第1項の変更登録を受け，又は第16条第1項若しくは第3項の届出をしていること。

（4）事業の開始の義務

認定を受けた認定電気通信事業者に対して，特定の期間内に認定電気通信事業を開始することを義務づけた規定です。

電気通信事業法

第120条　第117条第1項の認定を受けた者（以下「認定電気通信事業者」という。）は，総務大臣が指定する期間内に，その認定に係る電気通信事業（以下「認定電気通信事業」という。）を開始しなければならない。

2　総務大臣は，特に必要があると認めるときは，第117条第2項第二号の業務区域を区分して前項の期間の指定をすることができる。

3　総務大臣は，認定電気通信事業者から申請があった場合において，正当な理由があると認めるときは，第1項の期間を延長することができる。

4　認定電気通信事業者は，認定電気通信事業（第2項の規定により業務区域を区分して期間の指定があったときは，その区分に係る認定電気通信事業）を開始したときは，遅滞なく，その旨を総務大臣に届け出なければならない。

(5) 提供義務

電気通信事業法
第121条　認定電気通信事業者は，正当な理由がなければ，認定電気通信事業に係る電気通信役務の提供を拒んではならない。

2　　総務大臣は，認定電気通信事業者が前項の規定に違反したときは，当該認定電気通信事業者に対し，利用者の利益又は公共の利益を確保するために必要な限度において，業務の方法の改善その他の措置をとるべきことを命ずることができる。

業務の改善方法その他の措置を命ずるときは，法161条の規定による聴聞が行われます。

(6) 変更の認定等

電気通信事業法
第122条　認定電気通信事業者は，第117条第2項第二号又は第三号［業務区域，設備の概要］の事項を変更しようとするときは，総務大臣の認定を受けなければならない。ただし，総務省令で定める軽微な変更については，この限りでない。

2　　認定電気通信事業者は，前項ただし書の総務省令で定める軽微な変更をしたときは，遅滞なく，その旨を総務大臣に届け出なければならない。

3　　第117条第3項［申請書の添付書類］，第118条（第二号を除く。）［認定の欠格事由］及び第119条［認定の基準］の規定は，第1項の認定について準用する。

4　　第120条［事業の開始の義務］の規定は，第1項の場合（業務区域の減少の場合を除く。）に準用する。この場合において，同条第1項中「第117条第1項」とあるのは，「第122条第1項」と読み替えるものとする。

5　　認定電気通信事業者は，第117条第2項第一号［氏名又は名称等］の事項に変更があったときは，遅滞なく，その旨を総務大臣に届け出なければならない。

(7) 承　継

電気通信事業法
第123条　認定電気通信事業者が死亡した場合においては，その相続人（＊1）が被相続人たる認定電気通信事業者の地位を承継する。

2　　前項の相続人が被相続人の死亡後60日以内にその相続について総務大

臣の認可を申請しない場合又は同項の相続人がしたその申請に対し認可をしない旨の処分があった場合には，その期間の経過した時又はその処分があった時に，当該認定電気通信事業の認定は，その効力を失う。

3　認定電気通信事業者たる法人が合併又は分割（認定電気通信事業の全部を承継させるものに限る。）をしたときは，合併後存続する法人若しくは合併により設立された法人又は分割により当該認定電気通信事業の全部を承継した法人は，総務大臣の認可を受けて認定電気通信事業者の地位を承継することができる。

4　認定電気通信事業者が認定電気通信事業の全部の譲渡しをしたときは，当該認定電気通信事業の全部を譲り受けた者は，総務大臣の認可を受けて認定電気通信事業者の地位を承継することができる。

5　第118条及び第119条の規定は，前3項の認可について準用する。

＊1　相続人が2人以上ある場合においてその協議により当該認定電気通信事業を承継すべき相続人を定めたときは，その者

（8）事業の休止及び廃止

電気通信事業法
第124条　認定電気通信事業者は，認定電気通信事業の全部又は一部を休止し，又は廃止したときは，遅滞なく，その旨を総務大臣に届け出なければならない。

2　前項の休止の期間は，1年を超えてはならない。

（9）認定の失効

電気通信事業法
第125条　認定電気通信事業者が次の各号のいずれかに該当するに至ったときは，その認定は，その効力を失う。

一　第12条の2第1項の規定により登録がその効力を失ったとき。
二　第14条第1項の規定により登録を取り消されたとき。
三　認定電気通信事業の全部を廃止したとき。

（10）認定の取消し

認定電気通信事業者が電気通信事業法等に違反して処分されたとき等に総務大臣はその認定を取り消すことができます。

電気通信事業法
第126条　総務大臣は，認定電気通信事業者が次の各号のいずれかに該

当するときは，その認定を取り消すことができる。
  一　第 118 条第一号又は第三号［認定の欠格事由］に該当するに至った
　　とき。
  二　第 120 条第 1 項［事業の開始の義務］の規定により指定した期間
　　（同条第 3 項の規定による延長があったときは，延長後の期間）内に認
　　定電気通信事業を開始しないとき。
  三　前 2 号に規定する場合のほか，認定電気通信事業者がこの法律又は
　　この法律に基づく命令若しくは処分に違反した場合において，公共の
　　利益を阻害すると認めるとき。
2　総務大臣は，前項の規定により認定を取り消したときは，文書により
　その理由を付して通知しなければならない。

(11) 変更の認定の取消し

　変更の認定を受けたときも，期間内にその事項を変更しないときは，同様に
変更の認定を取り消されることがあります。

電気通信事業法
第 127 条　総務大臣は，第 122 条第 1 項の規定により第 117 条第 2 項第
　二号又は第三号の事項の変更の認定を受けた認定電気通信事業者が，第
　122 条第 4 項において準用する第 120 条第 1 項の規定により指定した期
　間（第 122 条第 4 項において準用する第 120 条第 3 項の規定による延長
　があったときは，延長後の期間）内にその事項を変更しないときは，そ
　の認定を取り消すことができる。
2　前条第 2 項の規定は，前項の場合に準用する。

10　土地の使用

10.1　土地等の使用

(1) 土地等の使用権

　認定電気通信事業者が，線路等を設置するときに，他人の土地や建物を利用
することが必要となる場合があります。そのような場合に，総務大臣の認可を
受けて，土地等の所有者に対し，その土地等を使用する権利の設定に関する協
議を求めることができます。

電気通信事業法
第 128 条　認定電気通信事業者は，認定電気通信事業の用に供する線路

及び空中線（主として一の構内（これに準ずる区域内を含む。）又は建物内（以下この項において「構内等」という。）にいる者の通信の用に供するため当該構内等に設置する線路及び空中線については，公衆の通行し，又は集合する構内等に設置するものに限る。）並びにこれらの附属設備（以下この節において「線路」と総称する。）を設置するため他人の土地及びこれに定着する建物その他の工作物（＊１）を利用することが必要かつ適当であるときは，総務大臣の認可を受けて，その土地等の所有者（＊２）に対し，その土地等を使用する権利（以下「使用権」という。）の設定に関する協議を求めることができる。第３項の存続期間が満了した後において，その期間を延長して使用しようとするときも，同様とする。

2　前項の認可は，認定電気通信事業者がその土地等の利用を著しく妨げない限度において使用する場合にすることができる。ただし，他の法律によって土地等を収用し，又は使用することができる事業の用に供されている土地等にあってはその事業のための土地等の利用を妨げない限度において利用する場合に限り，建物その他の工作物にあっては線路を支持するために利用する場合に限る。

3　第１項の使用権の存続期間は，15年（地下ケーブルその他の地下工作物又は鉄鋼若しくはコンクリート造の地上工作物の設置を目的とするものにあっては，50年）とする。ただし，同項の協議又は第132条第２項若しくは第３項の裁定においてこれより短い期間を定めたときは，この限りでない。

4～8　［省略］

＊１　国有財産法（昭和23年法律第73号）第３条第２項に規定する行政財産，地方自治法（昭和22年法律第67号）第238条第３項に規定する行政財産その他政令で定めるもの（第４項において「行政財産等」という。）を除く。以下「土地等」という。

＊２　所有権以外の権原に基づきその土地等を使用する者があるときは，その者及び所有者。以下同じ。

> ### 用語解説
>
> 「権原」とは，ある行為が正当なものとされる法律上の原因（権利の原因）のことです。

（2）土地等の一次使用

　線路に関する工事の施工，重要通信の確保等のために，一時的に他人の土地を使用するときの手続きや条件について規定しています。また，測量，実地調査等のために必要があるときは，他人の土地に立ち入ることや通行することができます。

電気通信事業法
第133条　認定電気通信事業者は，認定電気通信事業の実施に関し，次に掲げる目的のため他人の土地等を利用することが必要であって，やむを得ないときは，その土地等の利用を著しく妨げない限度において，一時これを使用することができる。ただし，建物その他の工作物にあっては，線路を支持するために利用する場合に限る。

　一　線路に関する工事の施工のため必要な資材及び車両の置場並びに土石の捨場の設置

　二　天災，事変その他の非常事態が発生した場合その他特にやむを得ない事由がある場合における重要な通信を確保するための線路その他の電気通信設備の設置

　三　測標の設置

2　認定電気通信事業者は，前項の規定により他人の土地等を一時使用しようとするときは，総務大臣の許可を受けなければならない。ただし，天災，事変その他の非常事態が発生した場合において15日以内の期間一時使用するときは，この限りでない。

3〜6　［省略］

電気通信事業法
第134条　認定電気通信事業者は，線路に関する測量，実地調査又は工事のため必要があるときは，他人の土地に立ち入ることができる。

2　前条第2項から第4項まで及び第6項の規定は，認定電気通信事業者が前項の規定により他人の土地に立ち入る場合について準用する。

電気通信事業法
第135条　認定電気通信事業者は，線路に関する工事又は線路の維持のため必要があるときは，他人の土地を通行することができる。

2　第69条第3項［端末設備の検査に従事する者の身分証明書］並びに第133条第3項及び第4項［土地の所有者に対する通知，居住者の承諾］の規定は，認定電気通信事業者が前項の規定により他人の土地を通行する場合について準用する。

10.2 植物の伐採

認定電気通信事業者は，植物が線路に危害を及ぼす場合等において，やむを得ないときは，総務大臣の許可を受けて，その植物を伐採，移植することができます。

> **電気通信事業法**
> **第136条** 認定電気通信事業者は，植物が線路に障害を及ぼし，若しくは及ぼすおそれがある場合又は植物が線路に関する測量，実地調査若しくは工事に支障を及ぼす場合において，やむを得ないときは，総務大臣の許可を受けて，その植物を伐採し，又は移植することができる。
>
> 2 認定電気通信事業者は，前項の規定により植物を伐採し，又は移植するときは，あらかじめ，植物の所有者に通知しなければならない。ただし，あらかじめ通知することが困難なときは，伐採又は移植の後，遅滞なく，通知することをもって足りる。
>
> 3 認定電気通信事業者は，植物が線路に障害を及ぼしている場合において，その障害を放置するときは，線路を著しく損壊し，通信の確保に重大な支障を生ずると認められるときは，第1項の規定にかかわらず，総務大臣の許可を受けないで，その植物を伐採し，又は移植することができる。この場合においては，伐採又は移植の後，遅滞なく，その旨を総務大臣に届け出るとともに，植物の所有者に通知しなければならない。

10.3 損失補償

認定電気通信事業者が他人の土地等の一時使用，他人の土地への立ち入り，植物の伐採，移植等によって，損失を生じさせたときは，損失を受けた者に対し補償しなければならないことが規定されています。

> **電気通信事業法**
> **第137条** 認定電気通信事業者は，第133条第1項の規定により他人の土地等を一時使用し，第134条第1項の規定により他人の土地に立ち入り，第135条第1項の規定により他人の土地を通行し，又は前条第1項若しくは第3項の規定により植物を伐採し，若しくは移植したことによって損失を生じたときは，損失を受けた者に対し，これを補償しなければならない。
>
> 2～4 ［省略］

10.4 線路の移転等

線路が設置されている土地等の利用の目的等が変更されたため，その線路が

土地等の利用に著しく支障を及ぼすようになったときは，その土地等の所有者は線路の移転等の措置を請求することができます。

電気通信事業法
第138条　使用権に基づいて線路が設置されている土地等又はこれに近接する土地等の利用の目的又は方法が変更されたため，その線路が土地等の利用に著しく支障を及ぼすようになったときは，その土地等の所有者は，認定電気通信事業者に，線路の移転その他支障の除去に必要な措置をすべきことを請求することができる。
2　認定電気通信事業者は，前項の措置が業務の遂行上又は技術上著しく困難な場合を除き，同項の措置をしなければならない。
3〜8　［省略］

10.5　原状回復の義務

電気通信事業法
第139条　認定電気通信事業者は，土地等の使用を終わったとき，又はその使用する土地等を認定電気通信事業の用に供する必要がなくなったときは，その土地等を原状に回復し，又は原状に回復しないことによって生ずる損失を補償して，これを返還しなければならない。

10.6　水底線路

河川等の公共の用に供する水面に水底線路を敷設するときの条件が定められています。

（1）公用水面の使用

公共の用に供する水面に水底線路を敷設しようとするときは，あらかじめ，総務大臣及び関係都道府県知事に届け出なければなりません。

電気通信事業法
第140条　認定電気通信事業者は，公共の用に供する水面（以下「水面」という。）に認定電気通信事業の用に供する水底線路（以下「水底線路」という。）を敷設しようとするときは，あらかじめ，次の事項を総務大臣及び関係都道府県知事（＊1）に届け出なければならない。
一　水底線路の位置及び次条第1項の申請をしようとする区域
二　工事の開始及び完了の時期
三　工事の概要
2〜4　［省略］

> ＊１　漁業法（昭和24年法律第267号）第183条の規定により農林水産大臣が自ら都道府県知事の権限を行う漁場たる水面については，農林水産大臣を含む。次項において同じ。

(2) 水底線路の保護

総務大臣は，届けられた水底線路について，保護区域の指定をすることができます。

> **電気通信事業法**
> **第141条**　総務大臣は，認定電気通信事業者の申請があった場合において，前条に定める敷設の手続を経た水底線路を保護するため必要があるときは，その水底線路から1,000メートル（＊１）以内の区域を保護区域として指定することができる。
> 2〜8　［省略］
>
> ＊１　河川法（昭和39年法律第167号）が適用され，又は準用される河川（以下「河川」という。）については，50メートル

[11] 電気通信紛争処理委員会

法35条に規定する電気通信事業者間の電気通信設備の接続に関する協定が調わないときなどに，電気通信事業者の申請により電気通信紛争処理委員会のあっせん及び仲裁を受けることができます。

11.1　設置及び権限，組織

> **電気通信事業法**
> **第144条**　総務省に，電気通信紛争処理委員会（以下「委員会」という。）を置く。
> 2　委員会は，この法律，電波法及び放送法の規定によりその権限に属させられた事項を処理する。
>
> **電気通信事業法**
> **第145条**　委員会は，委員5人をもって組織する。
> 2　委員は，非常勤とする。ただし，そのうち2人以内は，常勤とすることができる。

11.2 電気通信設備の接続に関するあっせん

電気通信事業法
第154条 電気通信事業者間において，その一方が電気通信設備の接続に関する協定の締結を申し入れたにもかかわらず他の一方がその協議に応じず，若しくは当該協議が調わないとき，又は電気通信設備の接続に関する協定の締結に関し，当事者が取得し，若しくは負担すべき金額若しくは接続条件その他協定の細目について当事者間の協議が調わないときは，当事者は，委員会に対し，あっせんを申請することができる。ただし，当事者が第35条第1項若しくは第2項の申立て，同条第3項の規定による裁定の申請又は次条第1項の規定による仲裁の申請をした後は，この限りでない。
2～6［省略］

11.3 電気通信設備の接続に関する仲裁

電気通信事業法
第155条 電気通信事業者間において，電気通信設備の接続に関する協定の締結に関し，当事者が取得し，若しくは負担すべき金額又は接続条件その他協定の細目について当事者間の協議が調わないときは，当事者の双方は，委員会に対し，仲裁を申請することができる。ただし，当事者が第35条第1項若しくは第2項の申立て又は同条第3項の規定による裁定の申請をした後は，この限りでない。
2～4［省略］

12 雑 則

12.1 適用除外等

　親会社の通信を独占的に扱う電気通信事業等の特殊な事業形態，同一の構内で小規模なもの等の電気通信事業については，電気通信事業法の適用が除外されます。ただし，法3条に規定する検閲の禁止，法4条に規定する通信の秘密の保護の規定は適用されます。

電気通信事業法
第164条 この法律の規定は，次に掲げる電気通信事業については，適用しない。
　一　専ら一の者に電気通信役務（当該一の者が電気通信事業者であると

きは，当該一の者の電気通信事業の用に供する電気通信役務を除く。)
を提供する電気通信事業

二 その一の部分の設置の場所が他の部分の設置の場所と同一の構内
（これに準ずる区域内を含む。）又は同一の建物内である電気通信設備
その他総務省令で定める基準に満たない規模の電気通信設備により電
気通信役務を提供する電気通信事業

三 電気通信設備を用いて他人の通信を媒介する電気通信役務以外の電
気通信役務（ドメイン名電気通信役務を除く。）を電気通信回線設備
を設置することなく提供する電気通信事業

2 この条において，次の各号に掲げる用語の意義は，当該各号に定める
ところによる。

一 ドメイン名電気通信役務 入力されたドメイン名の一部又は全部に
対応してアイ・ピー・アドレスを出力する機能を有する電気通信設備
を電気通信事業者の通信の用に供する電気通信役務のうち，確実かつ
安定的な提供を確保する必要があるものとして総務省令で定めるもの
をいう。

二 ドメイン名 インターネットにおいて電気通信事業者が受信の場所
にある電気通信設備を識別するために用いる電気通信番号のうち，ア
イ・ピー・アドレスに代わって用いられるものとして総務省令で定め
るものをいう。

三 アイ・ピー・アドレス インターネットにおいて電気通信事業者が
受信の場所にある電気通信設備を識別するために用いる電気通信番号
のうち，当該電気通信設備に固有のものとして総務省令で定めるもの
をいう。

3 第1項の規定にかかわらず，第3条及び第4条の規定は同項各号に掲
げる電気通信事業を営む者の取扱中に係る通信について，第157条の2
の規定は第三号事業を営む者について，それぞれ適用する。

4，5 ［省略］

12.2 営利を目的としない電気通信事業

電気通信事業法
第165条 営利を目的としない電気通信事業（＊1）を行おうとする地
方公共団体は，総務省令で定めるところにより，第16条第1項各号に
掲げる事項を記載した書類を添えて，その旨を総務大臣に届け出なければ
ならない。

2 前項の届出をした地方公共団体は，第16条第1項の規定による届出を

した電気通信事業者とみなす。ただし，第19条から第25条まで，第30条，第31条，第33条から第34条の2まで，第36条，第37条，第38条の2，第39条の3，第40条，第42条，第44条，第45条，第52条，第69条，第70条及び第2章第7節［第106条から第116条］の規定の適用については，この限りでない。

＊1　内容，利用者の範囲等からみて利用者の利益に及ぼす影響が比較的大きいものとして総務省令で定める電気通信役務を提供する電気通信事業に限る。

12.3　報告及び検査

　総務大臣は，電気通信事業者の営業所等に職員を派遣して電気通信設備等を検査させることができます。定期的な報告については，電気通信事業報告規則に報告を提出することが規定されています。また，登録認定機関，指定試験機関等についても同様に規定されています。

電気通信事業法
第166条　総務大臣は，この法律の施行に必要な限度において，電気通信事業者若しくは媒介等業務受託者に対し，その事業に関し報告をさせ，又はその職員に，電気通信事業者若しくは媒介等業務受託の営業所，事務所その他の事業場に立ち入り，電気通信設備（電気通信事業者の事業場に立ち入る場合に限る。），帳簿，書類その他の物件を検査させることができる。
2　総務大臣は，この法律の施行に必要な限度において，登録認定機関による技術基準適合認定を受けた者に対し，当該技術基準適合認定に係る端末機器に関し報告をさせ，又はその職員に，当該技術基準適合認定を受けた者の事業所に立ち入り，当該端末機器その他の物件を検査させることができる。
3　前項の規定は，認証取扱業者，届出業者又は登録修理業者について準用する。この場合において，同項中「当該技術基準適合認定に」とあるのは，認証取扱業者については「当該認証取扱業者が受けた設計認証に」と，届出業者については「その届出に」と，登録修理業者については「当該登録修理業者が修理したその登録に」と読み替えるものとする。
4　総務大臣は，この法律の施行に必要な限度において，指定試験機関若しくは支援機関に対し，その事業に関し報告をさせ，又はその職員に，指定試験機関若しくは支援機関の事務所若しくは事業所に立ち入り，帳簿，書類その他の物件を検査させることができる。

5　前項の規定は，登録講習機関，登録認定機関又は認定送信型対電気通信設備サイバー攻撃対処協会について準用する。

6　第2項の規定は承認認定機関による技術基準適合認定を受けた者又は承認認定機関による設計認証を受けた者について，第4項の規定は承認認定機関について，それぞれ準用する。この場合において，第2項中「技術基準適合認定」とあるのは，設計認証を受けた者については「設計認証」と読み替えるものとする。

7　第1項の規定又は第2項（第3項及び前項において準用する場合を含む。）若しくは第4項（前2項において準用する場合を含む。）の規定により立入検査をする職員は，その身分を示す証明書を携帯し，関係人に提示しなければならない。

8　第1項の規定又は第2項（第3項若しくは第6項において準用する場合を含む。）若しくは第4項（第5項若しくは第6項において準用する場合を含む。）の規定による立入検査の権限は，犯罪捜査のために認められたものと解釈してはならない。

13 罰　則

電気通信事業法
第177条　第9条［事業の登録］の規定に違反して電気通信事業を営んだ者は，3年以下の懲役若しくは200万円以下の罰金に処し，又はこれを併科する。

電気通信事業法
第179条　電気通信事業者の取扱中に係る通信（＊1）の秘密を侵した者は，2年以下の懲役又は100万円以下の罰金に処する。

2　電気通信事業に従事する者（＊2）が前項の行為をしたときは，3年以下の懲役又は200万円以下の罰金に処する。

3　前2項の未遂罪は，罰する。

＊1　第164条第3項［適用を除外する電気通信事業］に規定する通信並びに同条第4項及び第5項の規定により電気通信事業者の取扱中に係る通信とみなされる認定送信型対電気通信設備サイバー攻撃対処協会が行う第116条の2第2項第一号ロの通知及び認定送信型対電気通信設備サイバー攻撃対処協会が取り扱う同項第二号ロの通信履歴の電磁的記録を含む。

＊2 第164条第4項及び第5項の規定により電気通信事業に従事する者とみなされる認定送信型対電気通信設備サイバー攻撃対処協会が行う第116条の2第2項第一号又は第二号に掲げる業務に従事する者を含む。

┌─**用語解説**─┐

「未遂」とは，犯罪の実行には着手したが，しとげられず犯罪が完成しなかったことです。法律にこれを罰する規定がある場合に成立する罪です。

電気通信事業法
第180条 みだりに電気通信事業者の事業用電気通信設備を操作して電気通信役務の提供を妨害した者は，2年以下の懲役又は50万円以下の罰金に処する。

2 電気通信事業に従事する者が，正当な理由がないのに電気通信事業者の事業用電気通信設備の維持又は運用の業務の取扱いをせず，電気通信役務の提供に障害を生ぜしめたときは，2年以下の禁錮又は50万円以下の罰金に処する。

3 第1項の未遂罪は，罰する。

電気通信事業法
第180条の2 第25条第1項又は第2項［基礎的電気通信役務の提供義務］の規定に違反して電気通信役務の提供を拒んだ者は，2年以下の懲役若しくは100万円以下の罰金に処し，又はこれを併科する。

電気通信事業法
第185条 次の各号のいずれかに該当する者は，6月以下の懲役又は50万円以下の罰金に処する。

一 第16条第1項の規定に違反して電気通信事業を営んだ者（第9条の登録を受けるべき者を除く。）

二 第73条の2第1項の規定に違反して第26条第1項各号に掲げる電気通信役務の提供に関する契約の締結の媒介等の業務を行った者

電気通信事業法
第186条 次の各号のいずれかに該当する場合には，当該違反行為をした者は，200万円以下の罰金に処する。

一 第13条第1項［変更登録］の規定に違反して第10条第1項第三号又は第四号［業務区域，電気通信設備の概要］の事項を変更したとき。

二 第19条第3項［基礎的電気通信役務の契約約款］，第20条第5項

① 電気通信事業法

［指定電気通信役務の保障契約約款］又は第 21 条第 6 項［特定電気通信役務の認可を受けた料金］の規定に違反して電気通信役務を提供したとき。

三　第 19 条第 2 項［基礎的電気通信役務の契約約款の変更命令］, 第 20 条第 3 項［指定電気通信役務の保障契約約款の変更命令］, 第 21 条第 4 項［特定電気通信役務の料金の変更命令］, 第 29 条第 1 項若しくは第 2 項［業務の改善命令］, 第 30 条第 5 項［禁止行為の停止又は変更命令］, 第 31 条第 4 項［第一種指定電気通信設備を設置する電気通信事業者の禁止行為の停止又は変更命令］, 第 33 条第 6 項若しくは第 8 項［第一種指定電気通信設備を設置する電気通信事業者の接続約款の変更命令］, 第 34 条第 3 項［第二種指定電気通信設備を設置する電気通信事業者の接続約款の変更命令］, 第 35 条第 1 項若しくは第 2 項［電気通信事業者間の接続に関する命令］, 第 38 条第 1 項［電気通信事業者間の設備共用に関する命令］（第 39 条［卸電気通信役務の提供］において準用する場合を含む。）, 第 39 条の 3 第 2 項［特定ドメイン名電気通信役務を提供する電気通信事業者の提供義務等］, 第 43 条第 1 項［技術基準適合命令］（同条第 2 項において準用する場合を含む。）, 第 44 条の 2 第 1 項若しくは第 2 項［管理規程の変更命令等］, 第 44 条の 5［電気通信設備統括管理者の解任命令］, 第 51 条［電気通信番号の適合命令］, 第 73 条の 4［業務の改善命令］又は第 121 条第 2 項［電気通信役務の提供義務に関する命令］の規定による命令又は処分に違反したとき。

四　第 33 条第 9 項［第一種指定電気通信設備の接続に関する協定］, 第 34 条第 4 項［第二種指定電気通信設備の接続に関する協定］又は第 40 条［外国政府との協定］の規定に違反して協定又は契約を締結し, 変更し, 又は廃止したとき。

五　第 44 条の 3 第 1 項［電気通信設備統括管理者の選任］の規定に違反して電気通信設備統括管理者を選任しなかったとき。

六　第 45 条第 1 項［電気通信主任技術者の選任］の規定に違反して電気通信主任技術者を選任しなかったとき。

七, 八　［省略］

電気通信事業法
第 187 条　次の各号のいずれかに該当する者は, 50 万円以下の罰金に処する。

一　第 16 条第 3 項又は第 4 項［電気通信事業の届出］の規定による届出をせず, 又は虚偽の届出をした者

二 第 53 条第 3 項［技術基準適合認定機器の表示］又は第 68 条の 8 第 2 項［特定端末機器を修理した表示］の規定に違反して表示を付した者

電気通信事業法
第 190 条 法人の代表者又は法人若しくは人の代理人，使用人その他の従業者が，その法人又は人の業務に関し，次の各号に掲げる規定の違反行為をしたときは，行為者を罰するほか，その法人に対して当該各号に定める罰金刑を，その人に対して各本条の罰金刑を科する。

一 第 181 条 1 億円以下の罰金刑

二 第 177 条，第 179 条，第 180 条の 2，第 182 条第二号又は第 185 条から第 188 条まで 各本条の罰金刑

電気通信事業法
第 191 条 次の各号のいずれかに該当する者は，100 万円以下の過料に処する。ただし，その行為について刑を科すべきときは，この限りでない。

一 第 24 条［会計の整理］の規定に違反した者

二 第 30 条第 6 項［会計に関する事項の公表］，第 33 条第 13 項［第一種指定電気通信設備を設置する電気通信事業者の会計に関する事項の公表］，第 34 条第 6 項［第二種指定電気通信設備を設置する電気通信事業者の接続に関する会計その他総務省令で定める事項の公表］又は第 39 条の 3 第 3 項［特定ドメイン名電気通信役務を提供する電気通信事業者の提供義務等］の規定に違反して公表することを怠り，又は不実の公表をした者

三 第 31 条第 1 項［子会社の役員の兼務］の規定に違反して役員を兼ねた者

電気通信事業法
第 193 条 次の各号のいずれかに該当する者は，10 万円以下の過料に処する。

一 第 13 条第 4 項［変更登録の軽微な事項の変更届］，第 16 条第 2 項［電気通信事業の変更届］，第 18 条第 2 項［法人の解散の届出］，第 50 条の 6 第 3 項［変更認定等］又は第 73 条の 2 第 2 項若しくは第 5 項［媒介等の業務の届出等］の規定による届出をせず，又は虚偽の届出をした者

二 正当な理由がないのに第 47 条［電気通信主任技術者資格者証の返納］（第 72 条第 2 項［工事担任者資格者証の返納］において準用する場合を含む。）の規定による命令に違反して電気通信主任技術者資格者証又は工事担任者資格者証を返納しなかった者

三 ［省略］

演習問題

問 1 総務大臣が承認する承認認定機関について，電気通信事業法に規定するところを述べよ。

〔参照条文：法 104 条〕

問 2 電気通信回線設備を設置して電気通信役務を提供する電気通信事業を営む電気通信事業者で，その電気通信事業の全部又は一部について，総務大臣の認定を受けようとするものが，認定を受けるために適合しなければならない基準について，電気通信事業法に規定するところを述べよ。

〔参照条文：法 119 条〕

問 3 認定電気通信事業者が，認定電気通信事業の実施に関し，やむを得ないときに，その土地等の利用を著しく妨げない限度において，一時，他人の土地等を使用することができる場合は，どのような目的のため利用するときか，電気通信事業法に規定するところを述べよ。

〔参照条文：法 133 条〕

問 4 電気通信事業法の適用が除外されるのは，どのような電気通信事業か，電気通信事業法に規定するところを述べよ。

〔参照条文：法 164 条〕

問 5 通信の秘密の保護に関する罰則について，電気通信事業法に規定するところを述べよ。

〔参照条文：法 179 条〕

問 6 みだりに電気通信事業者の事業用電気通信設備を操作して電気通信役務の提供を妨害した者が受けることがある罰則について，電気通信事業法に規定するところを述べよ。

〔参照条文：法 180 条〕

有線電気通信法

（昭和28年7月31日法律第96号）

1 概 要

　有線電気通信法は，有線電気通信設備の設置及びその運用に関する基本的な条件について規定した法律です。

1.1 目 的

有線電気通信法
第 1 条　この法律は，有線電気通信設備の設置及び使用を規律し，有線電気通信に関する秩序を確立することによって，公共の福祉の増進に寄与することを目的とする。

　有線電気通信設備は，電気通信事業者の線路設備，有線放送，CATV 事業者の設備，自営電気通信設備等の用途に利用されています。有線電気通信法は，これらの有線電気通信設備が適正に運用され，公共の福祉が増進されることを目的としています。有線電気通信法には，総務大臣への設置の届出，技術基準，通信の秘密の保護等に関する規定があります。

1.2 有線電気通信法令

　有線電気通信法に基づく政令，省令の主なものを次に示します。（　）内は，本章中で用いる略記です。

　有線電気通信法施行令（施行令）
　他の省庁に関係する事項等について定められています。

　有線電気通信設備令（設備令）

有線電気通信設備の技術基準について定められています。

有線電気通信法施行規則（施）

有線電気通信設備の届出に必要な手続きなどについて定められています。

有線電気通信設備令施行規則（設備令施）

有線電気通信設備の技術基準の詳細について定められています。

1.3　用語の定義

　有線電気通信に関する基本的な用語，有線電気通信，有線電気通信設備について定義しています。有線電気通信設備に関する詳細な用語は，有線電気通信設備令，有線電気通信設備令施行規則で定義されています。

有線電気通信法

第２条　この法律において「有線電気通信」とは，送信の場所と受信の場所との間の線条その他の導体を利用して，電磁的方式により，符号，音響又は影像を送り，伝え，又は受けることをいう。

2　この法律において「有線電気通信設備」とは，有線電気通信を行うための機械，器具，線路その他の電気的設備（無線通信用の有線連絡線を含む。）をいう。

　銅線・同軸ケーブル・光ケーブル等の有線電気通信媒体を使った有線通信線路及び送受信設備を有線電気通信設備といいます。

2　有線電気通信設備の設置の届出等

2.1　設置の届出及び共同設置の設備等に係る届出を要する事項

有線電気通信法

第３条　有線電気通信設備を設置しようとする者は，次の事項を記載した書類を添えて，設置の工事の開始の日の２週間前まで（工事を要しないときは，設置の日から２週間以内）に，その旨を総務大臣に届け出なければならない。

一　有線電気通信の方式の別

二　設備の設置の場所

三　設備の概要

2　前項の届出をする者は，その届出に係る有線電気通信設備が次に掲げる設備（総務省令で定めるものを除く。）に該当するものであるときは，

同項各号の事項のほか，その使用の態様その他総務省令で定める事項を
併せて届け出なければならない。

一　二人以上の者が共同して設置するもの

二　他人（電気通信事業者（電気通信事業法（昭和 59 年法律第 86 号）
　　第 2 条第五号に規定する電気通信事業者をいう。以下同じ。）を除く。）
　　の設置した有線電気通信設備と相互に接続されるもの

三　他人の通信の用に供されるもの

3　有線電気通信設備を設置した者は，第 1 項各号の事項若しくは前項の
　届出に係る事項を変更しようとするとき，又は同項に規定する設備に該
　当しない設備をこれに該当するものに変更しようとするときは，変更の
　工事の開始の日の 2 週間前まで（工事を要しないときは，変更の日から
　2 週間以内）に，その旨を総務大臣に届け出なければならない。

4　前 3 項の規定は，次の有線電気通信設備については，適用しない。

一　電気通信事業法第 44 条第 1 項に規定する事業用電気通信設備

二　放送法（昭和 25 年法律第 132 号）第 2 条第一号に規定する放送を
　　行うための有線電気通信設備（同法第 133 条第 1 項の規定による届出
　　をした者が設置するもの及び前号に掲げるものを除く。）

三　設備の一の部分の設置の場所が他の部分の設置の場所と同一の構内
　　（これに準ずる区域内を含む。以下同じ。）又は同一の建物内であるも
　　の（第 2 項各号に掲げるもの（同項の総務省令で定めるものを除く。）
　　を除く。）

四　警察事務，消防事務，水防事務，航空保安事務，海上保安事務，気
　　象業務，鉄道事業，軌道事業，電気事業，鉱業その他政令で定める業
　　務を行う者が設置するもの（第 2 項各号に掲げるもの（同項の総務省
　　令で定めるものを除く。）を除く。）

五　前各号に掲げるもののほか，総務省令で定めるもの

　行政手続きのうち「届」は，一般には事後に行う行為ですが，有線電気通信
設備を設置する届出は，設置工事の開始日の 2 週間前までと規定されていて，
総務大臣があらかじめ届出の内容を確認する期間を設けています。

　2 人以上の者（一般に会社）が共同して設置する有線電気通信設備等の場合に
おいては，使用の形態，共同して設置する設備の部分等を併せて届け出なけれ
ばなりません。

　有線電気通信設備の届出をした設備を変更するときは，変更の工事の開始の
日の 2 週間前までにその変更について届け出なければなりません。変更の工事
を要しないときは，変更の日から 2 週間以内です。

　法3条第2項の総務省令で定める共同設置の設備等に係る届出を要しない有線電気通信設備は，設備の一の部分の設置の場所が他の部分の設置の場所と同一の構内又は同一の建物内であるもの，放送法に規定する一般放送業務である有線テレビジョン放送又は有線ラジオ放送を行うための有線電気通信設備等があり，有線電気通信法施行規則第2条に詳細が定められています。

　法3条第2項に規定する，その使用の態様その他の併せて届け出なければならない事項は，有線電気通信法施行規則第3条に規定されています。

有線電気通信法施行規則
第3条　法第3条第2項に規定する総務省令で定める事項は，次のとおりとする。
　一　共同設置の設備の場合
　　イ　使用の態様
　　ロ　共同して設置する設備の部分（設備の全部を共同して設置する場合を除く。）
　　ハ　他人の通信の秘密の確保に関する措置の状況
　二　相互接続の設備の場合
　　イ　使用の態様
　　ロ　接続先の設備の設置者及びその設置の場所
　　ハ　接続のための設備の概要及びその設置の場所
　三　他人使用の設備の場合
　　イ　使用の態様
　　ロ　使用の条件
　　ハ　他人の通信の秘密の確保に関する措置の状況

　電気通信事業者が設置する有線電気通信設備等については，設置の届出及び変更の届出が免除されています。ただし，届出以外の技術基準などの有線電気通信法令の規定については適用されます。

2.2　本邦外にわたる有線電気通信設備

　本邦外にわたる有線電気通信設備とは，国際通信に用いられる設備で，原則として，電気通信事業者でなければ設置することができません。

有線電気通信法
第4条　本邦内の場所と本邦外の場所との間の有線電気通信設備は，電気通信事業者がその事業の用に供する設備として設置する場合を除き，設置してはならない。ただし，特別の事由がある場合において，総務大臣の許可を受けたときは，この限りでない。

3 技術基準

　有線電気通信法では，有線電気通信設備が他人の設置する有線電気通信設備に妨害を与えないこと，人体や物件に対して安全性が確保されることについて，技術基準を定めることが規定されています。

3.1 技術基準

有線電気通信法
第5条　有線電気通信設備（政令で定めるものを除く。）は，政令で定める技術基準に適合するものでなければならない。
2　前項の技術基準は，これにより次の事項が確保されるものとして定められなければならない。
　一　有線電気通信設備は，他人の設置する有線電気通信設備に妨害を与えないようにすること。
　二　有線電気通信設備は，人体に危害を及ぼし，又は物件に損傷を与えないようにすること。

　有線電気通信法の規定に基づいて，有線電気通信設備令及び有線電気通信設備令施行規則に技術基準の詳細が定められています。

3.2 定　義

　有線電気通信設備に関する詳細な用語の定義について規定されています。

（1）有線電気通信設備令に規定されている定義

　法2条に有線電気通信設備は有線電気通信を行うための機械，器具，線路その他の電気的設備であることが定義されています。このうち，線路については有線電気通信設備令で定義され，線路には，電線，中継器，支持物などが含まれます。

有線電気通信設備令
第1条　この政令及びこの政令に基づく命令の規定の解釈に関しては，次の定義に従うものとする。
　一　**電線**　有線電気通信（送信の場所と受信の場所との間の線条その他の導体を利用して，電磁的方式により信号を行うことを含む。）を行うための導体（絶縁物又は保護物で被覆されている場合は，これらの物を含む。）であって，強電流電線に重畳される通信回線に係るもの以外

のもの

二　**絶縁電線**　絶縁物のみで被覆されている電線

三　**ケーブル**　光ファイバ並びに光ファイバ以外の絶縁物及び保護物で被覆されている電線

四　**強電流電線**　強電流電気の伝送を行うための導体（絶縁物又は保護物で被覆されている場合は，これらの物を含む。）

五　**線路**　送信の場所と受信の場所との間に設置されている電線及びこれに係る中継器その他の機器（これらを支持し，又は保蔵するための工作物を含む。）

六　**支持物**　電柱，支線，つり線その他電線又は強電流電線を支持するための工作物

七　**離隔距離**　線路と他の物体（線路を含む。）とが気象条件による位置の変化により最も接近した場合におけるこれらの物の間の距離

八　**音声周波**　周波数が 200 ヘルツを超え，3,500 ヘルツ以下の電磁波

九　**高周波**　周波数が 3,500 ヘルツを超える電磁波

十　**絶対レベル**　一の皮相電力の 1 ミリワットに対する比をデシベルで表したもの

十一　**平衡度**　通信回線の中性点と大地との間に起電力を加えた場合におけるこれらの間に生ずる電圧と通信回線の端子間に生ずる電圧との比をデシベルで表したもの

(2) 有線電気通信設備令施行規則に規定されている定義

有線電気通信設備に関して，より詳細な定義が規定されています。

有線電気通信設備令施行規則
第 1 条　この省令の規定の解釈に関しては，次の定義に従うものとする。

一　**令**　有線電気通信設備令（昭和 28 年政令第 131 号）

二　**強電流裸電線**　絶縁物で被覆されていない強電流電線

三　**強電流絶縁電線**　絶縁物のみで被覆されている強電流電線

四　**強電流ケーブル**　絶縁物及び保護物で被覆されている強電流電線

五　**電車線**　電車にその動力用の電気を供給するために使用する接触強電流裸電線及び鋼索鉄道の車両内の装置に電気を供給するために使用する接触強電流裸電線

六　**低周波**　周波数が 200 ヘルツ以下の電磁波

七　**最大音量**　通信回線に伝送される音響の電力を別に告示するところにより測定した値

八 **低圧** 直流にあっては750ボルト以下，交流にあっては600ボルト以下の電圧

九 **高圧** 直流にあっては750ボルトを，交流にあっては600ボルトを超え，7,000ボルト以下の電圧

十 **特別高圧** 7,000ボルトを超える電圧

3.3 適用除外

法5条では有線電気通信設備令で技術基準を定めることが規定されています。ただし，その適用を除外するものとして，船舶に設置する設備があります。

有線電気通信設備令
第2条 有線電気通信法第5条[技術基準]第1項(同法第11条[準用規定]において準用する場合を含む。)の政令で定める有線電気通信設備は，船舶安全法（昭和8年法律第11号）第2条［船舶の所要施設］第1項の規定により船舶内に設置する有線電気通信設備（＊1）とする。

＊1 送信の場所と受信の場所との間の線条その他の導体を利用して，電磁的方式により，信号を行うための設備を含む。以下同じ。

3.4 使用可能な電線の種類

有線電気通信設備に使用することができる電線の種類として絶縁電線とケーブルを規定しています。ただし，裸電線でも他人の設置する設備に妨害を与えない，人体に危害を及ぼさない，等の条件を満足する場合は，設置することができます。

有線電気通信設備令
第2条の2 有線電気通信設備に使用する電線は，絶縁電線又はケーブルでなければならない。ただし，総務省令で定める場合は，この限りでない。

有線電気通信設備令施行規則
第1条の2 令第2条の2ただし書に規定する総務省令で定める場合は，絶縁電線又はケーブルを使用することが困難な場合において，他人の設置する有線電気通信設備に妨害を与えるおそれがなく，かつ，人体に危害を及ぼし，又は物件に損傷を与えるおそれのないように設置する場合とする。

3.5 通信回線の平衡度

有線電気通信設備令
第3条 通信回線（導体が光ファイバであるものを除く。以下同じ。）の
平衡度は，1,000ヘルツの交流において34デシベル以上でなければなら
ない。ただし，総務省令で定める場合は，この限りでない。
2 前項の平衡度は，総務省令で定める方法により測定するものとする。

通信回線の平衡度は，2線で構成された各々の導線の大地との平衡状態のこと
で，平衡度が悪くなると線路からの放射が増加することによって，他の回線に
妨害を与えることがあります。

3.6 線路の電圧及び通信回線の電力

有線電気通信設備令
第4条 通信回線の線路の電圧は，100ボルト以下でなければならない。
ただし，電線としてケーブルのみを使用するとき，又は人体に危害を及
ぼし，若しくは物件に損傷を与えるおそれがないときは，この限りでな
い。
2 通信回線の電力は，絶対レベルで表わした値で，その周波数が音声周
波であるときは，プラス10デシベル以下，高周波であるときは，プラ
ス20デシベル以下でなければならない。ただし，総務省令で定める場
合は，この限りでない。

通信線路の接触などが起きた場合に，人体や物件に対して安全性が確保され
るように，線路の電圧は100ボルト以下であることが規定されています。また，
他人の設置する有線電気通信設備に妨害を与えないように，通信回線の電力の
上限が規定されています。有線ラジオ放送設備等で，有線電気通信設備令で規
定する通信回線の電力を超えることができる場合について，有線電気通信設備
令施行規則第3条に詳細が規定されています。

3.7 架空電線

（1）架空電線の支持物

有線電気通信設備令
第5条 架空電線の支持物は，その架空電線が他人の設置した架空電線又
は架空強電流電線と交差し，又は接近するときは，次の各号により設置
しなければならない。ただし，その他人の承諾を得たとき，又は人体に

危害を及ぼし，若しくは物件に損傷を与えないように必要な設備をした
ときは，この限りでない。
- 一　他人の設置した架空電線又は架空強電流電線を挟み，又はこれらの
  間を通ることがないようにすること。
- 二　架空強電流電線（当該架空電線の支持物に架設されるものを除く。）
  との間の離隔距離は，総務省令で定める値以上とすること。

架空電線の支持物には，電柱や支線等がありますが，それらの支持物が他人
の設置した架空電線又は架空強電流電線を挟み，又はこれらの間を通ることが
ないようにすること，架空強電流電線との間の離隔距離は総務省令で定める値
以上とすること，等が規定されており，有線電気通信設備令施行規則第4条に
詳細が規定されています。

(2) 電柱の安全係数

有線電気通信設備令
第6条　道路上に設置する電柱，架空電線と架空強電流電線とを架設する
電柱その他の総務省令で定める電柱は，総務省令で定める安全係数をも
たなければならない。
2　前項の安全係数は，その電柱に架設する物の重量，電線の不平均張力
及び総務省令で定める風圧荷重が加わるものとして計算するものとする。

電柱の安全係数は，電柱に加わる荷重に対して，電柱の破壊荷重がどの程度
あるかを示すもので，有線電気通信設備令施行規則第5条には，木柱，鉄柱，
鉄筋コンクリート柱の種別によって，その比率が規定されています。

(3) 非常事態における適用除外

天災，地震等の非常事態の場合に，短期に有線電気通信設備を設置するとき
は，絶縁電線及びケーブルを使用する線路の支持物に関して，設備令の適用を
除外する規定です。

有線電気通信設備令
第7条　第5条［架空電線の支持物］第一号及び前条の規定は，次に掲げ
る線路であって，絶縁電線又はケーブルを使用するものについては，そ
の設置の日から1月以内は，適用しない。
- 一　天災，事変その他の非常事態が発生し，又は発生するおそれがある
  場合において，災害の予防若しくは救援，交通，通信若しくは電力の

有線電気通信法

供給の確保又は秩序の維持に必要な通信を行うため設置する線路

二　警察事務を行う者がその事務に必要な緊急の通信を行うため設置する線路

三　自衛隊法（昭和29年法律第165号）第2条第1項［定義］に規定する自衛隊がその業務に必要な緊急の通信を行うため設置する線路

（4）架空電線の支持物の昇塔防止

有線電気通信設備令
第7条の2　架空電線の支持物には，取扱者が昇降に使用する足場金具等を地表上1.8メートル未満の高さに取り付けてはならない。ただし，総務省令で定める場合は，この限りでない。

電柱に公衆が容易に登ることができないように，足場金具等の地表からの高さが規定されています。有線電気通信設備令施行規則第6条の2には，足場金具等が支持物の内部に格納できる構造であるとき等は，適用を除外することが規定されています。

（5）架空電線の高さ

有線電気通信設備令
第8条　架空電線の高さは，その架空電線が道路上にあるとき，鉄道又は軌道を横断するとき，及び河川を横断するときは，総務省令で定めるところによらなければならない。

架空電線は電柱等によって，空間に設置するので，道路上や線路を運行する車両や船舶の航行等に支障をきたさないように，設置する高さが規定されています。有線電気通信設備令施行規則第7条には，架空電線が横断歩道橋以外の道路上にあるときは，路面から5メートル以上であること等が規定されています。

（6）架空電線と他人の設置した架空電線との離隔距離

有線電気通信設備令
第9条　架空電線は，他人の設置した架空電線との離隔距離が30センチメートル以下となるように設置してはならない。ただし，その他人の承諾を得たとき，又は設置しようとする架空電線（これに係る中継器その他の機器を含む。以下この条において同じ。）が，その他人の設置した架空電

線に係る作業に支障を及ぼさず，かつ，その他人の設置した架空電線に損傷を与えない場合として総務省令で定めるときは，この限りでない。

（7）架空電線と他人の建造物との離隔距離

有線電気通信設備令
第 10 条　架空電線は，他人の建造物との離隔距離が 30 センチメートル以下となるように設置してはならない。ただし，その他人の承諾を得たときは，この限りでない。

（8）架空電線と強電流電線との関係

有線電気通信設備令
第 11 条　架空電線は，架空強電流電線と交差するとき，又は架空強電流電線との水平距離がその架空電線若しくは架空強電流電線の支持物のうちいずれか高いものの高さに相当する距離以下となるときは，総務省令で定めるところによらなければ，設置してはならない。

　架空電線が低圧又は高圧の架空強電流電線と交差するときは，電圧，電線の種類等の区分によって，有線電気通信設備令施行規則第 10 条に離隔距離の詳細が規定されています。

（9）架空電線と架空強電流電線との共架

有線電気通信設備令
第 12 条　架空電線は，総務省令で定めるところによらなければ，架空強電流電線と同一の支持物に架設してはならない。

　有線電気通信設備令施行規則第 14 条には，架空電線を架空強電流電線の下にすること，別々の腕金具類を使用すること，架空強電流電線の使用電圧によって離隔距離をとること等が規定されています。

（10）強電流電線に重畳される通信回線

　電力線搬送方式では，送電線に信号を重畳し，通信回線として利用することで，音声やデータを伝送しています。これらの強電流電線に電気的に接続された通信回線の安全性について規定しています。

有線電気通信設備令
第13条 強電流電線に重畳される通信回線は，次の各号により設置しなければならない。
一　重畳される部分とその他の部分とを安全に分離し，且つ，開閉できるようにすること。
二　重畳される部分に異常電圧が生じた場合において，その他の部分を保護するため総務省令で定める保安装置を設置すること。

(11) 地中電線・海底電線

　地中に埋設された地中電線や海底電線が，工事などによって損傷されないように離隔距離が規定されています。

有線電気通信設備令
第14条 地中電線は，地中強電流電線との離隔距離が30センチメートル（その地中強電流電線の電圧が7,000ボルトを超えるものであるときは，60センチメートル）以下となるように設置するときは，総務省令で定めるところによらなければならない。

有線電気通信設備令
第15条 地中電線の金属製の被覆又は管路は，地中強電流電線の金属製の被覆又は管路と電気的に接続してはならない。ただし，電気鉄道又は電気軌道の帰線から漏れる直流の電流による腐しょくを防止するため接続する場合であって，総務省令で定める設備をする場合は，この限りでない。

有線電気通信設備令
第16条 海底電線は，他人の設置する海底電線又は海底強電流電線との水平距離が500メートル以下となるように設置してはならない。ただし，その他人の承諾を得たときは，この限りでない。

(12) 屋内電線の絶縁抵抗

　漏洩電流や強電流電線と接触した場合の安全性を確保するため，屋内電線と大地との間及び屋内電線相互間の絶縁抵抗が規定されています。

有線電気通信設備令
第17条 屋内電線（光ファイバを除く。以下この条において同じ。）と大地との間及び屋内電線相互間の絶縁抵抗は，直流100ボルトの電圧で測定した値で，1メガオーム以上でなければならない。

(13) 屋内電線と強電流電線との距離

有線電気通信設備令
第18条 屋内電線は，屋内強電流電線との離隔距離が30センチメート
ル以下となるときは，総務省令で定めるところによらなければ，設置し
てはならない。

　強電流電線の電圧，種類，設置する配管等によって，屋内電線と屋内強電流
電線との離隔距離が10センチメートル以上にできる場合，あるいは，離隔距離
をとらなくてもよい場合が有線電気通信設備令施行規則第18条に規定されてい
ます。

(14) 有線電気通信設備の保安

　落雷，強電流電線との混触等によって，人体に危害を及ぼし，物件に損傷を
与えることがないように，避雷器及び熱線輪からなる保安装置を設置しなけれ
ばなりません。事業用電気通信設備規則にも同じことが規定されています。

有線電気通信設備令
第19条 有線電気通信設備は，総務省令で定めるところにより，絶縁機
能，避雷機能その他の保安機能をもたなければならない。

有線電気通信設備令施行規則
第19条 令第19条の規定により，有線電気通信設備には，第15条，第
17条及び次項第三号に規定するほか，次の各号に規定するところにより
保安装置を設置しなければならない。ただし，その線路が地中電線であっ
て，架空電線と接続しないものである場合，又は導体が光ファイバであ
る場合は，この限りでない。
　一　屋内の有線電気通信設備と引込線との接続箇所及び線路の一部に裸
　　線及びケーブルを使用する場合におけるそのケーブルとケーブル以外
　　の電線との接続箇所に，交流500ボルト以下で動作する避雷器及び7
　　アンペア以下で動作するヒューズ若しくは500ミリアンペア以下で動
　　作する熱線輪からなる保安装置又はこれと同等の保安機能を有する装
　　置を設置すること。ただし，雷又は強電流電線との混触により，人体
　　に危害を及ぼし，若しくは物件に損傷を与えるおそれがない場合は，
　　この限りでない。
　二　前号の避雷器の接地線を架空電線の支持物又は建造物の壁面に沿っ
　　て設置するときは，第14条第3項の規定によること。

　熱線輪は，強電流電線との混触等によって，通信回線に潜流（電流値の少ない長時間にわたる電流）が流れたときに動作します。

演習問題

問1　有線電気通信法の目的について，有線電気通信法に規定するところを述べよ。

〔参照条文：法1条〕

問2　次の用語の定義について，有線電気通信設備令に規定するところを述べよ。
　　① 電線　　　　　　　② ケーブル
　　③ 音声周波　　　　　④ 絶対レベル

〔参照条文：設備令1条〕

問3　次の用語の定義について，有線電気通信設備令施行規則に規定するところを述べよ。
　　① 低周波　　　② 低圧　　　③ 特別高圧

〔参照条文：設備令施1条〕

問4　有線電気通信設備の技術基準で確保すべき事項について，有線電気通信法に規定するところを述べよ。

〔参照条文：法5条〕

問5　強電流電線に重畳される通信回線は，どのように設置しなければならないか，有線電気通信設備令に規定するところを述べよ。

〔参照条文：設備令13条〕

問6　地中電線と地中強電流電線との離隔距離について，有線電気通信設備令に規定するところを述べよ。

〔参照条文：設備令14条〕

問7　海底電線を海底強電流電線の付近に設置する場合には，どのように設置しなければならないか，有線電気通信設備令に規定するところを述べよ。

〔参照条文：設備令16条〕

4 設備の検査等

　総務大臣は，法の施行に必要な限度において，有線電気通信設備を設置した者からその設備に関する報告を徴すること，職員に設備，書類等を検査させることができます。検査職員は，その身分を示す証明書を携帯し，関係人に提示しなければなりません。

　また，設備の使用の停止，改善等の措置を命ずることができます。

有線電気通信法
第6条　総務大臣は，この法律の施行に必要な限度において，有線電気通信設備を設置した者からその設備に関する報告を徴し，又はその職員に，その事務所，営業所，工場若しくは事業場に立ち入り，その設備若しくは帳簿書類を検査させることができる。

2　前項の規定により立入検査をする職員は，その身分を示す証明書を携帯し，関係人に提示しなければならない。

3　第1項の規定による検査の権限は，犯罪捜査のために認められたものと解してはならない。

有線電気通信法
第7条　総務大臣は，有線電気通信設備を設置した者に対し，その設備が第5条［技術基準］の技術基準に適合しないため他人の設置する有線電気通信設備に妨害を与え，又は人体に危害を及ぼし，若しくは物件に損傷を与えると認めるときは，その妨害，危害又は損傷の防止又は除去のため必要な限度において，その設備の使用の停止又は改造，修理その他の措置を命ずることができる。

2　総務大臣は，第3条［有線電気通信設備の届出］第2項に規定する有線電気通信設備（同項の総務省令で定めるものを除く。）を設置した者に対しては，前項の規定によるほか，その設備につき通信の秘密の確保に支障があると認めるとき，その他その設備の運用が適切でないため他人の利益を阻害すると認めるときは，その支障の除去その他当該他人の利益の確保のために必要な限度において，その設備の改善その他の措置をとるべきことを勧告することができる。

5 非常事態における通信の確保

　非常事態において，有線電気通信設備を設置した者に対し，総務大臣が命令して必要な通信を行わせることができる規定です。このとき，有線電気通信設備を他の有線電気通信設備に接続すること等を命ずることができます。

有線電気通信法
第8条　総務大臣は，天災，事変その他の非常事態が発生し，又は発生するおそれがあるときは，有線電気通信設備を設置した者に対し，災害の予防若しくは救援，交通，通信若しくは電力の供給の確保若しくは秩序の維持のために必要な通信を行い，又はこれらの通信を行うためその有線電気通信設備を他の者に使用させ，若しくはこれを他の有線電気通信設備に接続すべきことを命ずることができる。

2　総務大臣が前項の規定により有線電気通信設備を設置した者に通信を行い，又はその設備を他の者に使用させ，若しくは接続すべきことを命じたときは，国は，その通信又は接続に要した実費を弁償しなければならない。

3　第1項の規定による処分については，審査請求をすることができない。

6 有線電気通信の秘密の保護

有線電気通信法
第9条　有線電気通信（＊1）の秘密は，侵してはならない。

＊1　電気通信事業法第4条［秘密の保護］第1項又は第164条第3項［適用除外等］の通信たるものを除く。

　有線電気通信設備を用いた通信の秘密を保護する規定です。電気通信事業法では別に定められているので適用が除外されています。

7 罰　則

　有線電気通信を妨害した者，有線電気通信の秘密を侵した者，無届で有線電気通信設備を設置した者等に罰則が適用されます。

有線電気通信法
第13条 有線電気通信設備を損壊し，これに物品を接触し，その他有線電気通信設備の機能に障害を与えて有線電気通信を妨害した者は，5年以下の懲役又は100万円以下の罰金に処する。
2　前項の未遂罪は，罰する。

有線電気通信法
第14条 第9条［有線電気通信の秘密の保護］の規定に違反して有線電気通信の秘密を侵した者は，2年以下の懲役又は50万円以下の罰金に処する。
2　有線電気通信の業務に従事する者が前項の行為をしたときは，3年以下の懲役又は100万円以下の罰金に処する。
3　前2項の未遂罪は，罰する。
4　前3項の罪は，刑法（明治40年法律第45号）第4条の2の例に従う。

有線電気通信法
第15条 営利を目的とする事業を営む者が，当該事業に関し，通話（音響又は影像を送り又は受けることをいう。以下この条において同じ。）を行うことを目的とせずに多数の相手方に電話をかけて符号のみを受信させることを目的として，他人が設置した有線電気通信設備の使用を開始した後通話を行わずに直ちに当該有線電気通信設備の使用を終了する動作を自動的に連続して行う機能を有する電気通信を行う装置を用いて，当該機能により符号を送信したときは，1年以下の懲役又は100万円以下の罰金に処する。

　携帯電話における迷惑電話のうち，いわゆる「ワン切り」による大量の発信（電話をかける行為）に対する処罰規定です。

有線電気通信法
第16条 次の各号の一に該当する者は，1年以下の懲役又は20万円以下の罰金に処する。
　一　第4条［有線電気通信設備の共同設置］の規定に違反して有線電気通信設備を設置した者
　二　第7条［設備の改善等の措置］第1項（第11条［準用規定］において準用する場合を含む。）又は第8条［非常事態における通信の確保］第1項の規定による命令に違反した者

有線電気通信法
第17条 次の各号の一に該当する者は，10万円以下の罰金に処する。
　一　第3条［有線電気通信設備の届出］第1項から第3項までの規定に

よる届出をせず，又は虚偽の届出をした者
二　第6条［設備の検査等］第1項（第11条［準用規定］において準用する場合を含む。以下この号において同じ。）の規定による報告をせず，若しくは虚偽の報告をした者又は同項の規定による検査を拒み，妨げ，若しくは忌避した者

有線電気通信法
第18条　法人の代表者又は法人若しくは人の代理人，使用人その他の従業者が，その法人又は人の業務に関し，前3条の違反行為をしたときは，行為者を罰するほか，その法人又は人に対して，各本条の罰金刑を科する。

行為者のみの処罰だけでなく背後にいる法人等に対して適切な制裁を科す両罰規定です。

演習問題

問1　総務大臣が有線電気通信設備を設置した者に対し，その設備の使用等に関して措置を命ずることがあるが，その場合と措置の内容について，有線電気通信法に規定するところを述べよ。

〔参照条文：法7条〕

問2　天災，事変その他の非常事態における有線電気通信設備の使用等について，有線電気通信法に規定するところを述べよ。

〔参照条文：法8条〕

問3　有線電気通信の秘密の保護に関する罰則について，有線電気通信法に規定するところを述べよ。

〔参照条文：法14条〕

不正アクセス行為の禁止等に関する法律

（平成11年8月13日法律第128号）

1 概　要

　この法律は，不正アクセス行為等の禁止・処罰という行為者に対する規制と，不正アクセス行為を受ける立場にあるアクセス管理者に防御措置を求め，アクセス管理者がその防御措置を的確に講じられるよう行政が支援するという防御側の対策について規定されています。

　インターネット等を経由して，コンピュータに不正にアクセスする行為を禁止するとともに，電気通信回線を通じて行われるコンピュータに関わる犯罪の防止及び電気通信に関する秩序の維持を図ることを目的としています。

　電気通信回線を通じて行われる電子計算機に係る犯罪には，電子計算機使用詐欺，電子計算機損壊等の業務妨害等，コンピュータを対象として行われる犯罪と，コンピュータ・ネットワークに接続されたコンピュータを利用して行われる詐欺，わいせつ物頒布，違法取引等の犯罪があります。

1.1　目　的

不正アクセス禁止法
第 1 条　この法律は，不正アクセス行為を禁止するとともに，これについての罰則及びその再発防止のための都道府県公安委員会による援助措置等を定めることにより，電気通信回線を通じて行われる電子計算機に係る犯罪の防止及びアクセス制御機能により実現される電気通信に関する秩序の維持を図り，もって高度情報通信社会の健全な発展に寄与することを目的とする。

1.2　用語の定義

不正アクセス禁止法
第2条　この法律において「アクセス管理者」とは，電気通信回線に接続している電子計算機（以下「特定電子計算機」という。）の利用（当該電気通信回線を通じて行うものに限る。以下「特定利用」という。）につき当該特定電子計算機の動作を管理する者をいう。

2　この法律において「識別符号」とは，特定電子計算機の特定利用をすることについて当該特定利用に係るアクセス管理者の許諾を得た者（以下「利用権者」という。）及び当該アクセス管理者（以下この項において「利用権者等」という。）に，当該アクセス管理者において当該利用権者等を他の利用権者等と区別して識別することができるように付される符号であって，次のいずれかに該当するもの又は次のいずれかに該当する符号とその他の符号を組み合わせたものをいう。

一　当該アクセス管理者によってその内容をみだりに第三者に知らせてはならないものとされている符号

二　当該利用権者等の身体の全部若しくは一部の影像又は音声を用いて当該アクセス管理者が定める方法により作成される符号

三　当該利用権者等の署名を用いて当該アクセス管理者が定める方法により作成される符号

3　この法律において「アクセス制御機能」とは，特定電子計算機の特定利用を自動的に制御するために当該特定利用に係るアクセス管理者によって当該特定電子計算機又は当該特定電子計算機に電気通信回線を介して接続された他の特定電子計算機に付加されている機能であって，当該特定利用をしようとする者により当該機能を有する特定電子計算機に入力された符号が当該特定利用に係る識別符号（＊1）であることを確認して，当該特定利用の制限の全部又は一部を解除するものをいう。

4　この法律において「不正アクセス行為」とは，次の各号のいずれかに該当する行為をいう。

一　アクセス制御機能を有する特定電子計算機に電気通信回線を通じて当該アクセス制御機能に係る他人の識別符号を入力して当該特定電子計算機を作動させ，当該アクセス制御機能により制限されている特定利用をし得る状態にさせる行為（＊2）

二　アクセス制御機能を有する特定電子計算機に電気通信回線を通じて当該アクセス制御機能による特定利用の制限を免れることができる情報（識別符号であるものを除く。）又は指令を入力して当該特定電子計

算機を作動させ，その制限されている特定利用をし得る状態にさせる行為（＊3）

　三　電気通信回線を介して接続された他の特定電子計算機が有するアクセス制御機能によりその特定利用を制限されている特定電子計算機に電気通信回線を通じてその制限を免れることができる情報又は指令を入力して当該特定電子計算機を作動させ，その制限されている特定利用をし得る状態にさせる行為

＊1　識別符号を用いて当該アクセス管理者の定める方法により作成される符号と当該識別符号の一部を組み合わせた符号を含む。次項第一号及び第二号において同じ。

＊2　当該アクセス制御機能を付加したアクセス管理者がするもの及び当該アクセス管理者又は当該識別符号に係る利用権者の承諾を得てするものを除く。

＊3　当該アクセス制御機能を付加したアクセス管理者がするもの及び当該アクセス管理者の承諾を得てするものを除く。次号において同じ。

　アクセス管理者，識別符号（IDとパスワード），利用権者等の定義が定められています。

　アクセス管理者とは，特定電子計算機（電気通信回線に接続している電子計算機）の動作を管理する者です。アクセス管理者は個人，法人の別を問いませんが，企業・学校等の法人の場合には，当該法人自体ということになります。

　特定利用とは，電気通信回線を通じて電子計算機を利用することです。

　利用権者とは，アクセス管理者の許諾を得た者のことです。例えば，コンピュータのアカウントをアクセス管理者から付与されている利用者のことです。

　識別符号とは，特定電子計算機の特定利用をする利用権者及びアクセス管理者ごとに定められている符号で，アクセス管理者がその利用権者等を他の利用権者等と区別して識別するために用いるものです。例えばID・パスワード等のことです。

　不正アクセス行為には，他人の識別符号を無断で入力する行為と，識別符号以外の情報又は指令を入力する行為の二つの類型があります。例えば，他人の識別符号を無断で使用する行為，セキュリティ・ホール（アクセス制御機能プログラムのミス等の安全対策上の不備）を利用してコンピュータに進入する行為等があります。

2 不正アクセス行為の禁止

不正アクセス行為及び不正アクセス行為を助長する行為をしてはならないとされ、これらの行為に関する罰則が定められています。

2.1 不正アクセス行為の禁止

不正アクセス禁止法
第3条 何人も、不正アクセス行為をしてはならない。

2.2 他人の識別符号を不正に取得する行為の禁止

不正アクセス禁止法
第4条 何人も、不正アクセス行為（第2条第4項第一号に該当するものに限る。第6条及び第12条第二号において同じ。）の用に供する目的で、アクセス制御機能に係る他人の識別符号を取得してはならない。

取得とは識別符号を自己の支配下に移す行為のことで、識別符号を記録した用紙や電磁的記録媒体を受け取ることや通信端末機器に表示させる行為のことです。

2.3 不正アクセス行為を助長する行為の禁止

不正アクセス禁止法
第5条 何人も、業務その他正当な理由による場合を除いては、アクセス制御機能に係る他人の識別符号を、当該アクセス制御機能に係るアクセス管理者及び当該識別符号に係る利用権者以外の者に提供してはならない。

例えば、他人の識別符号を第三者に提供する行為は、それによって、その識別符号を利用すれば誰でも容易に不正アクセス行為を行うことが可能となるので、不正アクセス行為を助長する行為に該当します。

2.4 他人の識別符号を不正に保管する行為の禁止

不正アクセス禁止法
第6条 何人も、不正アクセス行為の用に供する目的で、不正に取得され

> たアクセス制御機能に係る他人の識別符号を保管してはならない。

　識別符号を取得や保管することで，不正取得罪や不正保管罪が成立するのは，不正アクセス行為の用に供する目的で取得や保管行為をしたときです。

2.5　識別符号の入力を不正に要求する行為の禁止

不正アクセス禁止法
第７条　何人も，アクセス制御機能を特定電子計算機に付加したアクセス管理者になりすまし，その他当該アクセス管理者であると誤認させて，次に掲げる行為をしてはならない。ただし，当該アクセス管理者の承諾を得てする場合は，この限りでない。
一　当該アクセス管理者が当該アクセス制御機能に係る識別符号を付された利用権者に対し当該識別符号を特定電子計算機に入力することを求める旨の情報を，電気通信回線に接続して行う自動公衆送信（公衆によって直接受信されることを目的として公衆からの求めに応じ自動的に送信を行うことをいい，放送又は有線放送に該当するものを除く。）を利用して公衆が閲覧することができる状態に置く行為
二　当該アクセス管理者が当該アクセス制御機能に係る識別符号を付された利用権者に対し当該識別符号を特定電子計算機に入力することを求める旨の情報を，電子メール（特定電子メールの送信の適正化等に関する法律（平成 14 年法律第 26 号）第２条第一号に規定する電子メールをいう。）により当該利用権者に送信する行為

　第一号の規定は，他人のＩＤとパスワードを不正に取得する目的で開設されたフィッシングサイトによって，識別符号を取得する行為のことです。

3　アクセス管理者による防御措置

　不正アクセス行為の発生を防止するためには，その禁止と処罰に頼るのみではなく，アクセス管理者が自ら防御措置を講じることが必要です。そこで，アクセス管理者は，識別符号等を適正に管理し，電子計算機を不正アクセス行為から防御するための必要な措置を講ずるよう努めなければならないと規定されています。

不正アクセス禁止法

第8条 アクセス制御機能を特定電子計算機に付加したアクセス管理者は，当該アクセス制御機能に係る識別符号又はこれを当該アクセス制御機能により確認するために用いる符号の適正な管理に努めるとともに，常に当該アクセス制御機能の有効性を検証し，必要があると認めるときは速やかにその機能の高度化その他当該特定電子計算機を不正アクセス行為から防御するため必要な措置を講ずるよう努めるものとする。

　具体的にシステムに対してどのような防御措置を講ずべきかについては，各省庁からネットワーク・セキュリティに関する次のガイドライン等が公表されています。

① 情報システム安全対策指針（平成9年国家公安委員会告示第9号）
② コンピュータ不正アクセス対策基準（平成8年通商産業省告示第362号）
③ 情報システム安全対策基準（平成7年通商産業省告示第518号）
④ 情報通信ネットワーク安全・信頼性基準（昭和62年郵政省告示第73号）

4 都道府県公安委員会による援助等

　都道府県公安委員会は，アクセス管理者からの援助の申出に応じて，必要な資料を提供する等の援助を行わなければならないことが規定されています。
　また，国家公安委員会等は，毎年少なくとも1回不正アクセス行為の発生状況等を公表すること，国は不正アクセス行為からの防御に関する啓発及び知識の普及に努めなければならないことが規定されています。

不正アクセス禁止法

第9条 都道府県公安委員会（＊1）は，不正アクセス行為が行われたと認められる場合において，当該不正アクセス行為に係る特定電子計算機に係るアクセス管理者から，その再発を防止するため，当該不正アクセス行為が行われた際の当該特定電子計算機の作動状況及び管理状況その他の参考となるべき事項に関する書類その他の物件を添えて，援助を受けたい旨の申出があり，その申出を相当と認めるときは，当該アクセス管理者に対し，当該不正アクセス行為の手口又はこれが行われた原因に応じ当該特定電子計算機を不正アクセス行為から防御するため必要な応急の措置が的確に講じられるよう，必要な資料の提供，助言，指導その他の援助を行うものとする。

2 都道府県公安委員会は，前項の規定による援助を行うため必要な事例

分析（＊2）の実施の事務の全部又は一部を国家公安委員会規則で定める者に委託することができる。

3　前項の規定により都道府県公安委員会が委託した事例分析の実施の事務に従事した者は，その実施に関して知り得た秘密を漏らしてはならない。

4　前3項に定めるもののほか，第1項の規定による援助に関し必要な事項は，国家公安委員会規則で定める。

5　第1項に定めるもののほか，都道府県公安委員会は，アクセス制御機能を有する特定電子計算機の不正アクセス行為からの防御に関する啓発及び知識の普及に努めなければならない。

＊1　道警察本部の所在地を包括する方面（警察法（昭和29年法律第162号）第51条第1項本文に規定する方面をいう。以下この項において同じ。）を除く方面にあっては，方面公安委員会。以下この条において同じ。

＊2　当該援助に係る不正アクセス行為の手口，それが行われた原因等に関する技術的な調査及び分析を行うことをいう。次項において同じ。

不正アクセス禁止法
第10条　国家公安委員会，経済産業大臣及び総務大臣は，アクセス制御機能を有する特定電子計算機の不正アクセス行為からの防御に資するため，毎年少なくとも1回，不正アクセス行為の発生状況及びアクセス制御機能に関する技術の研究開発の状況を公表するものとする。

2　国家公安委員会，総務大臣及び経済産業大臣は，アクセス制御機能を有する特定電子計算機の不正アクセス行為からの防御に資するため，アクセス制御機能を特定電子計算機に付加したアクセス管理者が第8条の規定により講ずる措置を支援することを目的としてアクセス制御機能の高度化に係る事業を行う者が組織する団体であって，当該支援を適正かつ効果的に行うことができると認められるものに対し，必要な情報の提供その他の援助を行うよう努めなければならない。

3　前2項に定めるもののほか，国は，アクセス制御機能を有する特定電子計算機の不正アクセス行為からの防御に関する啓発及び知識の普及に努めなければならない。

5 罰 則

　不正アクセス行為（法3条），他人の識別符号を不正に取得する行為（法4条），不正アクセス行為を助長する行為（法5条），他人の識別符号を不正に保管する行為（法6条），識別符号の入力を不正に要求する行為（法7条）等に罰則が適用されます。

不正アクセス禁止法
第11条　第3条の規定に違反した者は，3年以下の懲役又は100万円以下の罰金に処する。

不正アクセス禁止法
第12条　次の各号のいずれかに該当する者は，1年以下の懲役又は50万円以下の罰金に処する。
　一　第4条の規定に違反した者
　二　第5条の規定に違反して，相手方に不正アクセス行為の用に供する目的があることの情を知ってアクセス制御機能に係る他人の識別符号を提供した者
　三　第6条の規定に違反した者
　四　第7条の規定に違反した者
　五　第9条第3項の規定に違反した者

不正アクセス禁止法
第13条　第5条の規定に違反した者（前条第二号に該当する者を除く。）は，30万円以下の罰金に処する。

不正アクセス禁止法
第14条　第11条及び第12条第一号から第三号までの罪は，刑法（明治40年法律第45号）第4条の2の例に従う。

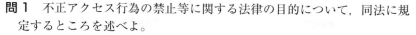

演習問題

問 1　不正アクセス行為の禁止等に関する法律の目的について，同法に規定するところを述べよ。

〔参照条文：法 1 条〕

問 2　次の用語について，不正アクセス行為の禁止等に関する法律に規定するところを述べよ。

　　　① アクセス管理者
　　　② 識別符号
　　　③ 利用権者

〔参照条文：法 2 条〕

問 3　不正アクセス行為の発生を防止するために，アクセス管理者はいかなる措置を講じなければならないか，不正アクセス行為の禁止等に関する法律に規定するところを述べよ。

〔参照条文：法 8 条〕

問 4　不正アクセス行為の禁止等に関する法律に規定する罰則について，同法に規定するところを述べよ。

〔参照条文：法 11 条，法 12 条，法 13 条〕

電子署名及び認証業務に関する法律

（平成12年5月31日法律第102号）

1 概　要

　インターネット等を経由して送られたデータの発信者の確認及びデータの改ざんがされていないかを確認するために電子署名が用いられます。

　電子署名及び認証業務に関する法律は，インターネット等のオープンなネットワークで用いられる電子署名に法的な効力を与えること，認証業務の認定制度を設けること等について規定されています。

1.1　目　的

　電子署名及び認証業務に関する法律は，電子署名の円滑な利用を確保することによって，データの流通や情報処理を促進し，国民生活の向上及び国民経済の健全な発展に寄与することを目的としています。

> **電子署名法**
> **第1条**　この法律は，電子署名に関し，電磁的記録の真正な成立の推定，特定認証業務に関する認定の制度その他必要な事項を定めることにより，電子署名の円滑な利用の確保による情報の電磁的方式による流通及び情報処理の促進を図り，もって国民生活の向上及び国民経済の健全な発展に寄与することを目的とする。

1.2　電子署名及び認証業務に関する法令

　電子署名及び認証業務に関する法律に基づく政令，省令の主なものを次に示します。（　）内は，本章中で用いる略記です。

　電子署名及び認証業務に関する法律施行令（施行令）

電子署名及び認証業務に関する法律施行規則（施）
電子署名及び認証業務に関する法律に基づく指定調査機関等に関する省令

1.3 定 義

電子署名法
第2条 この法律において「電子署名」とは，電磁的記録（＊1）に記録することができる情報について行われる措置であって，次の要件のいずれにも該当するものをいう。
　一　当該情報が当該措置を行った者の作成に係るものであることを示すためのものであること。
　二　当該情報について改変が行われていないかどうかを確認することができるものであること。
2　この法律において「認証業務」とは，自らが行う電子署名についてその業務を利用する者（以下「利用者」という。）その他の者の求めに応じ，当該利用者が電子署名を行ったものであることを確認するために用いられる事項が当該利用者に係るものであることを証明する業務をいう。
3　この法律において「特定認証業務」とは，電子署名のうち，その方式に応じて本人だけが行うことができるものとして主務省令で定める基準に適合するものについて行われる認証業務をいう。

＊1　電子的方式，磁気的方式その他人の知覚によっては認識することができない方式で作られる記録であって，電子計算機による情報処理の用に供されるものをいう。以下同じ。

　電子署名とは，電磁的記録に記録することができる情報について行われる措置であって，電磁的記録の作成者であること及び情報の改変が行われていないかどうかを確認することができるものです。
　認証業務とは，利用者の電子署名を証明する業務をいいます。
　特定認証業務とは，電子署名のうち，その方式に応じて本人だけが行うことができるものとして，省令で定める安全性の基準に適合するものについて行われる認証業務をいいます。

② 電磁的記録の真正な成立の推定

　電子署名が行われている電磁的記録について，真正な成立の推定が認められ

る規定です。真正な成立の推定とは，その情報を作成した人の意志内容を表したものであることを証明することです。

> **電子署名法**
> **第3条**　電磁的記録であって情報を表すために作成されたもの（公務員が職務上作成したものを除く。）は，当該電磁的記録に記録された情報について本人による電子署名（これを行うために必要な符号及び物件を適正に管理することにより，本人だけが行うことができることとなるものに限る。）が行われているときは，真正に成立したものと推定する。

3　特定認証業務の認定等

特定認証業務は，電子署名のうち，主務省令で定める基準に適合するものについて行われる認証業務です。

3.1　特定認証業務の認定

特定認証業務を行おうとする者は，主務大臣の認定を受けることができます。主務大臣とは，内閣総理大臣及び法務大臣のことで，主務省令は，これらの総務大臣，法務大臣及び経済産業大臣が共同で発令します。

> **電子署名法**
> **第4条**　特定認証業務を行おうとする者は，主務大臣の認定を受けることができる。
> 2　前項の認定を受けようとする者は，主務省令で定めるところにより，次の事項を記載した申請書その他主務省令で定める書類を主務大臣に提出しなければならない。
> 　一　氏名又は名称及び住所並びに法人にあっては，その代表者の氏名
> 　二　申請に係る業務の用に供する設備の概要
> 　三　申請に係る業務の実施の方法
> 3　主務大臣は，第1項の認定をしたときは，その旨を公示しなければならない。

特定認証業務の認定を受けた者を認定認証事業者といいます。

3.2　欠格条項

特定認証業務の認定を受けることができない者について規定されています。

電子署名法
第５条 次の各号のいずれかに該当する者は，前条第１項の認定を受けることができない。

一　禁錮以上の刑（これに相当する外国の法令による刑を含む。）に処せられ，又はこの法律の規定により刑に処せられ，その執行を終わり，又は執行を受けることがなくなった日から２年を経過しない者

二　第14条第１項又は第16条第１項の規定により認定を取り消され，その取消しの日から２年を経過しない者

三　法人であって，その業務を行う役員のうちに前２号のいずれかに該当する者があるもの

3.3　認定の基準

認定を行うときの基準について規定されています。

電子署名法
第６条 主務大臣は，第４条第１項の認定の申請が次の各号のいずれにも適合していると認めるときでなければ，その認定をしてはならない。

一　申請に係る業務の用に供する設備が主務省令で定める基準に適合するものであること。

二　申請に係る業務における利用者の真偽の確認が主務省令で定める方法により行われるものであること。

三　前号に掲げるもののほか，申請に係る業務が主務省令で定める基準に適合する方法により行われるものであること。

2　主務大臣は，第４条第１項の認定のための審査に当たっては，主務省令で定めるところにより，申請に係る業務の実施に係る体制について実地の調査を行うものとする。

　業務の用に供する設備の基準の詳細は電子署名及び認証業務に関する法律施行規則第４条に，利用者の真偽の確認の方法は電子署名及び認証業務に関する法律施行規則第５条に規定されています。

3.4　認定の更新

　認定の更新についての規定です。電子署名及び認証業務に関する法律施行令第１条に，認定の有効期間は１年と規定されています。

電子署名法
第７条 第４条第１項の認定は，１年を下らない政令で定める期間ごとに

その更新を受けなければ，その期間の経過によって，その効力を失う。

2　第4条第2項及び前2条の規定は，前項の認定の更新に準用する。

電子署名法施行令
第1条　電子署名及び認証業務に関する法律（以下「法」という。）第7条第1項（法第15条第2項において準用する場合を含む。）の政令で定める期間は，1年とする。

3.5　業務に関する帳簿書類

電子署名法
第11条　認定認証事業者は，主務省令で定めるところにより，その認定に係る業務に関する帳簿書類を作成し，これを保存しなければならない。

3.6　利用者の真偽の確認に関する情報の適正な使用

電子署名法
第12条　認定認証事業者は，その認定に係る業務の利用者の真偽の確認に際して知り得た情報を認定に係る業務の用に供する目的以外に使用してはならない。

3.7　表　示

電子署名法
第13条　認定認証事業者は，認定に係る業務の用に供する電子証明書等（利用者が電子署名を行ったものであることを確認するために用いられる事項が当該利用者に係るものであることを証明するために作成する電磁的記録その他の認証業務の用に供するものとして主務省令で定めるものをいう。次項において同じ。）に，主務省令で定めるところにより，当該業務が認定を受けている旨の表示を付することができる。

2　何人も，前項に規定する場合を除くほか，電子証明書等に，同項の表示又はこれと紛らわしい表示を付してはならない。

表示の様式等の詳細は，電子署名及び認証業務に関する法律施行規則第13条に規定されています。

3.8　認定の取消し

認定を受けた事業者が欠格条項に該当するに至った場合等は，認定を取り消されることがあります。

電子署名法
第14条 主務大臣は，認定認証事業者が次の各号のいずれかに該当するときは，その認定を取り消すことができる。

一 第5条第一号又は第三号［欠格条項］のいずれかに該当するに至ったとき。

二 第6条第1項各号［認定の基準］のいずれかに適合しなくなったとき。

三 第9条第1項［認定の変更］，第11条［帳簿書類の作成］，第12条［利用者の真偽の確認に関する情報の適正な使用］又は前条第2項の規定に違反したとき。

四 不正の手段により第4条第1項の認定又は第9条第1項の変更の認定を受けたとき。

2 主務大臣は，前項の規定により認定を取り消したときは，その旨を公示しなければならない。

3.9 外国における特定認証業務の認定

電子署名法
第15条 外国にある事務所により特定認証業務を行おうとする者は，主務大臣の認定を受けることができる。

2 第4条第2項及び第3項並びに第5条から第7条までの規定は前項の認定に，第8条から第13条までの規定は同項の認定を受けた者（以下「認定外国認証事業者」という。）に準用する。この場合において，同条第2項中「何人も」とあるのは，「認定外国認証事業者は」と読み替えるものとする。

3〜4 ［省略］

外国にある事務所で特定認証業務を行うことができます。詳細については，国内の認証事業者と同様に規定されています。認定外国認証事業者の認定の取消しについては，第16条に規定されています。

4 指定調査機関等

4.1 指定調査機関

指定調査機関は，主務大臣の指定を受けて，認証事業者の業務の実施体制について，実地調査を行う機関です。

電子署名法
第17条 主務大臣は，その指定する者（以下「指定調査機関」という。）に第6条第2項（＊1）の規定による調査（次節を除き，以下「調査」という。）の全部又は一部を行わせることができる。

2〜4 ［省略］

＊1 第7条第2項（第15条第2項において準用する場合を含む。），第9条第3項（第15条第2項において準用する場合を含む。）及び第15条第2項において準用する場合を含む。

電子署名法
第18条 前条第1項の規定による指定（以下「指定」という。）は，主務省令で定めるところにより，調査を行おうとする者（外国にある事務所により行おうとする者を除く。）の申請により行う。

電子署名及び認証業務に関する法律に基づく指定調査機関等に関する省令により，一般財団法人日本情報経済社会推進協会が指定されています。

4.2 欠格条項

電子署名法
第19条 次の各号のいずれかに該当する者は，指定を受けることができない。
一 禁錮以上の刑に処せられ，又はこの法律の規定により刑に処せられ，その執行を終わり，又は執行を受けることがなくなった日から2年を経過しない者
二 第29条第1項の規定により指定を取り消され，又は第32条第1項の規定により承認を取り消され，その取消しの日から2年を経過しない者
三 法人であって，その業務を行う役員のうちに前2号のいずれかに該当する者があるもの

指定調査機関の指定を受けることができない者について規定しています。

4.3 指定の公示等

電子署名法
第21条 主務大臣は，指定をしたときは，指定調査機関の名称及び住所

　並びに調査の業務を行う事務所の所在地を公示しなければならない。

2　指定調査機関は，その名称若しくは住所又は調査の業務を行う事務所の所在地を変更しようとするときは，変更しようとする日の2週間前までに，その旨を主務大臣に届け出なければならない。

3　主務大臣は，前項の規定による届出があったときは，その旨を公示しなければならない。

　主務大臣は，指定調査機関の指定をしたときは，機関の名称，住所等を公示することになっています。

4.4　指定の更新

電子署名法
第22条　指定は，5年以上10年以内において政令で定める期間ごとにその更新を受けなければ，その期間の経過によって，その効力を失う。

2　第18条から第20条までの規定は，前項の指定の更新に準用する。

　政令で定める期間ごとに指定の更新を受けなければならないことが規定され，電子署名及び認証業務に関する法律施行令第2条に，指定の有効期間は5年と定められています。

4.5　秘密保持義務等

電子署名法
第23条　指定調査機関の役員(＊1)若しくは職員又はこれらの職にあった者は，調査の業務に関して知り得た秘密を漏らしてはならない。

2　調査の業務に従事する指定調査機関の役員又は職員は，刑法（明治40年法律第45号）その他の罰則の適用については，法令により公務に従事する職員とみなす。

＊1　法人でない指定調査機関にあっては，当該指定を受けた者。次項並びに第43条及び第45条において同じ。

4.6　調査業務規程等

電子署名法
第25条　指定調査機関は,調査の業務に関する規程(以下「調査業務規程」という。) を定め，主務大臣の認可を受けなければならない。これを変更

しようとするときも，同様とする。

2　調査業務規程で定めるべき事項は，主務省令で定める。

3　主務大臣は，第1項の認可をした調査業務規程が調査の公正な実施上不適当となったと認めるときは，その調査業務規程を変更すべきことを命ずることができる。

電子署名法
第26条　指定調査機関は，主務省令で定めるところにより，帳簿を備え，調査の業務に関し主務省令で定める事項を記載し，これを保存しなければならない。

　調査の業務に関する調査業務規程及び調査の業務に関する事項を記載する帳簿の備え付けが規定されています。

4.7　指定の取消し等

電子署名法
第29条　主務大臣は，指定調査機関が次の各号のいずれかに該当するときは，その指定を取り消し，又は期間を定めて調査の業務の全部若しくは一部の停止を命ずることができる。

一　この節の規定に違反したとき。

二　第19条第一号又は第三号に該当するに至ったとき。

三　第25条第1項の認可を受けた調査業務規程によらないで調査の業務を行ったとき。

四　第25条第3項又は第27条の規定による命令に違反したとき。

五　不正の手段により指定を受けたとき。

2　主務大臣は，前項の規定により指定を取り消し，又は調査の業務の全部若しくは一部の停止を命じたときは，その旨を公示しなければならない。

　法の規定に違反する行為をしたとき等は，指定調査機関の指定を取り消されることがあります。

4.8　承認調査機関

　外国にある事務所により特定認証業務を行おうとする者についての実地調査は，承認調査機関が行うことができます。

電子署名法
第31条　主務大臣は，第15条第2項において準用する第6条第2項（＊1）の規定による調査（以下この節において「調査」という。）の全部又は一部を行おうとする者（外国にある事務所により行おうとする者に限る。）から申請があったときは，主務省令で定めるところにより，これを承認することができる。

2〜6 ［省略］

＊1　第15条第2項において準用する第7条第2項及び第9条第3項において準用する場合を含む。

5 　雑　則

5.1　国の援助等

　主務大臣が特定認証業務の円滑な実施を図るための援助等を実施すること，国が広報活動等をすることが規定されています。

電子署名法
第33条　主務大臣は，特定認証業務に関する認定の制度の円滑な実施を図るため，電子署名及び認証業務に係る技術の評価に関する調査及び研究を行うとともに，特定認証業務を行う者及びその利用者に対し必要な情報の提供，助言その他の援助を行うよう努めなければならない。

電子署名法
第34条　国は，教育活動，広報活動等を通じて電子署名及び認証業務に関する国民の理解を深めるよう努めなければならない。

5.2　報告の徴収及び立入検査

　主務大臣が，認定認証事業者に対し，その認定に係る業務に関し報告を求めること，主務大臣の職員に，認定認証事業者の営業所等を検査させることが規定されています。

電子署名法
第35条　主務大臣は，この法律の施行に必要な限度において，認定認証事業者に対し，その認定に係る業務に関し報告をさせ，又はその職員に，認定認証事業者の営業所，事務所その他の事業場に立ち入り，その認定に係る業務の状況若しくは設備，帳簿書類その他の物件を検査させ，若

しくは関係者に質問させることができる。

2　主務大臣は，この法律の施行に必要な限度において，指定調査機関に対し，その業務に関し報告をさせ，又はその職員に，指定調査機関の事務所に立ち入り，業務の状況若しくは帳簿，書類その他の物件を検査させ，若しくは関係者に質問させることができる。

3　第1項の規定は認定外国認証事業者に，前項の規定は承認調査機関に，それぞれ準用する。

4　第1項及び第2項（それぞれ前項において準用する場合を含む。）の規定により立入検査をする職員は，その身分を示す証明書を携帯し，関係者に提示しなければならない。

5　第1項及び第2項（それぞれ第3項において準用する場合を含む。）の規定による立入検査の権限は，犯罪捜査のために認められたものと解釈してはならない。

5.3　手数料

認定を受けようとする場合等は，国に手数料を収めなければなりません。

電子署名法
第36条　次の各号に掲げる者は，実費を勘案して政令で定める額の手数料を国に納めなければならない。

一　第4条第1項の認定を受けようとする者（主務大臣が第17条第1項の規定により指定調査機関に調査の全部を行わせることとしたときを除く。）

二　第7条第1項（第15条第2項において準用する場合を含む。）の認定の更新を受けようとする者

三　第9条第1項（第15条第2項において準用する場合を含む。）の変更の認定を受けようとする者

四　第15条第1項の認定を受けようとする者（主務大臣が第17条第1項の規定により指定調査機関に調査の全部を行わせることとしたときを除く。）

2　指定調査機関が行う調査を受けようとする者は，政令で定めるところにより指定調査機関が主務大臣の認可を受けて定める額の手数料を当該指定調査機関に納めなければならない。

電子署名法施行令
第3条　法第36条第1項各号に掲げる者が同項の規定により国に納めなければならない手数料の額は，次の各号に掲げる場合に応じ，それぞれ当該各号に定める額とする。

> 一　主務大臣が法第 17 条第 1 項の指定調査機関に同項の規定による調査
> の全部を行わせる場合　イ又はロに掲げる者の区分に応じ，それぞれ
> イ又はロに定める額
> 　イ　法第 7 条第 1 項（法第 15 条第 2 項において準用する場合を含む。）
> 　の認定の更新を受けようとする者　10,300 円
> 　ロ　法第 9 条第 1 項（法第 15 条第 2 項において準用する場合を含む。）
> 　の変更の認定を受けようとする者　5,600 円
> 　二　主務大臣が法第 17 条第 1 項の指定調査機関に同項の規定による調査
> の全部を行わせない場合　別に政令で定める額
> 2　行政手続等における情報通信の技術の利用に関する法律（平成 14 年
> 法律第 151 号）第 3 条第 1 項の規定により同項に規定する電子情報処理
> 組織を使用して認定又はその更新の申請を行う場合における前項の規定
> の適用については，同項第一号中「10,300 円」とあるのは「9,900 円」と，
> 「5,600 円」とあるのは「5,200 円」とする。

　電子署名及び認証業務に関する法律施行令第 3 条に，手数料の額等が規定されています。

5.4　主務大臣と国家公安委員会との関係

　国家公安委員会が，証明に係る重大な被害が生ずることを防止するために，主務大臣に対し，必要な措置をとるべきことを要請する規定です。

> **電子署名法**
> **第 37 条**　国家公安委員会は，認定認証事業者又は認定外国認証事業者の
> 認定に係る業務に関し，その利用者についての証明に係る重大な被害が
> 生ずることを防止するため必要があると認めるときは，主務大臣に対し，
> 必要な措置をとるべきことを要請することができる。

5.5　主務大臣等

　主務大臣は，内閣総理大臣及び法務大臣です。

> **電子署名法**
> **第 40 条**　この法律における主務大臣は，内閣総理大臣及び法務大臣とす
> る。ただし，第 33 条にあっては，内閣総理大臣とする。
> 2　この法律における主務省令は，総務大臣，法務大臣及び経済産業大臣
> が共同で発する命令とする。

　法 33 条は，国が行う特定認証業務に関する援助等の規定です。

6 罰 則

電子署名法
第41条 認定認証事業者又は認定外国認証事業者に対し，その認定に係る認証業務に関し，虚偽の申込みをして，利用者について不実の証明をさせた者は，3年以下の懲役又は200万円以下の罰金に処する。

2　前項の未遂罪は，罰する。

3　前2項の罪は，刑法第2条の例［＊1］に従う。

電子署名法
第42条 次の各号のいずれかに該当する者は，1年以下の懲役又は100万円以下の罰金に処する。

一　第13条第2項の規定［＊2］に違反した者

二　第23条第1項の規定［＊3］に違反してその職務に関して知り得た秘密を漏らした者

電子署名法
第43条 第29条第1項の規定［＊4］による業務の停止の命令に違反したときは，その違反行為をした指定調査機関の役員又は職員は，1年以下の懲役又は100万円以下の罰金に処する。

電子署名法
第44条 次の各号のいずれかに該当する者は，30万円以下の罰金に処する。

一　第9条第1項の規定に違反して第4条第2項第二号又は第三号の事項［＊5］を変更した者

二　第11条の規定［＊6］による帳簿書類の作成若しくは保存をせず，又は虚偽の帳簿書類の作成をした者

三　第35条第1項の規定［＊7］による報告をせず，若しくは虚偽の報告をし，又は同項の規定による検査を拒み，妨げ，若しくは忌避し，若しくは同項の規定による質問に対して答弁をせず，若しくは虚偽の答弁をした者

電子署名法
第46条 法人の代表者又は法人若しくは人の代理人，使用人その他の従業者が，その法人又は人の業務に関して，第42条第一号又は第44条の違反行為をしたときは，行為者を罰するほか，その法人又は人に対して各本条の罰金刑を科する。

電子署名法
第47条 第9条第4項又は第10条第1項の規定［＊8］による届出をせず，

又は虚偽の届出をした者は，10万円以下の過料に処する。

[＊1]　国外における罪
[＊2]　電子署名に付する認定を受けている旨の表示と紛らわしい表示をしてはならない。
[＊3]　指定調査機関の秘密保持義務
[＊4]　指定調査機関の指定の取消等
[＊5]　特定認証業務の設備，業務の実施の方法の変更
[＊6]　認定認証事業者の業務に関する帳簿書類
[＊7]　認定認証事業者に対する報告の徴収及び立入検査
[＊8]　認定認証事業者の業務に関する変更及び廃止の届出

演習問題

問1　電子署名及び認証業務に関する法律の目的について，同法に規定するところを述べよ。

〔参照条文：法1条〕

問2　「電子署名」の定義について，電子署名及び認証業務に関する法律に規定するところを述べよ。

〔参照条文：法2条〕

問3　特定認証業務の認定の欠格条項について，電子署名及び認証業務に関する法律に規定するところを述べよ。

〔参照条文：法5条〕

問4　特定認証業務の認定の更新について，電子署名及び認証業務に関する法律に規定するところを述べよ。

〔参照条文：法7条〕

問5　認定認証事業者の認定の取消しについて，電子署名及び認証業務に関する法律に規定するところを述べよ。

〔参照条文：法14条〕

問 6 主務大臣が行う，認定認証事業者に対する検査について，電子署名及び認証業務に関する法律に規定するところを述べよ。

〔参照条文：法 35 条〕

問 7 認定認証事業者又は認定外国認証事業者に対し，その認定に係る認証業務に関し，虚偽の申込みをして，利用者について不実の証明をさせた者が受けることがある罰則の規定について，電子署名及び認証業務に関する法律に規定するところを述べよ。

〔参照条文：法 41 条〕

④

電子署名及び認証業務に関する法律

電 波 法

（昭和25年5月2日法律第131号）

1 概　要

　電波は，放送，通信，高周波利用等，いろいろな用途で利用されています。これらの電波を無秩序に利用したのでは，有効に利用することができません。そこで，一定の規律に基づいて電波を利用することができるように電波法が制定されています。

1.1　目　的

電波法
第1条　この法律は，電波の公平且つ能率的な利用を確保することによって，公共の福祉を増進することを目的とする。

　電波は限りある資源なので，早いもの勝ちでない公平な電波利用ができるように，また，能率的に利用することによって公共の福祉（国民全体の幸福）が増進されることを目的としています。

1.2　電波法令

　電波法に基づく政令，省令の主なものを次に示します。（　）内は，本章中で用いる略記です。

　電波法施行令（施行令）
　電波法関係手数料令（手数料令）
　電波法施行規則（施）
　無線局免許手続規則（免）
　無線設備規則（設）

無線局の無線設備の技術基準について定められています。

無線従事者規則（従）

無線従事者の国家試験，免許の手続き等について定められています。

無線局運用規則（運）

無線局（基幹放送局を除く。）の開設の根本的基準（根本基準）

基幹放送局の開設の根本的基準（基幹放送局の根本基準）

無線機器型式検定規則（型検）

特定無線設備の技術基準適合証明に関する規則（技適）

1.3　用語の定義

（1）主な用語の定義

主な用語が電波法に規定されています。

電波法
第2条　この法律及びこの法律に基づく命令の規定の解釈に関しては，次の定義に従うものとする。
　一　「電波」とは，300万メガヘルツ以下の周波数の電磁波をいう。
　二　「無線電信」とは，電波を利用して，符号を送り，又は受けるための通信設備をいう。
　三　「無線電話」とは，電波を利用して，音声その他の音響を送り，又は受けるための通信設備をいう。
　四　「無線設備」とは，無線電信，無線電話その他電波を送り，又は受けるための電気的設備をいう。
　五　「無線局」とは，無線設備及び無線設備の操作を行う者の総体をいう。但し，受信のみを目的とするものを含まない。
　六　「無線従事者」とは，無線設備の操作又はその監督を行う者であって，総務大臣の免許を受けたものをいう。

無線局の定義のなかで，総体とは無線設備とそれを操作する者とが一体となって業務を遂行する運行体のことを指します。単に設備や人のみを指すわけではありません。また，受信のみを目的としているものを無線局としないのは，テレビやラジオ放送の受信についてその適用を除外するためです。

（2）業務の分類及び定義

電波法施行規則
第3条　宇宙無線通信の業務以外の無線通信業務を次のとおり分類し，そ

れぞれ当該各号に定めるとおり定義する。

一　**固定業務**　一定の固定地点の間の無線通信業務（陸上移動中継局との間のものを除く。）をいう。

三　**放送業務**　一般公衆によって直接受信されるための無線電話，テレビジョン，データ伝送又はファクシミリによる無線通信業務をいう。

四　**放送試験業務**　放送及びその受信の進歩発達に必要な試験，研究又は調査のため試験的に行う放送業務をいう。

五　**移動業務**　移動局（陸上（河川，湖沼その他これらに準ずる水域を含む。次条第1項第六号，第七号の三，第十二号及び第十三号において同じ。）を移動中又はその特定しない地点に停止中に使用する受信設備（無線局のものを除く。第八号及び第八号の三において「陸上移動受信設備」という。）を含む。）と陸上局との間又は移動局相互間の無線通信業務（陸上移動中継局の中継によるものを含む。）をいう。

八　**陸上移動業務**　基地局と陸上移動局（陸上移動受信設備（第八号の三の携帯受信設備を除く。）を含む。次条第1項第六号において同じ。）との間又は陸上移動局相互間の無線通信業務（陸上移動中継局の中継によるものを含む。）をいう。

八の二　**携帯移動業務**　携帯局と携帯基地局との間又は携帯局相互間の無線通信業務をいう。

八の三　**無線呼出業務**　携帯受信設備（陸上移動受信設備であって，その携帯者に対する呼出し（これに付随する通報を含む。以下この号において同じ。）を受けるためのものをいう。）の携帯者に対する呼出しを行う無線通信業務をいう。

(3) 無線局の種別及び定義

電波法施行規則
第4条　無線局の種別を次のとおり定め，それぞれ下記のとおり定義する。

一　**固定局**　固定業務を行う無線局をいう。

二　**基幹放送局**　基幹放送（法第5条第4項の基幹放送をいう。以下同じ。）を行う無線局（当該基幹放送に加えて基幹放送以外の無線通信の送信をするものを含む。）であって，基幹放送を行う実用化試験局以外のものをいう。

二の二　**地上基幹放送局**　地上基幹放送（放送法（昭和25年法律第132号）第2条第十五号の地上基幹放送をいう。以下同じ。）又は移動受信用地上基幹放送（同法第2条第十四号に規定する移動受信用地上基幹放送をいう。以下同じ。）を行う基幹放送局（放送試験業務を行うものを除

く。）をいう。

二の三　**特定地上基幹放送局**　基幹放送局のうち法第６条第２項に規定する特定地上基幹放送局（放送試験業務を行うものを除く。）をいう。

六　**基地局**　陸上移動局との通信（陸上移動中継局の中継によるものを含む。）を行うため陸上に開設する移動しない無線局（陸上移動中継局を除く。）をいう。

七の三　**陸上移動中継局**　基地局と陸上移動局との間及び陸上移動局相互間の通信を中継するため陸上に開設する移動しない無線局をいう。

八　**陸上局**　海岸局，航空局，基地局，携帯基地局，無線呼出局，陸上移動中継局その他移動中の運用を目的としない移動業務を行う無線局をいう。

十二　**陸上移動局**　陸上を移動中又はその特定しない地点に停止中運用する無線局（船上通信局を除く。）をいう。

　陸上移動局は，自動車などに設置した無線設備の無線局や携帯電話の無線局のことです。

1.4　電波に関する条約

　条約改正に伴う電波法の改正の遅れや条約のみに規定がある場合等に，条約が優先されることが規定されています。

電波法
第３条　電波に関し条約に別段の定があるときは，その規定による。

2　無線局の免許

2.1　無線局の開設

電波法
第４条　無線局を開設しようとする者は，総務大臣の免許を受けなければならない。ただし，次の各号に掲げる無線局については，この限りでない。

一　発射する電波が著しく微弱な無線局で総務省令で定めるもの

二　26.9 メガヘルツから 27.2 メガヘルツまでの周波数の電波を使用し，かつ，空中線電力が 0.5 ワット以下である無線局のうち総務省令で定めるものであって，第 38 条の 7 第 1 項（第 38 条の 31 第 4 項において準用する場合を含む。），第 38 条の 26（第 38 条の 31 第 6 項におい

て準用する場合を含む。）若しくは第38条の35又は第38条の44第3項の規定により表示が付されている無線設備（第38条の23第1項（第38条の29，第38条の31第4項及び第6項並びに第38条の38において準用する場合を含む。）の規定により表示が付されていないものとみなされたものを除く。以下「適合表示無線設備」という。）のみを使用するもの

三　空中線電力が1ワット以下である無線局のうち総務省令で定めるものであって，第4条の3の規定により指定された呼出符号又は呼出名称を自動的に送信し，又は受信する機能その他総務省令で定める機能を有することにより他の無線局にその運用を阻害するような混信その他の妨害を与えないように運用することができるもので，かつ，適合表示無線設備のみを使用するもの

四　第27条の18第1項の登録を受けて開設する無線局（以下「登録局」という。）

電波法
第4条の2　本邦に入国する者が，自ら持ち込む無線設備（次章に定める技術基準に相当する技術基準として総務大臣が指定する技術基準に適合しているものに限る。）を使用して無線局（前条第三号の総務省令で定める無線局のうち，用途及び周波数を勘案して総務省令で定めるものに限る。）を開設しようとするときは，当該無線設備は，適合表示無線設備でない場合であっても，同号の規定の適用については，当該者の入国の日から同日以後90日を超えない範囲内で総務省令で定める期間を経過する日までの間に限り，適合表示無線設備とみなす。この場合において，当該無線設備については，同章の規定は，適用しない。

2～6［省略］

7　第1項及び第2項の規定による技術基準の指定は，告示をもって行わなければならない。

用語解説

　「免許」とは，「許可」と同じように一般に禁止されている事項の解除を意味します。免許は人的性格の強いときに使われる用語です。無線局の免許は，単なる設備の設置許可ではなく設備及びそれを運用する運行体（一般に法人）に付与されます。

2.2 免許の欠格事由

電波法
第5条 次の各号のいずれかに該当する者には，無線局の免許を与えない。

一　日本の国籍を有しない人

二　外国政府又はその代表者

三　外国の法人又は団体

四　法人又は団体であって，前3号に掲げる者がその代表者であるもの又はこれらの者がその役員の3分の1以上若しくは議決権の3分の1以上を占めるもの。

2　前項の規定は，次に掲げる無線局については，適用しない。

一　実験等無線局（科学若しくは技術の発達のための実験，電波利用の効率性に関する試験又は電波の利用の需要に関する調査に専用する無線局をいう。以下同じ。）

二　アマチュア無線局（個人的な興味によって無線通信を行うために開設する無線局をいう。以下同じ。）

三　船舶の無線局（船舶に開設する無線局のうち，電気通信業務（電気通信事業法（昭和59年法律第86号）第2条第六号に規定する電気通信業務をいう。以下同じ。）を行うことを目的とするもの以外のもの（実験等無線局及びアマチュア無線局を除く。）をいう。以下同じ。）

四　航空機の無線局（航空機に開設する無線局のうち，電気通信業務を行うことを目的とするもの以外のもの（実験等無線局及びアマチュア無線局を除く。）をいう。以下同じ。）

五　特定の固定地点間の無線通信を行う無線局（実験等無線局，アマチュア無線局，大使館，公使館又は領事館の公用に供するもの及び電気通信業務を行うことを目的とするものを除く。）

六　大使館，公使館又は領事館の公用に供する無線局（特定の固定地点間の無線通信を行うものに限る。）であって，その国内において日本国政府又はその代表者が同種の無線局を開設することを認める国の政府又はその代表者の開設するもの

七　自動車その他の陸上を移動するものに開設し，若しくは携帯して使用するために開設する無線局又はこれらの無線局若しくは携帯して使用するための受信設備と通信を行うために陸上に開設する移動しない無線局（電気通信業務を行うことを目的とするものを除く。）

八　電気通信業務を行うことを目的として開設する無線局

九　電気通信業務を行うことを目的とする無線局の無線設備を搭載する

人工衛星の位置，姿勢等を制御することを目的として陸上に開設する無線局

3　次の各号のいずれかに該当する者には，無線局の免許を与えないことができる。

一　この法律又は放送法（昭和25年法律第132号）に規定する罪を犯し罰金以上の刑に処せられ，その執行を終わり，又はその執行を受けることがなくなった日から2年を経過しない者

二　第75条第1項又は第76条第4項（第四号を除く。）若しくは第5項（第五号を除く。）の規定により無線局の免許の取消しを受け，その取消しの日から2年を経過しない者

三　第27条の15第1項（第一号を除く。）又は第2項（第四号及び五号を除く。）の規定により認定の取消しを受け，その取消しの日から2年を経過しない者

四　第76条第6項（第三号を除く。）の規定により第27条の18第1項の登録の取消しを受け，その取消しの日から2年を経過しない者

4　公衆によって直接受信されることを目的とする無線通信の送信（第99条の2を除き，以下「放送」という。）であって，第26条第2項第五号イに掲げる周波数（第7条第3項及び第4項において「基幹放送用割当可能周波数」という。）の電波を使用するもの（以下「基幹放送」という。）をする無線局（受信障害対策中継放送，衛星基幹放送（放送法第2条第十三号の衛星基幹放送をいう。）及び移動受信用地上基幹放送（同条第十四号の移動受信用地上基幹放送をいう。以下同じ。）をする無線局を除く。）については，第1項及び前項の規定にかかわらず，次の各号のいずれかに該当する者には，無線局の免許を与えない。

一　第1項第一号から第三号まで若しくは前項各号に掲げる者又は放送法第103条第1項若しくは第104条（第五号を除く。）の規定による認定の取消し若しくは同法第131条の規定により登録の取消しを受け，その取消しの日から2年を経過しない者

二　法人又は団体であって，第1項第一号から第三号までに掲げる者が放送法第2条第三十一号の特定役員であるもの又はこれらの者がその議決権の5分の1以上を占めるもの

三　法人又は団体であって，イに掲げる者により直接に占められる議決権の割合とこれらの者によりロに掲げる者を通じて間接に占められる議決権の割合として総務省令で定める割合とを合計した割合がその議決権の5分の1以上を占めるもの（前号に該当する場合を除く。）

　イ　第1項第一号から第三号までに掲げる者

　　ロ　イに掲げる者により直接に占められる議決権の割合が総務省令で
　　　定める割合以上である法人又は団体
　四　法人又は団体であって，その役員が前項各号のいずれかに該当する
　　者であるもの
5　前項に規定する受信障害対策中継放送とは，相当範囲にわたる受信の
　障害が発生している地上基幹放送（放送法第2条第十五号の地上基幹放
　送をいう。以下同じ。）及び当該地上基幹放送の電波に重畳して行う多
　重放送（同条第十九号の多重放送をいう。以下同じ。）を受信し，その
　すべての放送番組に変更を加えないで当該受信の障害が発生している区
　域において受信されることを目的として同時にその再放送をする基幹放
　送のうち，当該障害に係る地上基幹放送又は当該地上基幹放送の電波に
　重畳して行う多重放送をする無線局の免許を受けた者が行うもの以外の
　ものをいう。
6　第27条の14第1項の認定を受けた者であって第27条の12第1項に
　規定する開設指針に定める納付の期限までに同条第3項第六号に規定す
　る特定基地局開設料を納付していないものには，当該特定基地局開設料
　が納付されるまでの間，同条第1項に規定する特定基地局の免許を与え
　ないことができる。

　違反等の反社会的行為をした者に対して免許が与えられない場合は，反省さ
せるための期間を設けるためのもので，総務大臣の判断により2年間より短い
期間に免許する場合もあります。「罰金以上の刑」とは死刑，懲役，禁錮，罰金
を指しますが，電波法の罰則規定には死刑はありません。「執行を終わり」とは
刑期を終了したか罰金を払ったことを指します。「執行を受けることがなくなっ
た」とは恩赦や仮出獄などで刑の執行が免除されることです。外国籍に関する
欠格事由の規定は，放送局に対してはより厳しい内容となっています。

2.3　免許の申請

電波法
第6条　無線局の免許を受けようとする者は，申請書に，次に掲げる事項
を記載した書類を添えて，総務大臣に提出しなければならない。
　一　目的（2以上の目的を有する無線局であって，その目的に主たるも
　　のと従たるものの区別がある場合にあっては，その主従の区別を含む。）
　二　開設を必要とする理由
　三　通信の相手方及び通信事項

四　無線設備の設置場所（移動する無線局のうち，次のイ又はロに掲げるものについては，それぞれイ又はロに定める事項。第18条第1項を除き，以下同じ。）

イ　人工衛星の無線局（以下「人工衛星局」という。）　その人工衛星の軌道又は位置

ロ　人工衛星局，船舶の無線局（人工衛星局の中継によってのみ無線通信を行うものを除く。第3項において同じ。），船舶地球局（船舶に開設する無線局であって，人工衛星局の中継によってのみ無線通信を行うもの（実験等無線局及びアマチュア無線局を除く。）をいう。以下同じ。），航空機の無線局（人工衛星局の中継によってのみ無線通信を行うものを除く。第5項において同じ。）及び航空機地球局（航空機に開設する無線局であって，人工衛星局の中継によってのみ無線通信を行うもの（実験等無線局及びアマチュア無線局を除く。）をいう。以下同じ。）以外の無線局　移動範囲

五　電波の型式並びに希望する周波数の範囲及び空中線電力

六　希望する運用許容時間（運用することができる時間をいう。以下同じ。）

七　無線設備の工事設計及び工事落成の予定期日

八　運用開始の予定期日

九　他の無線局の第14条第2項第二号の免許人又は第27条の23第1項の登録人（以下「免許人等」という。）との間で混信その他の妨害を防止するために必要な措置に関する契約を締結しているときは，その契約の内容

2　基幹放送局（基幹放送をする無線局をいい，当該基幹放送に加えて基幹放送以外の無線通信の送信をするものを含む。以下同じ。）の免許を受けようとする者は，前項の規定にかかわらず，申請書に，次に掲げる事項（自己の地上基幹放送の業務に用いる無線局（以下「特定地上基幹放送局」という。）の免許を受けようとする者にあっては次に掲げる事項及び放送事項，地上基幹放送の業務を行うことについて放送法第93条第1項の規定により認定を受けようとする者の当該業務に用いられる無線局の免許を受けようとする者にあっては次に掲げる事項及び当該認定を受けようとする者の氏名又は名称）を記載した書類を添えて，総務大臣に提出しなければならない。

一　目的

二　前項第二号から第九号まで（基幹放送のみをする無線局にあっては，第三号を除く。）に掲げる事項

　　三　無線設備の工事費及び無線局の運用費の支弁方法

　　四　事業計画及び事業収支見積

　　五　放送区域

　　六　基幹放送の業務に用いられる電気通信設備（電気通信事業法第２条
　　　　第二号の電気通信設備をいう。以下同じ。）の概要

3〜6　［省略］

7　人工衛星局の免許を受けようとする者は，第１項又は第２項の書類に，
　これらの規定に掲げる事項のほか，その人工衛星の打上げ予定時期及び
　使用可能期間並びにその人工衛星局の目的を遂行できる人工衛星の位置
　の範囲を併せて記載しなければならない。

8　次に掲げる無線局（総務省令で定めるものを除く。）であって総務大臣
　が公示する周波数を使用するものの免許の申請は，総務大臣が公示する
　期間内に行わなければならない。

　　一　電気通信業務を行うことを目的として陸上に開設する移動する無線
　　　　局（１又は２以上の都道府県の区域の全部を含む区域をその移動範囲
　　　　とするものに限る。）

　　二　電気通信業務を行うことを目的として陸上に開設する移動しない無線
　　　　局であって，前号に掲げる無線局を通信の相手方とするもの

　　三　電気通信業務を行うことを目的として開設する人工衛星局

　　四　基幹放送局

9　前項の期間は，１月を下らない範囲内で周波数ごとに定めるものとし，
　同項の規定による期間の公示は，免許を受ける無線局の無線設備の設置
　場所とすることができる区域の範囲その他免許の申請に資する事項を併
　せ行うものとする。

用語解説

　　無線局を開設しようとする者は総務大臣に免許の申請をします。「申請」
　とは，総務大臣にお願いして許可や免許を求めることで，行為を実行する
　前に手続をしなければなりません。「届」は，一般に事後に手続をするこ
　とです。

　　申請には，「無線局免許申請書」「無線局事項書」「工事設計書」及び添附資料
　からなる書類を提出します。

2.4　申請の審査

電波法
第7条　総務大臣は，前条第1項の申請書を受理したときは，遅滞なくその申請が次の各号のいずれにも適合しているかどうかを審査しなければならない。

一　工事設計が第3章に定める技術基準に適合すること。

二　周波数の割当てが可能であること。

三　主たる目的及び従たる目的を有する無線局にあっては，その従たる目的の遂行がその主たる目的の遂行に支障を及ぼすおそれがないこと。

四　前3号に掲げるもののほか，総務省令で定める無線局（基幹放送局を除く。）の開設の根本的基準に合致すること。

2　総務大臣は，前条第2項の申請書を受理したときは，遅滞なくその申請が次の各号に適合しているかどうかを審査しなければならない。

一　工事設計が第3章に定める技術基準に適合すること及び基幹放送の業務に用いられる電気通信設備が放送法第121条第1項の総務省令で定める技術基準に適合すること。

二　総務大臣が定める基幹放送用周波数使用計画（基幹放送局に使用させることのできる周波数及びその周波数の使用に関し必要な事項を定める計画をいう。以下同じ。）に基づき，周波数の割当てが可能であること。

三　当該業務を維持するに足りる経理的基礎及び技術的能力があること。

四　特定地上基幹放送局にあっては，次のいずれにも適合すること。

イ　基幹放送の業務に用いられる電気通信設備が放送法第111条第1項の総務省令で定める技術基準に適合すること。

ロ　免許を受けようとする者が放送法第93条第1項第五号に掲げる要件に該当すること。

ハ　その免許を与えることが放送法第91条第1項の基幹放送普及計画に適合することその他放送の普及及び健全な発達のために適切であること。

五　地上基幹放送の業務を行うことについて放送法第93条第1項の規定により認定を受けようとする者の当該業務に用いられる無線局にあっては，当該認定を受けようとする者が同項各号（第四号を除く。）に掲げる要件のいずれにも該当すること。

六　基幹放送に加えて基幹放送以外の無線通信の送信をする無線局にあっては，次のいずれにも適合すること。

　イ　基幹放送以外の無線通信の送信について，周波数の割当てが可能
　　であること。
　ロ　基幹放送以外の無線通信の送信について，前項第四号の総務省令
　　で定める無線局（基幹放送局を除く。）の開設の根本的基準に合致
　　すること。
　ハ　基幹放送以外の無線通信の送信をすることが適正かつ確実に基幹
　　放送をすることに支障を及ぼすおそれがないものとして総務省令で
　　定める基準に合致すること。
　七　前各号に掲げるもののほか，総務省令で定める基幹放送局の開設の
　　根本的基準に合致すること。
3　基幹放送用周波数使用計画は，放送法第91条第1項の基幹放送普及
　計画に定める同条第2項第三号の放送系の数の目標（次項において「放
　送系の数の目標」という。）の達成に資することとなるように，基幹放
　送用割当可能周波数の範囲内で，混信の防止その他電波の公平かつ能率
　的な利用を確保するために必要な事項を勘案して定めるものとする。
4　総務大臣は，放送系の数の目標，基幹放送用割当可能周波数及び前項
　に規定する混信の防止その他電波の公平かつ能率的な利用を確保するた
　めに必要な事項の変更により必要があると認めるときは，基幹放送用周
　波数使用計画を変更することができる。
5　総務大臣は，基幹放送用周波数使用計画を定め，又は変更したときは，
　遅滞なく，これを公示しなければならない。
6　総務大臣は，申請の審査に際し，必要があると認めるときは，申請者
　に出頭又は資料の提出を求めることができる。

　基幹放送用周波数使用計画（昭和63年郵政省告示第661号，平成23年総務
省告示241号改称）が告示され各地域ごとに周波数，空中線電力等が定められ
ています。また，基幹放送普及計画（昭和63年郵政省告示第660号，平成23
年総務省告示第242号改称）は基幹放送局の置局に関しての指針及び基本的な
事項が定められています。

2.5　無線局の開設の根本的基準

　無線局（基幹放送局を除く。）の開設の根本的基準及び基幹放送局の開設の根
本的基準に各無線局別に基準が定められています。電気通信業務用無線局の開
設の根本的基準を次に示します。

無線局の開設の根本的基準
第3条　電気通信業務用無線局は，次の各号の条件を満たすものでなけれ

ばならない。

一　その局を開設することによって提供しようとする電気通信役務が，利用者の需要に適合するものであること。

二　その局の免許を受けようとする者は，その局の運用による電気通信事業の実施について適切な計画を有し，かつ，当該計画を確実に実施するに足りる能力を有するものであること。

二の二　前号の計画には，地域広帯域移動動無線アクセスシステム（2,575 MHz を超え 2,595 MHz 以下の周波数の電波を使用する広帯域移動無線アクセスシステム（設備規則第 3 条第十号に規定する広帯域移動無線アクセスシステムをいう。以下同じ。）の無線局であって，自営等広帯域移動無線アクセスシステム（広帯域移動無線アクセスシステムであって，免許人の所有する土地等又は設備規則第 3 条第十五号に規定するローカル 5 G のシステムの制御信号の送受信のために必要な区域の範囲に限って無線局の開設が認められるもの）以外のもの）の無線局である場合にあっては，受けようとする免許の対象区域における公共の福祉の増進に寄与する計画が含まれていること。

三　その局を開設することが既設の無線局（予備免許を受けているものを含む。）若しくは法第 56 条第 1 項に規定する指定を受けている受信設備（以下「既設の無線局等」という。）の運用又は電波の監視（総務大臣がその公示する場所において行うものに限る。以下同じ。）に支障を与えないこと。

四　その局を開設する目的を達成するためには，その局を開設することが他の各種の電気通信手段を使用する場合に比較して能率的かつ経済的であること。

五　その局が 890MHz 以上の周波数の電波による特定の固定地点間の無線通信を行うもの（その局の無線通信について法第 102 条の 2 第 1 項の規定による伝搬障害防止区域の指定の必要がないものを除く。）であるときは，当該無線通信の電波伝搬路における当該電波が法第 102 条の 3 第 1 項各号の一に該当する行為により伝搬障害を生ずる見込みのあるものでないこと。

六　その局が本邦外の場所相互間の通信を媒介する業務を併せ行うものにあっては，本邦内に居住する利用者の需要に支障を与えないものであること。

七　その局が法第 27 条の 12 第 1 項に規定する特定基地局であるときは，その局に係る開設指針の規定に基づくものであること。

八　その他その局を開設することが電気通信事業の健全な発達と円滑な

運営とに寄与すること。

2.6　予備免許の付与

電波法
第８条　総務大臣は，前条の規定により審査した結果，その申請が同条第
　　１項各号又は第２項各号に適合していると認めるときは，申請者に対し，
　　次に掲げる事項を指定して，無線局の予備免許を与える。
　　一　工事落成の期限
　　二　電波の型式及び周波数
　　三　呼出符号（標識符号を含む。），呼出名称その他の総務省令で定める
　　　　識別信号（以下「識別信号」という。）
　　四　空中線電力
　　五　運用許容時間
　２　総務大臣は，予備免許を受けた者から申請があった場合において，相
　　当と認めるときは，前項第一号の期限を延長することができる。

　予備免許は無線局の免許を与える前に，周波数等の条件を定めてその内容で
工事にとりかからせることです。
　識別信号（呼出符号，呼出名称，総務省令で定める識別信号）は電波の出所
を明らかにするために割り当てられるもので，基幹放送局等に割り当てられる
国際呼出符字列に基づいた呼出符号や陸上移動系の無線局等に割り当てられる
呼出名称があります。無線局を運用するときにこれらの符号等を用いることに
より無線局の識別を行うことができます。

2.7　予備免許中の指定事項の変更

電波法
第１９条　総務大臣は，免許人又は第８条の予備免許を受けた者が識別信
　　号，電波の型式，周波数，空中線電力又は運用許容時間の指定の変更を
　　申請した場合において，混信の除去その他特に必要があると認めるとき
　　は，その指定を変更することができる。

2.8　予備免許中の工事設計の変更

電波法
第９条　前条の予備免許を受けた者は，工事設計を変更しようとするとき
　　は，あらかじめ総務大臣の許可を受けなければならない。但し，総務省

令で定める軽微な事項については，この限りでない。

2　前項但書の事項について工事設計を変更したときは，遅滞なくその旨を総務大臣に届け出なければならない。

3　第1項の変更は，周波数，電波の型式又は空中線電力に変更を来すものであってはならず，かつ，第7条第1項第一号又は第2項第一号の技術基準（第3章に定めるものに限る。）に合致するものでなければならない。

4　前条の予備免許を受けた者は，無線局の目的，通信の相手方，通信事項，放送事項，放送区域，無線設備の設置場所又は基幹放送の業務に用いられる電気通信設備を変更しようとするときは，あらかじめ総務大臣の許可を受けなければならない。ただし，次に掲げる事項を内容とする無線局の目的の変更は，これを行うことができない。

一　基幹放送局以外の無線局が基幹放送をすることとすること。

二　基幹放送局が基幹放送をしないこととすること。

5　前項本文の規定にかかわらず，基幹放送の業務に用いられる電気通信設備の変更が総務省令で定める軽微な変更に該当するときは，その変更をした後遅滞なく，その旨を総務大臣に届け出ることをもって足りる。

6　第5条第1項から第3項までの規定は，無線局の目的の変更に係る第4項の許可に準用する。

予備免許を受けた者が行う変更には「指定事項の変更」と「工事設計の変更」があります。指定事項は大臣が指定した事項なので申請により再指定します。また，工事設計の変更は，申請して許可を受ける場合と，変更後に届を提出する場合があります。工事設計の変更では，指定事項に変更を来すものであってはならないことが規定されていますが，指定の変更を伴う場合は，別に指定事項の変更申請を出さなければなりません。

2.9　工事落成後の検査

電波法
第10条　第8条の予備免許を受けた者は，工事が落成したときは，その旨を総務大臣に届け出て，その無線設備，無線従事者の資格（＊1）及び員数並びに時計及び書類（以下「無線設備等」という。）について検査を受けなければならない。

2　前項の検査は，同項の検査を受けようとする者が，当該検査を受けようとする無線設備等について第24条の2第1項又は第24条の13第1

項の登録を受けた者が総務省令で定めるところにより行った当該登録に係る点検の結果を記載した書類を添えて前項の届出をした場合においては，その一部を省略することができる。

*1　第39条第3項に規定する主任無線従事者の要件，第48条の2第1項の船舶局無線従事者証明及び第50条第1項に規定する遭難通信責任者の要件に係るものを含む。第12条及び第73条第3項において同じ。

検査項目の無線設備等は，無線設備，無線従事者の資格及び員数並びに時計及び書類を示します。

用語解説

「並びに」と「及び」は，どちらもいくつかの語句を併合して連結する接続詞です。同じ関係のものを並べるときは，「A，B，C及びD」のように用いられます。近い関係（A，B）や（a，b）と，遠い関係（A，a）や（B，b）を並べるときは，「及び」を近い関係に「並びに」を遠い関係に用いて，「A及びB並びにa及びb」のように用いられます。

2.10　免許の拒否

^{電波法}
第11条　第8条第1項第一号の期限（同条第2項の規定による期限の延長があったときは，その期限）経過後2週間以内に前条の規定による届出がないときは，総務大臣は，その無線局の免許を拒否しなければならない。

2.11　免許の付与

^{電波法}
第12条　総務大臣は，第10条の規定による検査を行った結果，その無線設備が第6条第1項第七号又は同条第2項第二号の工事設計（第9条第1項の規定による変更があったときは，変更があったもの）に合致し，かつ，その無線従事者の資格及び員数が第39条又は第39条の13，第40条及び第50条の規定に，その時計及び書類が第60条の規定にそれぞれ違反しないと認めるときは，遅滞なく申請者に対し免許を与えなければならない。

2.12　免許状

電波法
第14条　総務大臣は，免許を与えたときは，免許状を交付する。

2　免許状には，次に掲げる事項を記載しなければならない。

　一　免許の年月日及び免許の番号

　二　免許人（無線局の免許を受けた者をいう。以下同じ。）の氏名又は名称及び住所

　三　無線局の種別

　四　無線局の目的（主たる目的及び従たる目的を有する無線局にあっては，その主従の区別を含む。）

　五　通信の相手方及び通信事項

　六　無線設備の設置場所

　七　免許の有効期間

　八　識別信号

　九　電波の型式及び周波数

　十　空中線電力

　十一　運用許容時間

3　基幹放送局の免許状には，前項の規定にかかわらず，次に掲げる事項を記載しなければならない。

　一　前項各号（基幹放送のみをする無線局の免許状にあっては，第五号を除く。）に掲げる事項

　二　放送区域

　三　特定地上基幹放送局の免許状にあっては放送事項，認定基幹放送事業者（放送法第2条第21号の認定基幹放送事業者をいう。以下同じ。）の地上基幹放送の業務の用に供する無線局にあってはその無線局に係る認定基幹放送事業者の氏名又は名称

2.13　簡易な免許手続

　予備免許，検査の手続が省略されて電波の型式及び周波数，識別信号，空中線電力並びに運用許容時間が指定されて免許が与えられます。

（1）簡易な免許手続

電波法
第15条　第13条第1項ただし書の再免許及び適合表示無線設備のみを使用する無線局その他総務省令で定める無線局の免許については，第6

条（第 8 項及び第 9 項を除く。）及び第 8 条から第 12 条までの規定にかかわらず，総務省令で定める簡易な手続によることができる。

（2）適合表示無線設備のみを使用する無線局の免許手続の簡略

無線局免許手続規則
第 15 条の 4 総務大臣又は総合通信局長は，法第 7 条の規定により適合表示無線設備のみを使用する無線局（宇宙無線通信を行う実験試験局を除く。）の免許の申請を審査した結果，その申請が同条第 1 項各号又は第 2 項各号に適合していると認めるときは，電波の型式及び周波数，呼出符号（標識符号を含む。以下同じ。）又は呼出名称，空中線電力並びに運用許容時間を指定して，無線局の免許を与える。

2　第 8 条第 2 項［申請書の添付書類の写し証明］の規定は，前項の申請につき無線局の免許を与えた場合に準用する。

3　法第 8 条に規定する予備免許，法第 9 条に規定する工事設計の変更，法第 10 条に規定する落成後の検査及び法第 11 条に規定する免許の拒否の各手続は，第 1 項の免許については，適用しない。

（3）遭難自動通報局等の免許手続の簡略

無線局免許手続規則
第 15 条の 5 総務大臣又は総合通信局長は，法第 7 条の規定により次に掲げる無線局の免許の申請を審査した結果，その申請が同条第 1 項各号又は第 2 項各号に適合していると認めるときは，電波の型式及び周波数，呼出符号又は呼出名称，空中線電力並びに運用許容時間を指定して，無線局の免許を与える。

一　遭難自動通報局であって，第 15 条の 3 第 3 項の規定により工事設計書の一部の記載を省略することができるもの
二　前号以外の無線局であって，総務大臣が別に告示するもの

2　第 8 条第 2 項の規定は，前項の申請につき無線局の免許を与えた場合に準用する。

3　法第 8 条に規定する予備免許，法第 9 条に規定する工事設計の変更，法第 10 条に規定する落成後の検査及び法第 11 条に規定する免許の拒否の各手続は，第 1 項の免許については，適用しない。

免 15 条の 5 第 1 項第二号の告示は，アマチュア無線局等について告示されています。

2.14　運用開始及び休止の届出

電波法
第16条　免許人は，免許を受けたときは，遅滞なくその無線局の運用開始の期日を総務大臣に届け出なければならない。ただし，総務省令で定める無線局については，この限りでない。

2　前項の規定により届け出た無線局の運用を1箇月以上休止するときは，免許人は，その休止期間を総務大臣に届け出なければならない。休止期間を変更するときも，同様とする。

電波法施行規則
第10条の2　法第16条第1項ただし書の規定により運用開始の届出を要しない無線局は，次に掲げる無線局以外の無線局とする。

一　基幹放送局

二　海岸局であって，電気通信業務を取り扱うもの，海上安全情報の送信を行うもの又は2,187.5 kHz，4,207.5 kHz，6,312 kHz，8,414.5 kHz，12,577 kHz，16,804.5 kHz，27,524 kHz，156.525 MHz 若しくは 156.8 MHz の電波を送信に使用するもの

三　航空局であって，電気通信業務を取り扱うもの又は航空交通管制の用に供するもの

四　無線航行陸上局

四の二　海岸地球局

四の三　航空地球局（航空機の安全運航又は正常運航に関する通信を行うものに限る。）

五　標準周波数局

六　特別業務の局（携帯無線通信等を抑止する無線局，道路交通情報通信を行う無線局（設備規則第49条の22に規定する無線局をいう。第41条の2の6第二十六号において同じ。）及び A3E 電波 1,620 kHz 又は 1,629 kHz の周波数を使用する空中線電力 10 ワット以下の無線局を除く。）

　標準周波数局は，情報通信研究機構が 40 kHz，60 kHz の周波数で発射している電波（JJY）のことです。

　A3E 電波 1,620 kHz 又は 1,629 kHz の周波数を使用する空中線電力 10 ワット以下の無線局は，道路上で受信することができる交通情報ラジオのことです。

2.15 免許の有効期間

(1) 免許の有効期間・再免許

電波法
第13条 免許の有効期間は，免許の日から起算して5年を超えない範囲内において総務省令で定める。ただし，再免許を妨げない。

2 船舶安全法第4条（同法第29条ノ7の規定に基づく政令において準用する場合を含む。以下同じ。）の船舶の船舶局（以下「義務船舶局」という。）及び航空法第60条の規定により無線設備を設置しなければならない航空機の航空機局（以下「義務航空機局」という。）の免許の有効期間は，前項の規定にかかわらず，無期限とする。

用語解説

「起算」とは免許の日を含むので，例えば，免許の日が，3月3日ならば，5年間の免許の有効期間が満了する日は5年後の3月2日です。

電波法施行規則
第7条 法第13条第1項の総務省令で定める免許の有効期間は，次の各号に掲げる無線局の種別に従い，それぞれ当該各号に定めるとおりとする。
一 地上基幹放送局（臨時目的放送を専ら行うものに限る。）当該放送の目的を達成するために必要な期間
二 地上基幹放送試験局 2年
三 衛星基幹放送局（臨時目的放送を専ら行うものに限る。）当該放送の目的を達成するために必要な期間
四 衛星基幹放送試験局 2年
五 特定実験試験局（総務大臣が公示する周波数，当該周波数の使用が可能な地域及び期間並びに空中線電力の範囲内で開設する実験試験局をいう。以下同じ。）当該周波数の使用が可能な期間
六 実用化試験局 2年
七 その他の無線局 5年

電波法施行規則
第7条の2 法第27条の5第3項の総務省令で定める包括免許の有効期間は，5年とする。

電波法施行規則
第7条の3 法第27条の21の総務省令で定める登録の有効期間は，5年とする。

ほとんどの無線局の免許の有効期間は5年です。

免許の有効期間が満了したあとも，引き続いて無線局を開設しようとするときは，無線局免許手続規則第17条に定められた期間に再免許を申請します。

（2）多重放送をする無線局の免許の効力

電波法
第13条の2　超短波放送（放送法第2条第十七号の超短波放送をいう。）又はテレビジョン放送（同条第十八号のテレビジョン放送をいう。以下同じ。）をする無線局の免許がその効力を失ったときは，その放送の電波に重畳して多重放送をする無線局の免許は，その効力を失う。

2.16　免許後の変更

（1）通信の相手方等の変更

免許人は，通信の相手方，通信事項もしくは無線設備の設置場所を変更し，又は無線設備の変更の工事をしようとするときは，あらかじめ総務大臣の許可を受けなければなりません。ただし，無線設備の変更で総務省令に定める軽微な事項の変更の場合は変更後，遅滞なく届け出なければなりません。

電波法
第17条　免許人は，無線局の目的，通信の相手方，通信事項，放送事項，放送区域，無線設備の設置場所若しくは基幹放送の業務に用いられる電気通信設備を変更し，又は無線設備の変更の工事をしようとするときは，あらかじめ総務大臣の許可を受けなければならない。ただし，次に掲げる事項を内容とする無線局の目的の変更は，これを行うことができない。

一　基幹放送局以外の無線局が基幹放送をすることとすること。
二　基幹放送局が基幹放送をしないこととすること。

2　前項本文の規定にかかわらず，基幹放送の業務に用いられる電気通信設備の変更が総務省令で定める軽微な変更に該当するときは，その変更をした後遅滞なく，その旨を総務大臣に届け出ることをもって足りる。

3　第5条第1項から第3項までの規定は無線局の目的の変更に係る第1項の許可について，第9条第1項ただし書，第2項及び第3項の規定は第1項の規定により無線設備の変更の工事をする場合について，それぞれ準用する。

（2）変更検査

電波法
第18条　前条第1項の規定により無線設備の設置場所の変更又は無線設備の変更の工事の許可を受けた免許人は，総務大臣の検査を受け，当該変更又は工事の結果が同条同項の許可の内容に適合していると認められた後でなければ，許可に係る無線設備を運用してはならない。ただし，総務省令で定める場合は，この限りでない。

2　前項の検査は，同項の検査を受けようとする者が，当該検査を受けようとする無線設備について第24条の2第1項又は第24条の13第1項の登録を受けた者が総務省令で定めるところにより行った当該登録に係る点検の結果を記載した書類を総務大臣に提出した場合においては，その一部を省略することができる。

（3）指定事項の変更

電波法
第19条　総務大臣は，免許人又は第8条の予備免許を受けた者が識別信号，電波の型式，周波数，空中線電力又は運用許容時間の指定の変更を申請した場合において，混信の除去その他特に必要があると認めるときは，その指定を変更することができる。

　指定事項の変更については，検査がありませんが，周波数等の指定の変更で，無線設備の変更を伴う場合は，免許人は指定の変更と無線設備の変更を同時に申請します。許可後，無線設備の変更について変更検査が行われます。

2.17　免許状の訂正等

電波法
第21条　免許人は，免許状に記載した事項に変更を生じたときは，その免許状を総務大臣に提出し，訂正を受けなければならない。

無線局免許手続規則
第22条　免許人は，法第21条の免許状の訂正を受けようとするときは，次に掲げる事項を記載した申請書を総務大臣又は総合通信局長に提出しなければならない。

一　免許人の氏名又は名称及び住所並びに法人にあっては，その代表者の氏名

二　無線局の種別及び局数

三 識別信号（包括免許に係る特定無線局を除く。）

四 免許の番号又は包括免許の番号

五 訂正を受ける箇所及び訂正を受ける理由

2 前項の申請書の様式は，別表第六号の五のとおりとする。

3 第1項の申請があった場合において，総務大臣又は総合通信局長は，新たな免許状の交付による訂正を行うことがある。

4 総務大臣又は総合通信局長は，第1項の申請による場合の外，職権により免許状の訂正を行うことがある。

5 免許人は，新たな免許状の交付を受けたときは，遅滞なく旧免許状を返さなければならない。

無線局免許手続規則
第23条 免許人は，免許状を破損し，汚し，失った等のために免許状の再交付の申請をしようとするときは，次に掲げる事項を記載した申請書を総務大臣又は総合通信局長に提出しなければならない。

一 免許人の氏名又は名称及び住所並びに法人にあっては，その代表者の氏名

二 無線局の種別及び局数

三 識別信号（包括免許に係る特定無線局を除く。）

四 免許の番号又は包括免許の番号

五 再交付を求める理由

2 前項の申請書の様式は，別表第六号の八のとおりとする。

3 前条第5項の規定は，第1項の規定により免許状の再交付を受けた場合に準用する。但し，免許状を失った等のためにこれを返すことができない場合は，この限りでない。

2.18 廃 止

（1）廃止届

電波法
第22条 免許人は，その無線局を廃止するときは，その旨を総務大臣に届け出なければならない。

電波法
第23条 免許人が無線局を廃止したときは，免許は，その効力を失う。

（2）免許が効力を失ったときの措置

電波法
第24条 免許がその効力を失ったときは，免許人であった者は，1箇月以内にその免許状を返納しなければならない。

電波法
第78条 無線局の免許等がその効力を失ったときは，免許人等であった者は，遅滞なく空中線の撤去，その他の総務省令で定める電波の発射を防止するために必要な措置を講じなければならない。

免許が効力を失うのは次の場合です。
① 無線局を廃止したとき（法22条）。
② 免許の有効期間が満了したとき（法13条）。
③ 総務大臣に免許を取り消されたとき（法75条）。

2.19 免許の承継等

電波法
第20条 免許人について相続があったときは，その相続人は，免許人の地位を承継する。

2 免許人（第7項及び第8項に規定する無線局の免許人を除く。以下この項及び次項において同じ。）たる法人が合併又は分割（無線局をその用に供する事業の全部を承継させるものに限る。）をしたときは，合併後存続する法人若しくは合併により設立された法人又は分割により当該事業の全部を承継した法人は，総務大臣の許可を受けて免許人の地位を承継することができる。

3 免許人が無線局をその用に供する事業の全部の譲渡しをしたときは，譲受人は，総務大臣の許可を受けて免許人の地位を承継することができる。

4 特定地上基幹放送局の免許人たる法人が分割をした場合において，分割により当該基幹放送局を承継し，これを分割により地上基幹放送の業務を承継した他の法人の業務の用に供する業務を行おうとする法人が総務大臣の許可を受けたときは，当該法人が当該特定地上基幹放送局の免許人から当該業務に係る基幹放送局の免許人の地位を承継したものとみなす。特定地上基幹放送局の免許人が当該基幹放送局を譲渡し，譲受人が当該基幹放送局を譲渡人の地上基幹放送の業務の用に供する業務を行おうとする場合において，当該譲受人が総務大臣の許可を受けたとき又

は特定地上基幹放送局の免許人が地上基幹放送の業務を譲渡し，その譲渡人が当該基幹放送局を譲受人の地上基幹放送の業務の用に供する業務を行おうとする場合において，当該譲渡人が総務大臣の許可を受けたときも，同様とする。

5　他の地上基幹放送の業務の用に供する基幹放送局の免許人が当該地上基幹放送の業務を行う認定基幹放送事業者と合併をし，又は当該地上基幹放送の業務を行う事業を譲り受けた場合において，合併後存続する法人若しくは合併により設立された法人又は譲受人が総務大臣の許可を受けたときは，当該法人又は譲受人が当該基幹放送局の免許人から特定地上基幹放送局の免許人の地位を承継したものとみなす。地上基幹放送の業務を行う認定基幹放送事業者が当該地上基幹放送の業務の用に供する基幹放送局を譲り受けた場合において，総務大臣の許可を受けたときも，同様とする。

6　第5条〔欠格事由〕及び第7条〔申請の審査〕の規定は，第2項から前項までの許可に準用する。

7，8　〔省略〕

9　第1項及び前2項の規定により免許人の地位を承継した者は，遅滞なく，その事実を証する書面を添えてその旨を総務大臣に届け出なければならない。

10　前各項の規定は，第8条の予備免許を受けた者に準用する。

2.20　包括免許

（1）特定無線局の免許の特例

　携帯電話等の無線局を特定無線局と定めて，適合表示無線設備を使用した同じ無線局を2以上開設する場合は，包括して免許を申請することができます。

電波法
第27条の2　次の各号のいずれかに掲げる無線局であって，適合表示無線設備のみを使用するもの（以下「特定無線局」という。）を2以上開設しようとする者は，その特定無線局が目的，通信の相手方，電波の型式及び周波数並びに無線設備の規格（総務省令で定めるものに限る。）を同じくするものである限りにおいて，次条から第27条の11までに規定するところにより，これらの特定無線局を包括して対象とする免許を申請することができる。
　一　移動する無線局であって，通信の相手方である無線局からの電波を受けることによって自動的に選択される周波数の電波のみを発射する

もののうち，総務省令で定める無線局

二　電気通信業務を行うことを目的として陸上に開設する移動しない無線局であって，移動する無線局を通信の相手方とするもののうち，無線設備の設置場所，空中線電力等を勘案して総務省令で定める無線局

(2) 特定無線局の免許の申請

電波法

第27条の3　前条の免許を受けようとする者は，申請書に，次に掲げる事項（特定無線局（同条第二号に掲げる無線局に係るものに限る。）を包括して対象とする免許の申請にあっては，次に掲げる事項（第六号に掲げる事項を除く。）及び無線設備を設置しようとする区域）を記載した書類を添えて，総務大臣に提出しなければならない。

一　目的（2以上の目的を有する特定無線局であって，その目的に主たるものと従たるものの区別がある場合にあっては，その主従の区別を含む。）

二　開設を必要とする理由

三　通信の相手方

四　電波の型式並びに希望する周波数の範囲及び空中線電力

五　無線設備の工事設計

六　最大運用数（免許の有効期間中において同時に開設されていることとなる特定無線局の数の最大のものをいう。）

七　運用開始の予定期日（それぞれの特定無線局の運用が開始される日のうち最も早い日の予定期日をいう。）

八　他の無線局の免許人等との間で混信その他の妨害を防止するために必要な措置に関する契約を締結しているときは，その契約の内容

2　前条の免許を受けようとする者は，通信の相手方が外国の人工衛星局である場合にあっては，前項の書類に，同項に掲げる事項のほか，その人工衛星の軌道又は位置及び当該人工衛星の位置，姿勢等を制御することを目的として陸上に開設する無線局に関する事項その他総務省令で定める事項を併せて記載しなければならない。

(3) 申請の審査

電波法

第27条の4　総務大臣は，前条第1項の申請書を受理したときは，遅滞なくその申請が次の各号に適合しているかどうかを審査しなければなら

ない。
一　周波数の割当てが可能であること。
二　主たる目的及び従たる目的を有する特定無線局にあっては，その従たる
　　目的の遂行がその主たる目的の遂行に支障を及ぼすおそれがないこと。
三　前2号に掲げるもののほか，総務省令で定める特定無線局の開設の
　　根本的基準に合致すること。

（4）包括免許の付与

電波法
第27条の5　総務大臣は，前条の規定により審査した結果，その申請が
同条各号に適合していると認めるときは，申請者に対し，次に掲げる事
項（＊1）を指定して，免許を与えなければならない。
一　電波の型式及び周波数
二　空中線電力
三　指定無線局数(同時に開設されている特定無線局の数の上限をいう。
　　以下同じ。)
四　運用開始の期限（1以上の特定無線局の運用を最初に開始する期限
　　をいう。)
2　総務大臣は，前項の免許（以下「包括免許」という。）を与えたときは，
次に掲げる事項及び同項の規定により指定した事項を記載した免許状を
交付する。
一　包括免許の年月日及び包括免許の番号
二　包括免許人（包括免許を受けた者をいう。以下同じ。）の氏名又は名
　　称及び住所
三　特定無線局の種別
四　特定無線局の目的（主たる目的及び従たる目的を有する特定無線局
　　にあっては，その主従の区別を含む。）
五　通信の相手方
六　包括免許の有効期間
3　包括免許の有効期間は，包括免許の日から起算して5年を超えない範
囲内において総務省令で定める。ただし，再免許を妨げない。

＊1　特定無線局（第27条の2第二号に掲げる無線局に係るものに限る。）
を包括して対象とする免許にあっては，次に掲げる事項（第三号に掲げ
る事項を除く。）及び無線設備の設置場所とすることができる区域

演習問題

問1 次の用語の定義について，電波法に規定するところを述べよ。
① 電波
② 無線局

〔参照条文：法2条〕

問2 基幹放送局の免許の欠格事由について，電波法に規定するところを述べよ。

〔参照条文：法5条〕

問3 無線局の予備免許が付与されるときに指定される事項について，電波法に規定するところを述べよ。

〔参照条文：法8条〕

問4 無線局の通信の相手方等の変更について，電波法に規定するところを述べよ。

〔参照条文：法9条，法17条〕

③ 無線設備

3.1 用語の定義

無線設備は，法2条に「無線電信，無線電話その他電波を送り，又は受けるための電気的設備をいう。」と定義されています。無線設備に関係する詳細な用語は電波法施行規則に規定されていて，主なものは次のとおりです。

電波法施行規則
第2条 電波法に基づく命令の規定の解釈に関しては，別に規定せられるもののほか，次の定義に従うものとする。
　三十五　「送信設備」とは，送信装置と送信空中線系とから成る電波を送る設備をいう。
　三十六　「送信装置」とは，無線通信の送信のための高周波エネルギーを発生する装置及びこれに付加する装置をいう。
　三十七　「送信空中線系」とは，送信装置の発生する高周波エネルギーを空間へ輻射する装置をいう。

送信設備は送信機，アンテナ，給電線のことです。送信装置は送信機のこと

です。空中線はアンテナのことで，空中線系はアンテナ及び給電線のことです。

3.2　電波の型式の表示

電波法施行規則
第４条の２　電波の主搬送波の変調の型式，主搬送波を変調する信号の性
質及び伝送情報の型式は，次の各号に掲げるように分類し，それぞれ当
該各号に掲げる記号をもって表示する。ただし，主搬送波を変調する信
号の性質を表示する記号は，対応する算用数字をもって表示することが
あるものとする。

一　主搬送波の変調の型式　記号
　(1)　無変調　　N
　(2)　振幅変調
　　（一）両側波帯　　A
　　（二）全搬送波による単側波帯　　H
　　（三）低減搬送波による単側波帯　　R
　　（四）抑圧搬送波による単側波帯　　J
　　（五）独立側波帯　　B
　　（六）残留側波帯　　C
　(3)　角度変調
　　（一）周波数変調　　F
　　（二）位相変調　　G
　(4)　同時に，又は一定の順序で振幅変調及び角度変調を行うもの　　D
　(5)　パルス変調
　　（一）無変調パルス列　　P
　　（二）［省略］
　(6)　(1) から (5) までに該当しないものであって，同時に，又は一定
　　の順序で振幅変調，角度変調又はパルス変調のうちの２以上を組み
　　合わせて行うもの　　W
　(7)　その他のもの　　X
二　主搬送波を変調する信号の性質　記号
　(1)　変調信号のないもの　　0
　(2)　ディジタル信号である単一チャネルのもの
　　（一）変調のための副搬送波を使用しないもの　　1
　　（二）変調のための副搬送波を使用するもの　　2
　(3)　アナログ信号である単一チャネルのもの　　3
　(4)　ディジタル信号である２以上のチャネルのもの　　7

(5) アナログ信号である2以上のチャネルのもの　　8

(6) ディジタル信号1又は2以上のチャネルとアナログ信号の1又は2以上のチャネルを複合したもの　　9

(7) その他のもの　　X

三　伝送情報の型式　記号

(1) 無情報　　N

(2) 電信

　(一) 聴覚受信を目的とするもの　　A

　(二) 自動受信を目的とするもの　　B

(3) ファクシミリ　　C

(4) データ伝送，遠隔測定又は遠隔指令　　D

(5) 電話（音響の放送を含む。）　　E

(6) テレビジョン（映像に限る。）　　F

(7) (1) から (6) までの型式の組合せのもの　　W

(8) その他のもの　　X

電波の型式は免許状等に次の例のように表示されます。

G1D

① 角度変調・位相変調

② ディジタル信号である単一チャネルのもの・変調のための副搬送波を使用しないもの

③ データ伝送，遠隔測定又は遠隔指令

F3E

① 角度変調・周波数変調

② アナログ信号である単一チャネルのもの

③ 電話（音響の放送を含む。）

3.3　電波の質

電波法
第28条　送信設備に使用する電波の周波数の偏差及び幅，高調波の強度等電波の質は，総務省令で定めるところに適合するものでなければならない。

　送信設備から発射された電波は，安定で良好な通信を行うことができ，しかも他の無線局等に妨害を与えることのないように，電波の質が定められていま

す。電波の質の詳細については，無線設備規則に規定されています。これらの詳細な値を規定している別表は省略します。

（1）電波の周波数の偏差

無線設備規則
第５条　送信設備に使用する電波の周波数の許容偏差は，別表第一号に定めるとおりとする。

発射しようとする周波数と送信された電波の周波数とのずれのことです。局種や周波数帯によって偏差が規定されています。

（2）電波の周波数の幅（占有周波数帯幅）の許容値

無線設備規則
第６条　発射電波に許容される占有周波数帯幅の値は，別表第二号に定めるとおりとする。

（3）高調波の強度等（スプリアス発射の強度の許容値）

無線設備規則
第７条　スプリアス発射又は不要発射の強度の許容値は，別表第三号に定めるとおりとする。

必要とする電波の発射以外の不要な電波のことです。発射電波の周波数の2倍，3倍等の整数倍の周波数の発射を高調波，1/2，1/3等の整数分の1の周波数の発射を低調波，発射電波の周波数と関係のない発射を寄生発射といい，これらを総称してスプリアス発射といます。

3.4　安全施設等
（1）　安全施設

電波法
第30条　無線設備には，人体に危害を及ぼし，又は物件に損傷を与えることがないように，総務省令で定める施設をしなければならない。

電波法施行規則
第21条の2　無線設備は，破損，発火，発煙等により人体に危害を及ぼし，又は物件に損傷を与えることがあってはならない。

（2）電波の強度に対する安全施設

　人体に影響を及ぼすことのない電波の強さの基準が，電気通信技術審議会答申（平成2年6月）「電波利用における人体の防護指針」（「電波防護指針」）に規定されています。これに基づき無線設備の安全施設が電波法施行規則に規定されています。

電波法施行規則
第21条の3　無線設備には，当該無線設備から発射される電波の強度（電界強度，磁界強度，電力束密度及び磁束密度をいう。以下同じ。）が別表第二号の三の二に定める値を超える場所（人が通常，集合し，通行し，その他出入りする場所に限る。）に取扱者のほか容易に出入りすることができないように，施設をしなければならない。ただし，次の各号に掲げる無線局の無線設備については，この限りではない。
　一　平均電力が20ミリワット以下の無線局の無線設備
　二　移動する無線局の無線設備
　三　地震，台風，洪水，津波，雪害，火災，暴動その他非常の事態が発生し，又は発生するおそれがある場合において，臨時に開設する無線局の無線設備
　四　前3号に掲げるもののほか，この規定を適用することが不合理であるものとして総務大臣が別に告示する無線局の無線設備
2　前項の電波の強度の算出方法及び測定方法については，総務大臣が別に告示する。

（3）人体にばく露される電波の許容値

無線設備規則
第14条の2　人体（側頭部及び両手を除く。）にばく露される電波の許容値は，次のとおりとする。
　一　無線局の無線設備（送信空中線と人体（側頭部及び両手を除く。）との距離が20センチメートルを超える状態で使用するものを除く。）から人体（側頭部及び両手を除く。）にばく露される電波の許容値は，次の表の第1欄に掲げる無線局及び同表の第2欄に掲げる発射される電波の周波数帯の区分に応じ，それぞれ同表の第3欄に掲げる測定項目について，同表の第3欄に掲げる許容値のとおりとする。
　［省略］
　二，三　［省略］
2　人体側頭部にばく露される電波の許容値は，次のとおりとする。

5

一　無線局の無線設備（携帯して使用するために開設する無線局のものであって，人体側頭部に近接した状態において電波を送信するものに限る。）から人体側頭部にばく露される電波の許容値は，次の表の第1欄に掲げる無線局及び同表の第2欄に掲げる発射される電波の周波数帯の区分に応じ，それぞれ同表の第3欄に掲げる測定項目について，同表の第4欄に掲げる許容値のとおりとする。

［省略］

二, 三　［省略］

3　前2項に規定する比吸収率の測定方法については，総務大臣が別に告示する。

4　第1項及び第2項に規定する入射電力密度の測定方法については，総務大臣が別に告示する。

　表には，無線局，周波数帯，測定項目の区分ごとに許容値が規定されています。人体（側頭部及び両手を除く。）にばく露される電波の許容値のうち，携帯無線通信を行う陸上移動局で，100 kHz 以上 6 GHz 以下の周波数帯において，人体（側頭部及び四肢を除く。）における比吸収率（電磁界にさらされたことによって任意の生体組織 10 グラムが任意の 6 分間に吸収したエネルギーを 10 グラムで除し，更に 6 分で除して得た値をいう。以下同じ。）の許容値は，毎キログラム当たり 2 ワット以下が規定されています。

　携帯電話等の人体に近接して使用する無線設備について，人体に吸収される電波の許容値です。一般に局所ＳＡＲと呼ばれる値です。

（4）高圧電気に対する安全施設

人体を高圧電気から保護する規定です。

電波法施行規則

第 22 条　高圧電気（高周波若しくは交流の電圧 300 ボルト又は直流の電圧 750 ボルトをこえる電気をいう。以下同じ。）を使用する電動発電機，変圧器，ろ波器，整流器その他の機器は，外部より容易にふれることができないように，絶縁しゃへい体又は接地された金属しゃへい体の内に収容しなければならない。但し，取扱者のほか出入できないように設備した場所に装置する場合は，この限りでない。

電波法施行規則

第 23 条　送信設備の各単位装置相互間をつなぐ電線であって高圧電気を

通ずるものは，線溝若しくは丈夫な絶縁体又は接地された金属しゃへい体の内に収容しなければならない。但し，取扱者のほか出入できないように設備した場所に装置する場合は，この限りでない。

電波法施行規則
第24条 送信設備の調整盤又は外箱から露出する電線に高圧電気を通ずる場合においては，その電線が絶縁されているときであっても，電気設備に関する技術基準を定める省令（昭和40年通商産業省令第61号）の規定するところに準じて保護しなければならない。

電波法施行規則
第25条 送信設備の空中線，給電線若しくはカウンターポイズであって高圧電気を通ずるものは，その高さが人の歩行その他起居する平面から2.5メートル以上のものでなければならない。但し，次の各号の場合は，この限りでない。
一 2.5メートルに満たない高さの部分が，人体に容易にふれない構造である場合又は人体が容易にふれない位置にある場合
二 移動局であって，その移動体の構造上困難であり，且つ，無線従事者以外の者が出入しない場所にある場合

　車両等の陸上移動局の場合では，電力が小さいので高圧電気が発生することが少なく，また，無線従事者のみが出入できるような構造ではないので，この規定が適用されることはほとんどありません。船舶局の場合では，通信室の空中線系に高圧電気が発生するのでこれらの規定に適合するようにしなければなりません。「起居する平面」等も船舶局の場合にデッキが何階にも分かれている場合等に適用するための規定です。
　カウンターポイズとは，直接大地に接地することが困難な場所で，垂直接地アンテナ等を接地する場合に使用される接地方式です。大地と平行に銅線網を張りめぐらせる構造のもの等があります。

用語解説

　範囲を表す表現の内，「以上」は，その値を含みそこから上の値を表します。「超え」は，その値を含みません。「以下」は，その値を含みそこから下の値を表します。「未満」は，その値を含みません。

（5）空中線等の保安施設

落雷から人命や無線設備を守るための規定です。

電波法施行規則
第26条　無線設備の空中線系には避雷器又は接地装置を，また，カウン
　　ターポイズには接地装置をそれぞれ設けなければならない。ただし，
　　26.175MHz を超える周波数を使用する無線局の無線設備及び陸上移動局
　　又は携帯局の無線設備の空中線については，この限りでない。

　船舶局等の海上移動業務では，4MHz を超え 26.175MHz の周波数を使用する
無線設備を短波帯の無線設備として取り扱います。

（6）保護装置

無線設備規則
第8条　真空管に使用する水冷装置には，冷却水の異状に対する警報装置
　　又は電源回路の自動しゃ断器を装置しなければならない。
2　　陽極損失1キロワット以上の真空管に使用する強制空冷装置には，送
　　風の異状に対する警報装置又は電源回路の自動しゃ断器を装置しなけれ
　　ばならない。

無線設備規則
第9条　前条に規定するものの外，無線設備の電源回路には，ヒューズ又
　　は自動しゃ断器を装置しなければならない。但し，負荷電力 10 ワット以
　　下のものについては，この限りでない。

　無線設備に異状が生じた場合に，その無線設備や他の物件に損傷を与えない
ようにするための規定です。特に，送信機の終段に使用されている真空管（半
導体を含む。）は，水冷や空冷により大量の発熱を冷却しているので，それらの
異状による真空管等の損壊を防ぐために規定されています。

3.5　周波数測定装置
（1）周波数測定装置の備えつけ

電波法
第31条　総務省令で定める送信設備には，その誤差が使用周波数の許容
　　偏差の2分の1以下である周波数測定装置を備えつけなければならない。

（2） 無線設備の機器の検定

電波法
第37条 次に掲げる無線設備の機器は，その型式について，総務大臣の行う検定に合格したものでなければ，施設してはならない。ただし，総務大臣が行う検定に相当する型式検定に合格している機器その他の機器であって総務省令で定めるものを施設する場合は，この限りでない。

一　第31条の規定により備え付けなければならない周波数測定装置

二　船舶安全法第2条（同法第29条ノ7の規定に基づく政令において準用する場合を含む。）の規定に基づく命令により船舶に備えなければならないレーダー

三　船舶に施設する救命用の無線設備の機器であって総務省令で定めるもの

四　第33条の規定により備えなければならない無線設備の機器（前号に掲げるものを除く。）

五　第34条本文に規定する船舶地球局の無線設備の機器

六　航空機に施設する無線設備の機器であって総務省令で定めるもの

　総務大臣の行う検定は，国立研究開発法人情報通信研究機構又は試験業務受託機関で行われています。

3.6　周波数の安定のための条件

（1）送信装置の周波数の安定のための条件

無線設備規則
第15条 周波数をその許容偏差内に維持するため，送信装置は，できる限り電源電圧又は負荷の変化によって発振周波数に影響を与えないものでなければならない。

2　周波数をその許容偏差内に維持するため，発振回路の方式は，できる限り外囲の温度若しくは湿度の変化によって影響を受けないものでなければならない。

3　移動局（移動するアマチュア局を含む。）の送信装置は，実際上起り得る振動又は衝撃によっても周波数をその許容偏差内に維持するものでなければならない。

　送信周波数は，外部の温度や電源電圧の変動等によって変動しやすいので，条件が規定されています。また，電源電圧，負荷，温度，湿度等の変化は回路

によって補償できますが，振動は補償することが難しいので「許容偏差内に維持する」ように規定されています。

移動局とは，船舶局や陸上移動局等の移動して運用する無線局のことです。アマチュア局は，移動する局としても免許されますが，定義上は移動局に含まないので，別記してあります。

（2）水晶発振子の条件

無線設備規則
第16条 水晶発振回路に使用する水晶発振子は，周波数をその許容偏差内に維持するため，次の条件に適合するものでなければならない。

一 発振周波数が当該送信装置の水晶発振回路により又はこれと同一の条件の回路によりあらかじめ試験を行って決定されているものであること。

二 恒温槽を有する場合は，恒温槽は水晶発振子の温度係数に応じてその温度変化の許容値を正確に維持するものであること。

恒温槽は，ヒータと温度制御素子とからなる回路で，水晶発振子を一定の温度に保つ装置です。

3.7 送信空中線

（1）送信空中線の型式及び構成等

無線設備規則
第20条 送信空中線の型式及び構成は，次の各号に適合するものでなければならない。

一 空中線の利得及び能率がなるべく大であること。

二 整合が十分であること。

三 満足な指向特性が得られること。

無線設備規則
第21条 次の各号に掲げる業務を行うことを目的とする無線局を開設しようとする者に対しては，空中線の利得，指向特性等に関する資料の提出を求めることがある。

一 放送区域の特定する放送業務

二 国際通信の業務

三 無線標識業務及び無線航行業務

四 その他通信の相手方を特定する無線通信の業務

　空中線とは，アンテナのことです。空中線の指向特性とは，各方向へどれだけ強く電波を送受信できるかの性能のことです。利得とは，最大放射方向に空中線を向けたとき，同一の距離で同一の電界を生ずるために，基準とする空中線と試験する空中線との入力電力の比のことです。

(2) 空中線の指向特性

無線設備規則
第22条　空中線の指向特性は，次に掲げる事項によって定める。
　一　主輻射方向及び副輻射方向
　二　水平面の主輻射の角度の幅
　三　空中線を設置する位置の近傍にあるものであって電波の伝わる方向を乱すもの
　四　給電線よりの輻射

主輻射の角度の幅は，一般に半値角で表されます。

3.8　副次的に発する電波等の限度

受信機の局部発振回路等からの漏れ電波の限度等を規定しています。

電 波 法
第29条　受信設備は，その副次的に発する電波又は高周波電流が，総務省令で定める限度をこえて他の無線設備の機能に支障を与えるものであってはならない。

無線設備規則
第24条　法第29条に規定する副次的に発する電波が他の無線設備の機能に支障を与えない限度は，受信空中線と電気的常数の等しい疑似空中線回路を使用して測定した場合に，その回路の電力が4ナノワット以下でなければならない。
2　特定小電力無線局（2,400 MHz 以上 2,483.5 MHz 以下の周波数の電波を使用するものに限る。）並びに構内無線局（2,425 MHz を超え 2,475 MHz 以下の周波数の電波を使用するものであって周波数ホッピング方式を用いるものに限る。），移動体検知センサー用の特定小電力無線局（57 GHz を超え 66 GHz 以下の周波数の電波を使用するものに限る。），小電力データ通信システムの無線局及び 5.2 GHz 帯高出力データ通信システムの無線局の受信装置については，前項の規定にかかわらず，それぞれ次のとおりとする。

一　特定小電力無線局（2,400 MHz 以上 2,483.5 MHz 以下の周波数の電波を使用するものに限る。）並びに構内無線局（2,425 MHz を超え 2,475 MHz 以下の周波数の電波を使用するものであって周波数ホッピング方式を用いるものに限る。），移動体検知センサー用の特定小電力無線局（57 GHz を超え 66 GHz 以下の周波数の電波を使用するものであってキャリアセンスを備え付けているものに限る。），小電力データ通信システムの無線局及び 5.2 GHz 帯高出力データ通信システムの無線局の受信装置

周波数帯	副次的に発する電波の限度
1 GHz 未満	4 ナノワット
1 GHz 以上	20 ナノワット

二　［省略］

3 〜 34　［省略］

　小電力データ通信システムは，無線 LAN 等に使用される無線局で 2.4GHz 帯及び 5 GHz 帯の周波数の電波を使用しています。

3.9　人工衛星局の条件

（1）電波の発射の停止

電波法
第 36 条の 2　人工衛星局の無線設備は，遠隔操作により電波の発射を直ちに停止することのできるものでなければならない。

2　人工衛星局は，その無線設備の設置場所を遠隔操作により変更することができるものでなければならない。ただし，総務省令で定める人工衛星局については，この限りでない。

（2）人工衛星局の位置の維持

電波法施行規則
第 32 条の 4　対地静止衛星に開設する人工衛星局（実験試験局を除く。）であって，固定地点の地球局相互間の無線通信の中継を行うものは，公称されている位置から経度の ± 0.1 度以内にその位置を維持することができるものでなければならない。

2　対地静止衛星に開設する人工衛星局（一般公衆によって直接受信され

るための無線電話，テレビジョン，データ伝送又はファクシミリによる無線通信業務を行うことを目的とするものに限る。）は，公称されている位置から緯度及び経度のそれぞれ±0.1度以内にその位置を維持することができるものでなければならない。

3　対地静止衛星に開設する人工衛星局であって，前2項の人工衛星局以外のものは，公称されている位置から経度の±0.5度以内にその位置を維持することができるものでなければならない。

電波法施行規則
第32条の5　法第36条の2第2項ただし書の総務省令で定める人工衛星局は，対地静止衛星に開設する人工衛星局以外の人工衛星局とする。

　対地静止衛星に開設する人工衛星局の設置場所は，対地静止衛星軌道の経度，経度及び緯度の変動幅で表されます。

演習問題

問1　次に示す電波の型式の表示について，各記号の示すものは何か。電波法施行規則に規定するところを述べよ。
　　① F3E
　　② P0N
〔参照条文：施4条の2〕

問2　電波の質について，電波法に規定するところを述べよ。
〔参照条文：法28条〕

問3　電波の強度に対する安全施設について，電波法施行規則に規定するところを述べよ。
〔参照条文：施21条の3〕

問4　高圧電気に対する安全施設について，電波法施行規則に規定するところを述べよ。
〔参照条文：施22条～施25条〕

問5　送信空中線の型式及び構成並びに指向特性について，無線設備規則に規定するところを述べよ。
〔参照条文：設20条，設22条〕

問6　副次的に発する電波等の限度について，電波法及び無線設備規則に
規定するところを述べよ。

〔参照条文：法29条，設24条〕

4　無線従事者

　無線従事者とは，法第2条の定義に「無線設備の操作又はその監督を行う者
であって，総務大臣の免許を受けたものをいう。」と定められています。

4.1　無線設備の操作

　資格設定の基準として，無線設備の操作は次のように分けられます。

　通信操作　電鍵を操作して符号を送ったり，マイクロホンで話すこと等によ
り，通信を行う操作のことです。

　技術操作　通信操作に伴って，無線設備を調整する操作及びこれに付随する
操作をいいます。電源の開閉や送信機の調整等の技術的な操作のことです。

　また，通信操作と独立して，工場等で無線設備を製造し調整する作業は，無
線設備の技術操作ではありません。

（1）無線設備の操作及びその監督

電波法
第39条　第40条の定めるところにより無線設備の操作を行うことができ
る無線従事者（＊1）以外の者は，無線局（アマチュア無線局を除く。
以下この条において同じ。）の無線設備の操作の監督を行う者（以下「主
任無線従事者」という。）として選任された者であって第4項の規定によ
りその選任の届出がされたものにより監督を受けなければ，無線局の無
線設備の操作（簡易な操作であって総務省令で定めるものを除く。）を行
ってはならない。ただし，船舶又は航空機が航行中であるため無線従事
者を補充することができないとき，その他総務省令で定める場合は，こ
の限りでない。

2　モールス符号を送り，又は受ける無線電信の操作その他総務省令で定
める無線設備の操作は，前項本文の規定にかかわらず，第40条の定める
ところにより，無線従事者でなければ行ってはならない。

3　主任無線従事者は，第40条の定めるところにより無線設備の操作の監
督を行うことができる無線従事者であって，総務省令で定める事由に該

当しないものでなければならない。

4　無線局の免許人等は，主任無線従事者を選任したときは，遅滞なく，その旨を総務大臣に届け出なければならない。これを解任したときも，同様とする。

5　前項の規定によりその選任の届出がされた主任無線従事者は，無線設備の操作の監督に関し総務省令で定める職務を誠実に行わなければならない。

6　第4項の規定によりその選任の届出がされた主任無線従事者の監督の下に無線設備の操作に従事する者は，当該主任無線従事者が前項の職務を行うため必要であると認めてする指示に従わなければならない。

7　無線局（総務省令で定めるものを除く。）の免許人等は，第4項の規定によりその選任の届出をした主任無線従事者に，総務省令で定める期間ごとに，無線設備の操作の監督に関し総務大臣の行う講習を受けさせなければならない。

＊1　義務船舶局等の無線設備であって総務省令で定めるものの操作については，第48条の2第1項の船舶局無線従事者証明を受けている無線従事者。以下この条において同じ。

　主任無線従事者として無線局に選任された者は，無資格者に対し，無線設備の操作を監督して行わせることができます。監督の職務には，その場にいること（臨場性），随時適当な指示が出せること（指示可能性），長期的に監督を行うことができること（継続性）が要求されます。

　無線局の免許人等は，無線従事者を選任又は解任したときは，遅滞なく，その旨を総務大臣に届け出なければなりません。無線局の運用は特定の無線従事者が行うことになるので，免許人等に選（解）任届を提出させることによって，総務大臣が無線従事者を把握し監督します。

（2）簡易な無線設備の操作及び無線設備の操作の特例（陸上関係）

　無線従事者の資格のない者が無線設備の操作を行うことができる場合は，次のとおりです。

電波法施行規則
第33条　法第39条第1項本文の総務省令で定める簡易な操作は，次のとおりとする。ただし，第34条の2各号に掲げる無線設備の操作を除く。
　一　法第4条第1項第一号から第三号までに規定する免許を要しない

無線局の無線設備の操作

二　法第27条の2に規定する特定無線局（同条第一号に掲げるもの（航空機地球局にあっては，航空機の安全運航又は正常運航に関する通信を行わないものに限る。）に限る。）の無線設備の通信操作及び当該無線設備の外部の転換装置で電波の質に影響を及ぼさないものの技術操作

三　[省略]

四　次に掲げる無線局（特定無線局に該当するものを除く。）の無線設備の通信操作

(1)　陸上に開設した無線局（海岸局（(2)に掲げるものを除く。），航空局，船上通信局，無線航行局及び海岸地球局並びに次号(4)の航空地球局を除く。）

(2)　海岸局（船舶自動識別装置及びVHFデータ交換装置に限る。）

(3)　船舶局（船舶自動識別装置及びVHFデータ交換装置に限る。）

(4)　携帯局

(5)　船舶地球局（船舶自動識別装置に限る。）

(6)　航空機地球局（航空機の安全運航又は正常運航に関する通信を行わないものに限る。）

(7)　携帯移動地球局

五　[省略]

六　次に掲げる無線局（適合表示無線設備のみを使用するものに限る。）の無線設備の外部の転換装置で電波の質に影響を及ぼさないものの技術操作

(1)基地局（＊1）

(2)陸上移動中継局（＊2）

(3)簡易無線局

(4)構内無線局

(5)無線標定陸上局その他の総務大臣が別に告示する無線局

七　次に掲げる無線局（特定無線局に該当するものを除く。）の無線設備の外部の転換装置で電波の質に影響を及ぼさないものの技術操作で他の無線局の無線従事者（＊3）に管理されるもの

(1)基地局（陸上移動中継局の中継により通信を行うものに限る。）

(2)陸上移動局

(3)携帯局

(4)簡易無線局（前号に該当するものを除く。）

(5)VSAT地球局

(6)航空機地球局，携帯移動地球局その他の総務大臣が別に告示する

無線局

八　前各号に掲げるもののほか，総務大臣が別に告示するもの

＊1　第15条の2第2項第二号に規定するものであって，設備規則第49
条の6の4第1項及び第3項，第49条の6の5第1項及び第3項，第
49条の6の9第1項及び第3項，第49条の6の10第1項及び第5項，
第49条の28第1項，第2項，第5項及び第7項又は第49条の29第1項，
第2項，第5項及び第7項に規定する技術基準に適合する無線設備を使
用するものに限る。以下「フェムトセル基地局」という。

＊2　設備規則第49条の6又は第49条の6の10に規定する技術基準に
適合する無線設備を使用するものであって，屋内その他他の無線局の運
用を阻害するような混信その他の妨害を与えるおそれがない場所に設置
するものに限る。以下「特定陸上移動中継局」という。

＊3　他の無線局が外国の無線局である場合は，当該他の無線局の無線設
備を操作することができる法第40条第1項の無線従事者の資格を有す
る者であって，総務大臣が告示で定めるところにより，免許人が当該技
術操作を管理する者として総合通信局長に届け出たものを含む。

電波法施行規則
第33条の2　法第39条第1項ただし書の規定により，無線従事者の資格
のない者が無線設備の操作を行うことができる場合は，次のとおりとす
る。

一　［省略］

二　非常通信業務を行う場合であって，無線従事者を無線設備の操作に
充てることができないとき，又は主任無線従事者を無線設備の操作の
監督に充てることができないとき。

［以下省略］

4.2　主任無線従事者

主任無線従事者は，免許人等から無線局の無線設備の操作の監督を行う者とし
て選任された者であって，総務大臣に対し選任の届けがなされた者をいいます。

（1）主任無線従事者の非適格事由

電波法施行規則
第34条の3　法第39条第3項の総務省令で定める事由は，次のとおりと

する。
　一　法第 42 条第一号に該当する者であること。
　二　法第 79 条第 1 項第一号（同条第 2 項において準用する場合を含む。）
　　の規定により業務に従事することを停止され，その処分の期間が終了
　　した日から 3 箇月を経過していない者であること。
　三　主任無線従事者として選任される日以前 5 年間において無線局（無
　　線従事者の選任を要する無線局でアマチュア局以外のものに限る。）の
　　無線設備の操作又はその監督の業務に従事した期間が 3 箇月に満たな
　　い者であること。

（2）主任無線従事者の職務

　主任無線従事者は，無線設備の操作の監督に関し，総務省令で定める次の職
務を誠実に行わなければなりません。

電波法施行規則
第 34 条の 5　法第 39 条第 5 項の総務省令で定める職務は，次のとおりと
する。
　一　主任無線従事者の監督を受けて無線設備の操作を行う者に対する訓
　　練（実習を含む。）の計画を立案し，実施すること。
　二　無線設備の機器の点検若しくは保守を行い，又はその監督を行うこ
　　と。
　三　無線業務日誌その他の書類を作成し，又はその作成を監督すること
　　（記載された事項に関し必要な措置を執ることを含む。）。
　四　主任無線従事者の職務を遂行するために必要な事項に関し免許人等
　　又は法第 70 条の 9 第 1 項の規定により登録局を運用する当該登録局
　　の登録人以外の者に対して意見を述べること。
　五　その他無線局の無線設備の操作の監督に関し必要と認められる事項

（3）主任無線従事者の講習の期間

電波法施行規則
第 34 条の 7　法第 39 条第 7 項の規定により，免許人等又は法第 70 条の
　9 第 1 項の規定により登録局を運用する当該登録局の登録人以外の者は，
　主任無線従事者を選任したときは，当該主任無線従事者に選任の日から 6
　箇月以内に無線設備の操作の監督に関し総務大臣の行う講習を受けさせ
　なければならない。
2　免許人等又は法第 70 条の 9 第 1 項の規定により登録局を運用する当

該登録局の登録人以外の者は，前項の講習を受けた主任無線従事者にその講習を受けた日から5年以内に講習を受けさせなければならない。当該講習を受けた日以降についても同様とする。

3　前2項の規定にかかわらず，船舶が航行中であるとき，その他総務大臣が当該規定によることが困難又は著しく不合理であると認めるときは，総務大臣が別に告示するところによる。

主任無線従事者の講習を受けると講習修了証が交付されます。

4.3　無線従事者の資格の種類

電波法
第40条　無線従事者の資格は，次の各号に掲げる区分に応じ，それぞれ当該各号に掲げる資格とする。

一　無線従事者（総合）　次の資格

イ　第一級総合無線通信士［一総通］

ロ　第二級総合無線通信士［二総通］

ハ　第三級総合無線通信士［三総通］

二　無線従事者（海上）　次の資格

イ　第一級海上無線通信士［一海通］

ロ　第二級海上無線通信士［二海通］

ハ　第三級海上無線通信士［三海通］

ニ　第四級海上無線通信士［四海通］

ホ　政令で定める海上特殊無線技士

三　無線従事者（航空）　次の資格

イ　航空無線通信士［航空通］

ロ　政令で定める航空特殊無線技士

四　無線従事者（陸上）　次の資格

イ　第一級陸上無線技術士［一陸技］

ロ　第二級陸上無線技術士［二陸技］

ハ　政令で定める陸上特殊無線技士

五　無線従事者（アマチュア）　次の資格

イ　第一級アマチュア無線技士［一アマ］

ロ　第二級アマチュア無線技士［二アマ］

ハ　第三級アマチュア無線技士［三アマ］

ニ　第四級アマチュア無線技士［四アマ］

2　前項第一号から第四号までに掲げる資格を有する者の行い，又はその監督を行うことができる無線設備の操作の範囲及び同項第五号に掲げる資格を有する者の行うことができる無線設備の操作の範囲は，資格別に政令で定める。

[　]内は資格名の略記です。

電波法施行令
第2条　法第40条第1項第二号ホの政令で定める海上特殊無線技士は，次のとおりとする。
一　第一級海上特殊無線技士［一海特］
二　第二級海上特殊無線技士［二海特］
三　第三級海上特殊無線技士［三海特］
四　レーダー級海上特殊無線技士［レーダー特］
2　法第40条第1項第三号ロの政令で定める航空特殊無線技士は，航空特殊無線技士［航空特］とする。
3　法第40条第1項第四号ハの政令で定める陸上特殊無線技士は，次のとおりとする。
一　第一級陸上特殊無線技士［一陸特］
二　第二級陸上特殊無線技士［二陸特］
三　第三級陸上特殊無線技士［三陸特］
四　国内電信級陸上特殊無線技士［国内電信特］

電波法施行令
第3条　次の表の左欄に掲げる資格の無線従事者は，それぞれ，同表の右欄に掲げる無線設備の操作（アマチュア無線局の無線設備の操作を除く。以下この項において同じ。）を行い，並びに当該操作のうちモールス符号を送り，又は受ける無線電信の通信操作（以下この条において「モールス符号による通信操作」という。）及び法第39条第2項の総務省令で定める無線設備の操作以外の操作の監督を行うことができる。[表に記載のある資格以外は省略]

資　格	操作の範囲
第一級総合無線通信士	一　無線設備の通信操作 二　船舶及び航空機に施設する無線設備の技術操作 三　前号に掲げる操作以外の操作で第二級陸上無線技術士の操作の範囲に属するもの

第一級陸上無線技術士	無線設備の技術操作
第二級陸上無線技術士	次に掲げる無線設備の技術操作 一　空中線電力 2 キロワット以下の無線設備（テレビジョン基幹放送局の無線設備を除く。） 二　テレビジョン基幹放送局の空中線電力 500 ワット以下の無線設備 三　レーダーで第一号に掲げるもの以外のもの 四　第一号及び前号に掲げる無線設備以外の無線航行局の無線設備で960メガヘルツ以上の周波数の電波を使用するもの
第一級陸上特殊無線技士	一　陸上の無線局の空中線電力500ワット以下の多重無線設備（多重通信を行うことができる無線設備でテレビジョンとして使用するものを含む。）で 30 メガヘルツ以上の周波数の電波を使用するものの技術操作 二　前号に掲げる操作以外の操作で第二級陸上特殊無線技士の操作の範囲に属するもの

4.4　無線従事者の免許

（1）免許の取得

電波法
第41条　無線従事者になろうとする者は，総務大臣の免許を受けなければならない。

2　無線従事者の免許は，次の各号のいずれかに該当する者（第二号から第四号までに該当する者にあっては，第 48 条第 1 項後段の規定により期間を定めて試験を受けさせないこととした者で，当該期間を経過しないものを除く。）でなければ，受けることができない。

一　前条第 1 項の資格別に行う無線従事者国家試験に合格した者

二　前条第 1 項の資格（総務省令で定めるものに限る。）の無線従事者の養成課程で，総務大臣が総務省令で定める基準に適合するものであることの認定をしたものを修了した者

三　次に掲げる学校教育法（昭和 22 年法律第 26 号）による学校において次に掲げる当該学校の区分に応じ前条第 1 項の資格（総務省令で定

めるものに限る。）ごとに総務省令で定める無線通信に関する科目を修めて卒業した者（同法による専門職大学の前期課程にあっては，修了した者）

　イ　大学（短期大学を除く。）

　ロ　短期大学（学校教育法による専門職大学の前期課程を含む。）又は高等専門学校

　ハ　高等学校又は中等教育学校

四　前条第1項の資格（総務省令で定めるものに限る。）ごとに前3号に掲げる者と同等以上の知識及び技能を有する者として総務省令で定める同項の資格及び業務経歴その他の要件を備える者

　第三号イの学校では，二海特，三海特及び一陸特の資格，ロの学校では二海特，三海特及び二陸特の資格，ハの学校では，二海特及び三海特の資格の免許を得ることができます。

（2）無線従事者国家試験

電波法
第44条　無線従事者国家試験は，無線設備の操作に必要な知識及び技能について行う。

電波法
第45条　無線従事者国家試験は，第40条の資格別に，毎年少なくとも1回総務大臣が行う。

電波法
第46条　総務大臣は，その指定する者（以下「指定試験機関」という。）に，無線従事者国家試験の実施に関する事務（以下「試験事務」という。）の全部又は一部を行わせることができる。

2～4　［省略］

電波法
第48条　無線従事者国家試験に関して不正の行為があったときは，総務大臣は，当該不正行為に関係のある者について，その受験を停止し，又はその試験を無効とすることができる。この場合においては，なお，その者について，期間を定めて試験を受けさせないことができる。

2　指定試験機関は，試験事務の実施に関し前項前段に規定する総務大臣の職権を行うことができる。

　無線従事者国家試験は，総務大臣の指定を受けた公益財団法人日本無線協会が実施しています。

(3) 免許が与えられない場合

電波法
第42条　次の各号のいずれかに該当する者に対しては，無線従事者の免許を与えないことができる。
　一　第9章の罪を犯し罰金以上の刑に処せられ，その執行を終わり，又はその執行を受けることがなくなった日から2年を経過しない者
　二　第79条第1項第一号又は第二号の規定により無線従事者の免許を取り消され，取消しの日から2年を経過しない者
　三　著しく心身に欠陥があって無線従事者たるに適しない者

無線従事者規則
第45条　法第42条の規定により免許を与えない者は，次の各号のいずれかに該当する者とする。
　一　法第42条第一号又は第二号に掲げる者（総務大臣又は総合通信局長が特に支障がないと認めたものを除く。）
　二　視覚，聴覚，音声機能若しくは言語機能又は精神の機能の障害により無線従事者の業務を適正に行うに当たって必要な認知，判断及び意思疎通を適切に行うことができない者
2　前項（第一号を除く。）の規定は，同項第二号に該当する者であって，総務大臣又は総合通信局長がその資格の無線従事者が行う無線設備の操作に支障がないと認める場合は，適用しない。
3　第1項第二号に該当する者（＊1）が次に掲げる資格の免許を受けようとするときは，前項の規定にかかわらず，第1項（第一号を除く。）の規定は適用しない。
　一　第三級陸上特殊無線技士
　二　第一級アマチュア無線技士
　三　第二級アマチュア無線技士
　四　第三級アマチュア無線技士
　五　第四級アマチュア無線技士

　＊1　精神の機能の障害により無線従事者の業務を適正に行うに当たって必要な認知，判断及び意思疎通を適切に行うことができない者を除く。

（4）免許の申請

無線従事者規則
第46条　免許を受けようとする者は，別表第十一号様式の申請書に次に
掲げる書類を添えて，総務大臣又は総合通信局長に提出しなければなら
ない。ただし，無線従事者の免許を受けていた者が，当該免許を取り消
された後に再免許の申請を行うときは，第一号（その後氏名に変更を生
じた場合を除く。）及び第四号から第六号までの書類の添付を要しない。

一　氏名及び生年月日を証する書類

二　医師の診断書（＊1）

三　写真（＊2）1枚

四　法第41条第2項第二号に規定する認定を受けた養成課程の修了証明
書等（同号に該当する者が免許を受けようとする場合に限る。）

五　法第41条第2項第三号に該当することを証する科目履修証明書，履
修内容証明書及び卒業証明書（＊3）（＊4）

六　別表第五号様式の業務経歴証明書及び第33条の講習課程の修了証明
書（＊5）

七　取消しの処分を受けた資格，免許証の番号及び取消しの年月日を記
載した書類（無線従事者の免許を受けていた者が，当該免許を取り消
された後に再免許の申請を行う場合に限る。）

2　免許を受けようとする者は，前項ただし書の場合を除き，次の各号の
いずれかに該当するときは，前項第一号の書類の添付を要しない。

一　総務大臣が住民基本台帳法（昭和42年法律第81号）第30条の9
の規定により，地方公共団体情報システム機構から免許を受けようと
する者に係る同条に規定する機構保存本人確認情報（同法第7条第八
号の二に規定する個人番号を除く。）の提供を受けるとき。

二　免許を受けようとする者が他の無線従事者免許証の交付を受けてお
り，当該無線従事者免許証の番号を前項の申請書に記載するとき。

三　免許を受けようとする者が電気通信事業法第46条第3項の規定に
より，電気通信主任技術者資格者証の交付を受けており，当該電気通
信主任技術者資格者証の番号を前項の申請書に記載するとき。

四　免許を受けようとする者が電気通信事業法第72条第2項において
準用する同法第46条第3項の規定により，工事担任者資格者証の交
付を受けており，当該工事担任者資格者証の番号を前項の申請書に記
載するとき。

＊1　第45条第1項第二号［免許の欠格事由］に該当する者（同条第3項の規定により同条第1項（第一号を除く。）の規定を適用しない者を除く。）が免許を受けようとする場合であって，総務大臣又は総合通信局長が必要と認めるときに限る。

＊2　申請前6月以内に撮影した無帽，正面，上三分身，無背景の縦30ミリメートル，横24ミリメートルのもので，裏面に申請に係る資格及び氏名を記載したものとする。第50条において同じ。

＊3　学校教育法による専門職大学の前期課程を修了した者にあっては，修了証明書

＊4　いずれの証明書も同号に該当する者が免許を受けようとする場合に限るものとし，履修内容証明書にあっては，第31条第1項の確認を受けていない学校を卒業した者（同法による専門職大学の前期課程にあっては，修了した者）が免許を受けようとする場合に限る。

＊5　いずれの証明書も法第41条第2項第四号に該当する者が免許を受けようとする場合に限るものとし，講習課程の修了証明書にあっては，第33条第1項の規定により講習課程を受けなければならない者が免許を受けようとする場合に限る。

　医師の診断書は，視覚，聴覚，音声機能若しくは言語機能又は精神の機能の障害により無線従事者の業務を適正に行うに当たって必要な認知，判断及び意思疎通を適切に行うことができない者が免許の申請をするときで，総務大臣又は総合通信局長が必要と認めるときに限られます。

4.5　無線従事者免許証

（1）免許証の交付

無線従事者規則
第47条　総務大臣又は総合通信局長は，免許を与えたときは，別表第十三号様式の免許証を交付する。

2　前項の規定により免許証の交付を受けた者は，無線設備の操作に関する知識及び技術の向上を図るように努めなければならない。

（2）免許証の携帯

電波法施行規則
第38条

10　無線従事者は，その業務に従事しているときは，免許証（法第39条又

は法第50条の規定により船舶局無線従事者証明を要することとされた者については，免許証及び船舶局無線従事者証明書）を携帯していなければならない。

（3）免許証の再交付

無線従事者規則
第50条　無線従事者は，氏名に変更を生じたとき又は免許証を汚し，破り，若しくは失ったために免許証の再交付を受けようとするときは，別表第十一号様式の申請書に次に掲げる書類を添えて総務大臣又は総合通信局長に提出しなければならない。
一　免許証（免許証を失った場合を除く。）
二　写真1枚
三　氏名の変更の事実を証する書類（氏名に変更を生じたときに限る。）

（4）免許証の返納

無線従事者規則
第51条　無線従事者は，免許の取消しの処分を受けたときは，その処分を受けた日から10日以内にその免許証を総務大臣又は総合通信局長に返納しなければならない。免許証の再交付を受けた後失った免許証を発見したときも同様とする。
2　　無線従事者が死亡し，又は失そうの宣告を受けたときは，戸籍法（昭和22年法律第224号）による死亡又は失そう宣告の届出義務者は，遅滞なく，その免許証を総務大臣又は総合通信局長に返納しなければならない。

　無線従事者の免許は有効期間が定められていませんから終身有効です。免許証を返納しなければならないのは，免許の取消しの処分を受けたとき，無線従事者が死亡し，又は失そう宣告を受けたときです。

用語解説

　「失そう宣告」とは，事故等で行方がわからなくなってしまった人について，家族等が裁判所に請求して，その人が死んだものとみなしてもらう宣告を受けることです（民法31条）。また届出義務者は，家族や身近にいる人等のことです（戸籍法第87条）。

演習問題

問1 主任無線従事者の非適格事由について，電波法施行規則に規定するところを述べよ。

〔参照条文：施 34 条の 3〕

問2 無線従事者の免許が与えられないことがある者について，電波法及び無線従事者規則に規定するところを述べよ。

〔参照条文：法 42 条，従 45 条〕

5 運 用

　無線局の運用は，無線設備と無線従事者が一体となって活動状態にあることをいい，無線設備の操作から派生する業務である通信の記録なども含まれます。

5.1　目的外使用の禁止等

(1) 目的外通信

電波法
第 52 条　無線局は，免許状に記載された目的又は通信の相手方若しくは通信事項（特定地上基幹放送局については放送事項）の範囲を超えて運用してはならない。ただし，次に掲げる通信については，この限りでない。
　一　遭難通信（船舶又は航空機が重大かつ急迫の危険に陥った場合に遭難信号を前置する方法その他総務省令で定める方法により行う無線通信をいう。以下同じ。）
　二　緊急通信（船舶又は航空機が重大かつ急迫の危険に陥るおそれがある場合その他緊急の事態が発生した場合に緊急信号を前置する方法その他総務省令で定める方法により行う無線通信をいう。以下同じ。）
　三　安全通信（船舶又は航空機の航行に対する重大な危険を予防するために安全信号を前置する方法その他総務省令で定める方法により行う無線通信をいう。以下同じ。）
　四　非常通信（地震，台風，洪水，津波，雪害，火災，暴動その他非常の事態が発生し，又は発生するおそれがある場合において，有線通信を利用することができないか又はこれを利用することが著しく困難であるときに人命の救助，災害の救援，交通通信の確保又は秩序の維持

のために行われる無線通信をいう。以下同じ。）
五　放送の受信
六　その他総務省令で定める通信

電波法施行規則
第37条　次に掲げる通信は，法第52条第六号の通信とする。この場合において，第一号の通信を除くほか，船舶局についてはその船舶の航行中，航空機局についてはその航空機の航行中又は航行の準備中に限る。ただし，運用規則第40条第一号及び第三号並びに第142条第一号の規定の適用を妨げない。
一　無線機器の試験又は調整をするために行う通信
二〜二十三　［省略］
二十四　電波の規正に関する通信
二十五　法第74条第1項に規定する通信の訓練のために行う通信
二十六〜三十二　［省略］
三十三　人命の救助又は人の生命，身体若しくは財産に重大な危害を及ぼす犯罪の捜査若しくはこれらの犯罪の現行犯人若しくは被疑者の逮捕に関し急を要する通信（他の電気通信系統によっては当該通信の目的を達することが困難である場合に限る。）

　遭難通信は船舶が沈没するとき等に，緊急通信は船舶の火災のとき等に，安全通信は気象の急変のとき等に船舶及び航空機の航行の安全のために行われる通信です。非常通信は陸上で緊急事態が発生したときに行われる通信です。

（2）免許状記載事項の遵守

電波法
第53条　無線局を運用する場合においては，無線設備の設置場所，識別信号，電波の型式及び周波数は，その無線局の免許状又は第27条の22第1項の登録状（次条第一号及び第103条の2第4項第二号において「免許状等」という。）に記載されたところによらなければならない。ただし，遭難通信については，この限りでない。

電波法
第54条　無線局を運用する場合においては，空中線電力は，次の各号の定めるところによらなければならない。ただし，遭難通信については，この限りでない。
一　免許状等に記載されたものの範囲内であること。

二　通信を行うため必要最小のものであること。

電波法
第55条　無線局は，免許状に記載された運用許容時間内でなければ，運用してはならない。ただし，第52条各号に掲げる通信を行う場合及び総務省令で定める場合は，この限りでない。

5.2　混信等の防止

電波法
第56条　無線局は，他の無線局又は電波天文業務（宇宙から発する電波の受信を基礎とする天文学のための当該電波の受信の業務をいう。）の用に供する受信設備その他の総務省令で定める受信設備（無線局のものを除く。）で総務大臣が指定するものにその運用を阻害するような混信その他の妨害を与えないように運用しなければならない。但し，第52条第一号から第四号までに掲げる通信については，この限りでない。

2　前項に規定する指定は，当該指定に係る受信設備を設置している者の申請により行う。

3　総務大臣は，第1項に規定する指定をしたときは，当該指定に係る受信設備について，総務省令で定める事項を公示しなければならない。

4　前2項に規定するもののほか，指定の申請の手続，指定の基準，指定の取消しその他の第1項に規定する指定に関し必要な事項は，総務省令で定める。

5.3　実験等無線局の運用
（1）擬似空中線回路の使用

電波法
第57条　無線局は，次に掲げる場合には，なるべく擬似空中線回路を使用しなければならない。
一　無線設備の機器の試験又は調整を行うために運用するとき。
二　実験等無線局を運用するとき。

　擬似空中線回路は，アンテナの替わりに送信機の出力に接続する無誘導抵抗回路で，送信電力を熱として消費させるものです。実験等無線局とは，科学又は技術の発達のための実験等を行うために開設する無線局です。研究機関やメーカー等が電波伝搬試験用に開設する無線局等があります。

(2) 暗語の使用の禁止

電波法
第58条　実験等無線局及びアマチュア無線局の行う通信には，暗語を使用してはならない。

5.4　無線通信の秘密の保護

電波法
第59条　何人も法律に別段の定めがある場合を除くほか，特定の相手方に対して行われる無線通信（電気通信事業法第4条第1項又は第164条第3項の通信であるものを除く。第109条並びに第109条の2第2項及び第3項において同じ。）を傍受してその存在若しくは内容を漏らし，又はこれを窃用してはならない。

傍受とは，聞こうという意思をもって（例えば，ダイアルを合わせて）受信することです。存在若しくは内容を漏らすことには，メモをとって他人が見ることができるようにしたり，他人に通信を聞かせたりすることも含まれます。窃用とは，通信の秘密を発信者又は受信者の意思に反して利用することです。警察無線を傍受して交通取締りを逃れる行為を発信者の意思に反して利用したとして，窃用にあたるとした判例があります。

5.5　通信方法等
(1) 呼出し又は応答の方法等

電波法
第61条　無線局の呼出し又は応答の方法その他の通信方法，時刻の照合並びに救命艇の無線設備及び方位測定装置の調整その他無線設備の機能を維持するために必要な事項の細目は，総務省令で定める。

(2) 無線通信の原則

無線局運用規則
第10条　必要のない無線通信は，これを行ってはならない。
2　　無線通信に使用する用語は，できる限り簡潔でなければならない。
3　　無線通信を行うときは，自局の識別信号を付して，その出所を明らかにしなければならない。

4 無線通信は，正確に行うものとし，通信上の誤りを知ったときは，直ちに訂正しなければならない。

(3) 発射前の措置

無線局運用規則
第19条の2 無線局は，相手局を呼び出そうとするときは，電波を発射する前に，受信機を最良の感度に調整し，自局の発射しようとする電波の周波数その他必要と認める周波数によって聴守し，他の通信に混信を与えないことを確かめなければならない。ただし，遭難通信，緊急通信，安全通信及び法第74条第1項に規定する通信を行う場合並びに海上移動業務以外の業務において他の通信に混信を与えないことが確実である電波により通信を行う場合は，この限りでない。

2 前項の場合において，他の通信に混信を与える虞があるときは，その通信が終了した後でなければ呼出しをしてはならない。

聴守は，法令によって受信が義務づけられている場合に用いられます。受信設備を機能する状態にして，そこに入ってくる通信の内容を即座に認識することができるような状態にあることです。

(4) 呼出し及び応答

基地局や陸上移動局が無線電話による呼出し及び応答をする場合は，次のとおり行います。

無線局運用規則
第20条 呼出しは，順次送信する次に掲げる事項（以下「呼出事項」という。）によって行うものとする。
　一　相手局の呼出名称　　3回以下（海上移動業務にあっては2回以下）
　二　こちらは　　　　　　1回
　三　自局の呼出名称　　　3回以下（海上移動業務にあっては2回以下）

2 ［省略］

無線局運用規則
第23条 無線局は，自局に対する呼出しを受信したときは，直ちに応答しなければならない。

2 前項の規定による応答は，順次送信する次に掲げる事項（以下「応答事項」という。）によって行うものとする。
　一　相手局の呼出名称　　3回以下（海上移動業務にあっては2回以下）

二　こちらは　　　　　１回
三　自局の呼出名称　　１回

3　前項の応答に際して直ちに通報を受信しようとするときは，応答事項の次に「どうぞ」を送信するものとする。但し，直ちに通報を受信することができない事由があるときは，「どうぞ」の代りに「お待ち下さい」及び分で表わす概略の待つべき時間を送信するものとする。概略の待つべき時間が10分以上のときは，その理由を簡単に送信しなければならない。

4　〔省略〕

（5）非常の場合の無線通信

無線局運用規則
第129条　法第74条第１項に規定する通信における通報の送信の優先順位は，次の通りとする。同順位の内容のものであるときは，受付順又は受信順に従って送信しなければならない。

一　人命の救助に関する通報
二　天災の予報に関する通報（主要河川の水位に関する通報を含む。）
三　秩序維持のために必要な緊急措置に関する通報
四　遭難者救護に関する通報（日本赤十字社の本社及び支社相互間に発受するものを含む。）
五　電信電話回線の復旧のため緊急を要する通報
六　鉄道線路の復旧，道路の修理，罹災者の輸送，救済物資の緊急輸送等のために必要な通報
七　非常災害地の救援に関し，次の機関相互間に発受する緊急な通報
　　中央防災会議並びに緊急災害対策本部，非常災害対策本部及び特定災害対策本部
　　地方防災会議等
　　災害対策本部
八　電力設備の修理復旧に関する通報
九　その他の通報

2　前項の順位によることが不適当であると認める場合は，同項の規定にかかわらず，適当と認める順位に従って送信することができる。

無線局運用規則
第131条　法第74条第１項に規定する通信において連絡を設定するための呼出し又は応答は，呼出事項又は応答事項に「非常」３回を前置して

行うものとする。

無線局運用規則
第132条 「非常」を前置した呼出しを受信した無線局は，応答する場合を除く外，これに混信を与える虞のある電波の発射を停止して傍受しなければならない。

無線局運用規則
第136条 非常通信の取扱を開始した後，有線通信の状態が復旧した場合は，すみやかにその取扱を停止しなければならない。

用語解説

電波法令で用いられる時間的即時性を表す用語は，次のものがあります。「直ちに」は，即時性が一番強く，何をおいても今すぐにという意味で，主に無線局の運用方法等で用いられます。

書類の提出期間等では，日数で規定するか次の表現が用いられます。「遅滞なく」は，直ちによりは緊急性が薄れますが，即時性が強く正当な理由がないのにこれを怠ると違法性があることもあります。

「すみやかに」は，緩やかな表現で訓示的な意味に用いられます。

---

(6) 放送局の運用

無線局運用規則
第138条 地上基幹放送局及び地上一般放送局は，放送の開始及び終了に際しては，自局の呼出符号又は呼出名称（＊1）を放送しなければならない。ただし，これを放送することが困難であるか又は不合理である地上基幹放送局若しくは地上一般放送局であって，別に告示するものについては，この限りでない。
2　地上基幹放送局及び地上一般放送局は，放送している時間中は，毎時1回以上自局の呼出符号又は呼出名称（＊2）を放送しなければならない。ただし，前項ただし書に規定する地上基幹放送局若しくは地上一般放送局の場合又は放送の効果を妨げるおそれがある場合は，この限りでない。
3　前項の場合において地上基幹放送局及び地上一般放送局は，国際放送を行う場合を除くほか，自局であることを容易に識別することができる方法をもって自局の呼出符号又は呼出名称に代えることができる。

> * 1　国際放送を行う地上基幹放送局にあっては，周波数及び送信方向を，テレビジョン放送を行う地上基幹放送局及びエリア放送（放送法施行規則第 142 条第二号に規定するエリア放送をいう。以下同じ。）を行う地上一般放送局にあっては，呼出符号又は呼出名称を表す文字による視覚の手段を併せて
>
> * 2　国際放送を行う地上基幹放送局にあっては，周波数及び送信方向を，テレビジョン放送を行う地上基幹放送局及びエリア放送を行う地上一般放送局にあっては，呼出符号又は呼出名称を表す文字による視覚の手段を併せて

　呼出符号又は呼出名称の送信を省略できる無線局には，親局の電波を中継して再送信する放送中継用のサテライト局等があります。

（7）宇宙無線通信業務の無線局の運用

無線局運用規則
第 262 条　対地静止衛星（＊1）に開設する人工衛星局以外の人工衛星局及び当該人工衛星局と通信を行う地球局は，その発射する電波が対地静止衛星に開設する人工衛星局と固定地点の地球局との間で行う無線通信又は対地静止衛星に開設する衛星基幹放送局の放送の受信に混信を与えるときは，当該混信を除去するために必要な措置を執らなければならない。
2　対地静止衛星に開設する人工衛星局と対地静止衛星の軌道と異なる軌道の他の人工衛星局との間で行われる無線通信であって，当該他の人工衛星局と地球の地表面との最短距離が対地静止衛星に開設する人工衛星局と地球の地表面との最短距離を超える場合にあっては，対地静止衛星に開設する人工衛星局の送信空中線の最大輻射の方向と当該人工衛星局と対地静止衛星の軌道上の任意の点とを結ぶ直線との間でなす角度が 15 度以下とならないよう運用しなければならない。
3　［省略］

＊1　地球の赤道面上に円軌道を有し，かつ，地球の自転軸を軸として地球の自転と同一の方向及び周期で回転する人工衛星をいう。以下同じ。

5.6 業務書類

(1) 備え付けを要する業務書類等

電波法
第60条 無線局には，正確な時計及び無線業務日誌その他総務省令で定
める書類を備え付けておかなければならない。ただし，総務省令で定め
る無線局については，これらの全部又は一部の備付けを省略することが
できる。

(2) 時計の照合

無線局運用規則
第3条 法第60条の時計は，その時刻を毎日1回以上中央標準時又は協定
世界時に照合しておかなければならない。

協定世界時は，中央標準時（日本時間）より9時間遅れています。

(3) 無線局検査結果通知書

電波法施行規則
第39条 総務大臣又は総合通信局長は，法第10条第1項，法第18条第
1項又は法第73条第1項本文，同項ただし書，第5項若しくは第6項の
規定による検査を行い又はその職員に行わせたとき（法第10条第2項，
法第18条第2項又は法第73条第4項の規定により検査の一部を省略し
たときを含む。）は，当該検査の結果に関する事項を別表第四号に定める
様式の無線局検査結果通知書により免許人等又は予備免許を受けた者に
通知するものとする。
2　法第73条第3項の規定により検査を省略したときは，その旨を別表第
四号の二に定める様式の無線局検査省略通知書により免許人に通知する
ものとする。
3　免許人等は，検査の結果について総務大臣又は総合通信局長から指示
を受け相当な措置をしたときは，速やかにその措置の内容を総務大臣又
は総合通信局長に報告しなければならない。

　総務大臣が職員を派遣して，無線局の検査を行ったとき，その検査の結果等
を通知する書類です。

(4) 無線業務日誌

電波法施行規則
第40条　法第60条に規定する無線業務日誌には，毎日次に掲げる事項を
記載しなければならない。ただし，総務大臣又は総合通信局長において
特に必要がないと認めた場合は，記載の一部を省略することができる。
一　海上移動業務，航空移動業務若しくは無線標識業務を行う無線局
　　（船舶局又は航空機局と交信しない無線局及び船上通信局を除く。）又
　　は海上移動衛星業務若しくは航空移動衛星業務を行う無線局（航空機
　　の安全運航又は正常運航に関する通信を行わないものを除く。）
（1）無線従事者（主任無線従事者の監督を受けて無線設備の操作を行う
　　者を含む。次条において同じ。）の氏名，資格及び服務方法（変更のあっ
　　たときに限る。）
（2）通信のたびごとに次の事項（船舶局，航空機局，船舶地球局及び航
　　空機地球局にあっては，遭難通信，緊急通信，安全通信その他無線局
　　の運用上重要な通信に関するものに限る。）
　（一）通信の開始及び終了の時刻
　（二）相手局の識別信号（国籍，無線局の名称又は機器の装置場所等を
　　　　併せて記載することができる。）
　（三）自局及び相手局の使用電波の型式及び周波数
　（四）使用した空中線電力（正確な電力の測定が困難なときは，推定の
　　　　電力を記載すること。）
　（五）通信事項の区別及び通信事項別通信時間（通数のあるものについ
　　　　ては，その通数を併せて記載すること。）
　（六）相手局から通知をうけた事項の概要
　（七）遭難通信，緊急通信，安全通信及び法第74条第1項に規定する
　　　　通信の概要（遭難通信については，その全文）並びにこれに対する
　　　　措置の内容
　（八）空電，混信，受信，感度の減退等の通信状態
（3）発射電波の周波数の偏差を測定したときは，その結果及び許容偏差
　　を超える偏差があるときは，その措置の内容
（4）機器の故障の事実，原因及びこれに対する措置の内容
（5）電波の規正について指示を受けたときは，その事実及び措置の内容
（6）法第80条第二号の場合は，その事実
（7）その他参考となる事項
二　基幹放送局

(1) 前号の (1) 及び (3) から (5) までに掲げる事項

(2) 使用電波の周波数別の放送の開始及び終了の時刻（短波放送を行う基幹放送局の場合に限る。）

(3) 運用規則第 138 条の 2 の規定により緊急警報信号を使用して放送したときは，そのたびごとにその事実 **（＊1）**

(4) 予備送信機又は予備空中線を使用した場合は，その時間

(5) 運用許容時間中において任意に放送を休止した時間

(6) 放送が中断された時間

(7) 遭難通信，緊急通信，安全通信及び法第 74 条第 1 項に規定する通信を行ったときは，そのたびごとにその通信の概要及びこれに対する措置の内容

(8) その他参考となる事項

三　非常局

(1) 第一号 (1) に掲げる事項

(2) 法第 74 条第 1 項 ［非常の場合の無線通信］ に規定する通信の実施状況

(3) 空電，混信，受信感度の減退等の通信状態

(4) 第一号 (3) から (6) までに掲げる事項

(5) その他参考となる事項

2　［省略］

3　前 2 項に規定する時刻は，次に掲げる区別によるものとする。

　一　船舶局，航空機局，船舶地球局，航空機地球局又は国際通信を行う航空局においては，協定世界時（国際航海に従事しない船舶の船舶局若しくは船舶地球局又は国際航空に従事しない航空機の航空機局若しくは航空機地球局であって，協定世界時によることが不便であるものにおいては，中央標準時によるものとし，その旨表示すること。）

　二　前号以外の無線局においては，中央標準時

4　使用を終った無線業務日誌は，使用を終った日から 2 年間保存しなければならない。

＊1　受信障害対策中継放送又は同一人に属する他の基幹放送局の放送番組を中継する方法のみによる放送を行う基幹放送局の場合を除き，緊急警報信号発生装置をその業務に用いる者に限る。

(5) 免許状

① 免許状の掲示

電波法施行規則
第38条

2　船舶局，無線航行移動局又は船舶地球局にあっては，前項の免許状は，主たる送信装置のある場所の見やすい箇所に掲げておかなければならない。ただし，掲示を困難とするものについては，その掲示を要しない。

放送局，固定局等の免許状について，掲示することは規定させていません。

② 免許状の訂正

電波法
第21条　免許人は，免許状に記載した事項に変更を生じたときは，その免許状を総務大臣に提出し，訂正を受けなければならない。

無線局免許手続規則
第22条　免許人は，法第21条の免許状の訂正を受けようとするときは，次に掲げる事項を記載した申請書を総務大臣又は総合通信局長に提出しなければならない。
　　一　免許人の氏名又は名称及び住所並びに法人にあっては，その代表者の氏名
　　二　無線局の種別及び局数
　　三　識別信号（包括免許に係る特定無線局を除く。）
　　四　免許の番号又は包括免許の番号
　　五　訂正を受ける箇所及び訂正を受ける理由
2　前項の申請書の様式は，別表第六号の五のとおりとする。
3　第1項の申請があった場合において，総務大臣又は総合通信局長は，新たな免許状の交付による訂正を行うことがある。
4　総務大臣又は総合通信局長は，第1項の申請による場合の外，職権により免許状の訂正を行うことがある。
5　免許人は，新たな免許状の交付を受けたときは，遅滞なく旧免許状を返さなければならない。

③ 免許状の再交付

無線局免許手続規則
第23条　免許人は，免許状を破損し，汚し，失った等のために免許状の

再交付の申請をしようとするときは，次に掲げる事項を記載した申請書を総務大臣又は総合通信局長に提出しなければならない。

一　免許人の氏名又は名称及び住所並びに法人にあっては，その代表者の氏名

二　無線局の種別及び局数

三　識別信号（包括免許に係る特定無線局を除く。）

四　免許の番号又は包括免許の番号

五　再交付を求める理由

2　前項の申請書の様式は，別表第六号の八のとおりとする。

3　前条第5項の規定は，前項の規定により免許状の再交付を受けた場合に準用する。但し，免許状を失った等のためにこれを返すことができない場合は，この限りでない。

④　免許状の返納

電波法
第24条　免許がその効力を失ったときは，免許人であった者は，1箇月以内にその免許状を返納しなければならない。

免許が効力を失うのは，無線局を廃止したとき，免許の有効期間が満了したとき，総務大臣から免許の取消処分を受けたときです。

演習問題

問1　無線局が免許状に記載された目的又は通信の相手方若しくは通信事項の範囲を超えて運用することができる通信について，電波法に規定するところを述べよ。

〔参照条文：法52条〕

問2　無線局の運用における混信等の防止について，電波法に規定するところを述べよ。

〔参照条文：法56条〕

問3　無線通信の秘密の保護について，電波法に規定するところを述べよ。

〔参照条文：法59条〕

問4 無線局に備え付けを要する業務書類について，電波法に規定するところを述べよ。

〔参照条文：法60条〕

6 監 督

　国が免許人や無線従事者に対して行う監督には，公益上の必要に基づいて行う命令，法令違反等に対する処分等があります。

6.1 職権による周波数等の変更

電波法
第71条 総務大臣は，電波の規整その他公益上必要があるときは，無線局の目的の遂行に支障を及ぼさない範囲内に限り，当該無線局（登録局を除く。）の周波数若しくは空中線電力の指定を変更し，又は登録局の周波数若しくは空中線電力若しくは人工衛星局の無線設備の設置場所の変更を命ずることができる。
2　国は，前項の規定による無線局の周波数若しくは空中線電力の指定の変更又は登録局の周波数若しくは空中線電力若しくは人工衛星局の無線設備の設置場所の変更を命じたことによって生じた損失を当該無線局の免許人等に対して補償しなければならない。
3　前項の規定により補償すべき損失は，同項の処分によって通常生ずべき損失とする。
4　第2項の補償金額に不服がある者は，補償金額決定の通知を受けた日から6箇月以内に，訴をもって，その増額を請求することができる。
5　前項の訴においては，国を被告とする。
6　第1項の規定により人工衛星局の無線設備の設置場所の変更の命令を受けた免許人は，その命令に係る措置を講じたときは，速やかに，その旨を総務大臣に報告しなければならない。

　国際条約上の取極めに基づいて，割当て周波数や人工衛星の軌道位置の変更が必要となる場合等に，総務大臣が無線局の免許人等に命じてこれらの変更を行わせます。一般に，周波数割当ての変更等による指定事項の変更は，再免許のときに新たな周波数等を指定することによって変更を行わせますが，各国が一斉に周波数を変更する場合等は，この規定により変更を行わせます。
　「電波の規整」は，電波の周波数割当て上の調整を意味しています。「電波の規正」は，電波の質を改善することを意味しています。

6.2　特定周波数変更対策業務

　総務大臣が，周波数割当計画等の変更を行う場合において，電波の適正な利用の確保を図るために必要があると認めるときは，予算の範囲内で，周波数等の変更に係る無線設備の変更の工事をしようとする免許人等に対して給付金の支給その他の必要な援助を行うことができます。

電波法
第71条の2　総務大臣は，次に掲げる要件に該当する周波数割当計画又は基幹放送用周波数使用計画（以下「周波数割当計画等」という。）の変更を行う場合において，電波の適正な利用の確保を図るため必要があると認めるときは，予算の範囲内で，第三号に規定する周波数又は空中線電力の変更に係る無線設備の変更の工事をしようとする免許人その他の無線設備の設置者に対して，当該工事に要する費用に充てるための給付金の支給その他の必要な援助（以下「特定周波数変更対策業務」という。）を行うことができる。

一　特定の無線局区分（無線通信の態様，無線局の目的及び無線設備についての第3章に定める技術基準を基準として総務省令で定める無線局の区分をいう。以下同じ。）の周波数の使用に関する条件として周波数割当計画等の変更の公示の日から起算して10年を超えない範囲内で周波数の使用の期限を定めるとともに，当該無線局区分（以下この条において「旧割当区分」という。）に割り当てることが可能である周波数（以下この条において「割当変更周波数」という。）を旧割当区分以外の無線局区分にも割り当てることとするものであること。

二　割当変更周波数の割当てを受けることができる無線局区分のうち旧割当区分以外のもの（次号において「新割当区分」という。）に旧割当区分と無線通信の態様及び無線局の目的が同一である無線局区分（以下この号において「同一目的区分」という。）があるときは，割当変更周波数に占める同一目的区分に割り当てることが可能である周波数の割合が，4分の3以下であること。

三　新割当区分の無線局のうち周波数割当計画等の変更の公示と併せて総務大臣が公示するもの（以下「特定新規開設局」という。）の免許の申請に対して，当該周波数割当計画等の変更の公示の日から起算して5年以内に割当変更周波数を割り当てることを可能とするものであること。この場合において，当該周波数割当計画等の変更の公示の際現に割当変更周波数の割当てを受けている旧割当区分の無線局（以下「既開設局」という。）が特定新規開設局にその運用を阻害するような

混信その他の妨害を与えないようにするため，あらかじめ，既開設局の周波数又は空中線電力の変更（既開設局の目的の遂行に支障を及ぼさない範囲内の変更に限り，周波数の変更にあっては割当変更周波数の範囲内の変更に限る。）をすることが可能なものであること。

2　［省略］

　地上テレビジョン放送のデジタル化に伴い必要となるアナログ周波数変更対策が特定周波数変更対策業務として実施されました。財源には電波利用料が充てられました。

6.3　電波の発射の停止

電波法
第72条　総務大臣は，無線局の発射する電波の質が第28条の総務省令で定めるものに適合していないと認めるときは，当該無線局に対して臨時に電波の発射の停止を命ずることができる。

2　　総務大臣は，前項の命令を受けた無線局からその発射する電波の質が第28条の総務省令の定めるものに適合するに至った旨の申出を受けたときは，その無線局に電波を試験的に発射させなければならない。

3　　総務大臣は，前項の規定により発射する電波の質が第28条の総務省令で定めるものに適合しているときは，直ちに第1項の停止を解除しなければならない。

　電波の質が不適合なものについて，緊急に正常化させることを目的とした規定です。電波の質が正常化したときは，その発射の停止は解除されます。電波の質とは，電波の周波数の偏差及び幅，高調波の強度等のことです。

6.4　検　査
(1) 定期検査

電波法
第73条　総務大臣は，総務省令で定める時期ごとに，あらかじめ通知する期日に，その職員を無線局（総務省令で定めるものを除く。）に派遣し，その無線設備等を検査させる。ただし，当該無線局の発射する電波の質又は空中線電力に係る無線設備の事項以外の事項の検査を行う必要がないと認める無線局については，その無線局に電波の発射を命じて，その発射する電波の質又は空中線電力の検査を行う。

2　前項の検査は，当該無線局についてその検査を同項の総務省令で定める時期に行う必要がないと認める場合及び当該無線局のある船舶又は航空機が当該時期に外国地間を航行中の場合においては，同項の規定にかかわらず，その時期を延期し，又は省略することができる。

3　第1項の検査は，当該無線局（人の生命又は身体の安全の確保のためその適正な運用の確保が必要な無線局として総務省令で定めるものを除く。以下この項において同じ。）の免許人から，第1項の規定により総務大臣が通知した期日の1月前までに，当該無線局の無線設備等について第24条の2第1項の登録を受けた者（無線設備等の点検の事業のみを行う者を除く。）が，総務省令で定めるところにより，当該登録に係る検査を行い，当該無線局の無線設備がその工事設計に合致しており，かつ，その無線従事者の資格及び員数が第39条又は第39条の13，第40条及び第50条の規定に，その時計及び書類が第60条の規定にそれぞれ違反していない旨を記載した証明書の提出があったときは，第1項の規定にかかわらず，省略することができる。

4　第1項の検査は，当該無線局の免許人から，同項の規定により総務大臣が通知した期日の1箇月前までに，当該無線局の無線設備等について第24条の2第1項又は第24条の13第1項の登録を受けた者が総務省令で定めるところにより行った当該登録に係る点検の結果を記載した書類の提出があったときは，第1項の規定にかかわらず，その一部を省略することができる。

比較的小規模な無線局については，定期検査が行われません。それ以外の無線局についても，登録検査等事業者の検査によって総務大臣が行う検査が省略されます。また，登録検査等事業者の点検の結果を記載した書類を提出することによって，検査の一部が省略されます。

定期検査は，無線局が免許を受けた後その条件が維持されているかどうかを確認するために行われるもので，書類と無線設備の対比照合や無線設備の機能について検査が行われます。第1項ただし書きの検査では，無線設備の機能のみについて検査が行われます。

（2）臨時検査

電波法
第73条

5　総務大臣は，第71条の5の無線設備の修理その他の必要な措置をと

るべきことを命じたとき，前条第1項の電波の発射の停止を命じたとき，同条第2項の申出があったとき，無線局のある船舶又は航空機が外国へ出港しようとするとき，その他この法律の施行を確保するため特に必要があるときは，その職員を無線局に派遣し，その無線設備等を検査させることができる。

6　総務大臣は，無線局のある船舶又は航空機が外国へ出港しようとする場合その他この法律の施行を確保するため特に必要がある場合において，当該無線局の発射する電波の質又は空中線電力に係る無線設備の事項のみについて検査を行う必要があると認めるときは，その無線局に電波の発射を命じて，その発射する電波の質又は空中線電力の検査を行うことができる。

7　第39条の9第2項及び第3項の規定は，第1項本文又は第5項の規定による検査に準用する。

　電波法の施行を確保するために行われる検査は，違法な運用を是正するために行われる場合もありますが，検査は犯罪捜査のために行われる強制立入りではありません。免許のない不法無線局の捜査の場合等では，裁判所の捜索令状に基づき司法警察員による強制立入りが行われます。

（3）検査の結果に対する措置

　検査の結果は，無線局検査結果通知書により免許人等に通知されます。検査結果通知書に指示がある場合は，免許人等は相当な措置をして，措置の内容を総務大臣または総合通信局長に報告しなければなりません。

電波法施行規則
第39条

3　免許人等は，検査の結果について総務大臣又は総合通信局長から指示を受け相当な措置をしたときは，速やかにその措置の内容を総務大臣又は総合通信局長に報告しなければならない。

6.5　非常の場合の無線通信

　非常の事態に実施する目的外通信には，免許人の判断で実施する「非常通信」と総務大臣が免許人に命令して実施させる「非常の場合の無線通信」があります。

電波法
第74条　総務大臣は，地震，台風，洪水，津波，雪害，火災，暴動その他非常の事態が発生し，又は発生するおそれがある場合においては，人

命の救助，災害の救援，交通通信の確保又は秩序の維持のために必要な通信を無線局に行わせることができる。

2 　総務大臣が前項の規定により無線局に通信を行わせたときは，国は，その通信に要した実費を弁償しなければならない。

電波法
第74条の2 　総務大臣は，前条第1項に規定する通信の円滑な実施を確保するため必要な体制を整備するため，非常の場合における通信計画の作成，通信訓練の実施その他の必要な措置を講じておかなければならない。

2 　総務大臣は，前項に規定する措置を講じようとするときは，免許人等の協力を求めることができる。

　中央官庁及び地方自治体や関連団体等に非常無線通信協議会が設置され，非常通信計画の策定，非常通信訓練の実施等の活動が行われています。

6.6　無線局の免許の取消し等

　電波法令に違反する行為等があった場合に，無線局又は無線従事者の免許に関して，総務大臣が制限や取消しを命令することがあります。これらの行政上の処分を行政処分といいます。また，電波法の罰則規定により，裁判所が罰金や懲役等の刑罰を科すことを司法処分又は刑事処分といいます。

（1）無線局の運用の停止又は制限

電波法
第76条 　総務大臣は，免許人等がこの法律，放送法若しくはこれらの法律に基づく命令又はこれらに基づく処分に違反したときは，3月以内の期間を定めて無線局の運用の停止を命じ，又は期間を定めて運用許容時間，周波数若しくは空中線電力を制限することができる。

2 　総務大臣は，包括免許人又は包括登録人がこの法律，放送法若しくはこれらの法律に基づく命令又はこれらに基づく処分に違反したときは，3月以内の期間を定めて，包括免許又は第27条の29第1項の規定による登録に係る無線局の新たな開設を禁止することができる。

3 　総務大臣は，前2項の規定によるほか，登録人が第3章に定める技術基準に適合しない無線設備を使用することにより他の登録局の運用に悪影響を及ぼすおそれがあるときその他登録局の運用が適正を欠くため電波の能率的な利用を阻害するおそれが著しいときは，3月以内の期間を

定めて，その登録に係る無線局の運用の停止を命じ，運用許容時間，周波数若しくは空中線電力を制限し，又は新たな開設を禁止することができる。

（2）無線局の免許の取消

電波法
第75条　総務大臣は，免許人が第5条第1項，第2項［無線局の免許の外国籍による欠格事由］及び第4項［放送局の免許の外国籍による欠格事由］の規定により免許を受けることができない者となったとき，又は地上基幹放送の業務を行う認定基幹放送事業者の認定がその効力を失ったときは，当該免許を受けることができない者となった免許人の免許又は当該地上基幹放送の業務に用いられる無線局の免許を取り消さなければならない。

2　前項の規定にかかわらず，総務大臣は，免許人が第5条第4項（第三号に該当する場合に限る。）の規定により免許を受けることができない者となった場合において，同項第三号に該当することとなった状況その他の事情を勘案して必要があると認めるときは，当該免許人の免許の有効期間の残存期間内に限り，期間を定めてその免許を取り消さないことができる。

電波法
第76条

4　総務大臣は，免許人（包括免許人を除く。）が次の各号のいずれかに該当するときは，その免許を取り消すことができる。
　一　正当な理由がないのに，無線局の運用を引き続き6月以上休止したとき。
　二　不正な手段により無線局の免許若しくは第17条の許可を受け，又は第19条の規定による指定の変更を行わせたとき。
　三　第1項の規定による命令又は制限に従わないとき。
　四　免許人が第5条第3項第一号に該当するに至ったとき。
　五　特定地上基幹放送局の免許人が第7条第2項第四号ロに適合しなくなったとき。
5　総務大臣は，包括免許人が次の各号のいずれかに該当するときは，その包括免許を取り消すことができる。
　一　第27条の5第1項第四号の期限（第27条の6第1項の規定による期限の延長があったときは，その期限）までに特定無線局の運用を全

く開始しないとき。

二　正当な理由がないのに，その包括免許に係るすべての特定無線局の運用を引き続き 6 月以上休止したとき。

三　不正な手段により包括免許若しくは第 27 条の 8 第 1 項の許可を受け，又は第 27 条の 9 の規定による指定の変更を行わせたとき。

四　第 1 項の規定による命令若しくは制限又は第 2 項の規定による禁止に従わないとき。

五　包括免許人が第 5 条第 3 項第一号に該当するに至ったとき。

6　総務大臣は，登録人が次の各号のいずれかに該当するときは，その登録を取り消すことができる。

一　不正な手段により第 27 条の 18 第 1 項の登録又は第 27 条の 23 第 1 項若しくは第 27 条の 30 第 1 項の変更登録を受けたとき。

二　第 1 項の規定による命令若しくは制限，第 2 項の規定による禁止又は第 3 項の規定による命令，制限若しくは禁止に従わないとき。

三　登録人が第 5 条第 3 項第一号に該当するに至ったとき。

7　総務大臣は，前 3 項の規定によるほか，電気通信業務を行うことを目的とする無線局の免許人等が次の各号のいずれかに該当するときは，その免許等を取り消すことができる。

一　電気通信事業法第 12 条第 1 項 の規定により同法第 9 条 の登録を拒否されたとき。

二　電気通信事業法第 13 条第 3 項 において準用する同法第 12 条第 1 項 の規定により同法第 13 条第 1 項 の変更登録を拒否されたとき（当該変更登録が無線局に関する事項の変更に係るものである場合に限る。）。

三　電気通信事業法第 15 条 の規定により同法第 9 条 の登録を抹消されたとき。

8　総務大臣は，第 4 項（第四号を除く。）及び第 5 項（第五号を除く。）の規定により免許の取消しをしたとき並びに前項（第三号を除く。）の規定により登録の取消しをしたときは，当該免許人等であった者が受けている他の無線局の免許等又は第 27 条の 13 第 1 項の開設計画の認定を取り消すことができる。

6.7 無線従事者の免許の取消し等

電波法
第79条 総務大臣は，無線従事者が次の各号の一に該当するときは，その免許を取り消し，又は3箇月以内の期間を定めてその業務に従事することを停止することができる。
　一　この法律若しくはこの法律に基づく命令又はこれらに基づく処分に違反したとき。
　二　不正な手段により免許を受けたとき。
　三　第42条第三号に該当するに至ったとき。
2　前項（第三号を除く。）の規定は，船舶局無線従事者証明を受けている者に準用する。この場合において，同項中「免許」とあるのは，「船舶局無線従事者証明」と読み替えるものとする。
3　第77条の規定は，第1項（前項において準用する場合を含む。）の規定による取消し又は停止に準用する。

　無線局の免許人等が電波法令に違反した場合は，無線局の免許の取消し処分を受けることはありませんが，無線従事者が電波法令に違反した場合は免許の取消し処分を受けることもあります。

6.8　報　告

　免許人等は，遭難通信等の目的外通信を行ったとき，法令違反の無線局を認めたとき等は文書により総務大臣に報告しなければなりません。

電波法
第80条 無線局の免許人等は，次に掲げる場合は，総務省令で定める手続により，総務大臣に報告しなければならない。
　一　遭難通信，緊急通信，安全通信又は非常通信を行ったとき（第70条の7第1項，第70条の8第1項又は第70条の9第1項の規定により無線局を運用させた免許人等以外の者が行ったときを含む。）。
　二　この法律又はこの法律に基づく命令の規定に違反して運用した無線局を認めたとき。
　三　無線局が外国において，あらかじめ総務大臣が告示した以外の運用の制限をされたとき。

電波法
第81条 総務大臣は，無線通信の秩序の維持その他無線局の適正な運用を確保するため必要があると認めるときは，免許人等に対し，無線局に関し報告を求めることができる。

電波法施行規則
第42条の4 免許人等は，法第80条各号の場合は，できる限りすみやかに，文書によって，総務大臣又は総合通信局長に報告しなければならない。この場合において，遭難通信及び緊急通信にあっては，当該通報を発信したとき又は遭難通信を宰領したときに限り，安全通信にあっては，総務大臣が別に告示する簡易な手続により，当該通報の発信に関し，報告するものとする。

6.9　免許等を要しない無線局及び受信設備に対する監督

電波法
第82条 総務大臣は，第4条第1項第一号から第三号までに掲げる無線局（以下「免許等を要しない無線局」という。）の無線設備の発する電波又は受信設備が副次的に発する電波若しくは高周波電流が他の無線設備の機能に継続的かつ重大な障害を与えるときは，その設備の所有者又は占有者に対し，その障害を除去するために必要な措置をとるべきことを命ずることができる。

2　総務大臣は，免許等を要しない無線局の無線設備について又は放送の受信を目的とする受信設備以外の受信設備について前項の措置をとるべきことを命じた場合において特に必要があると認めるときは，その職員を当該設備のある場所に派遣し，その設備を検査させることができる。

3　第39条の9第2項及び第3項［指定講習機関への立ち入り検査］の規定は，前項の規定による検査に準用する。

演習問題

問1 総務大臣が無線局の周波数等の指定の変更，人工衛星局の無線設備の設置場所の変更を命ずる場合について，電波法に規定するところを述べよ。

〔参照条文：法71条〕

問2 無線局の検査について，電波法に規定するところを述べよ。

〔参照条文：法73条〕

問3 非常の場合の無線通信について，電波法に規定するところを述べよ。

〔参照条文：法74条〕

問4 無線局の免許の取消について，電波法に規定するところを述べよ。

〔参照条文：法75条，法76条〕

問5 無線従事者の免許の取消し等について，電波法に規定するところを述べよ。

〔参照条文：法79条〕

7 雑 則

7.1 高周波利用設備

　高周波利用設備には，電車と通信を行うための線路沿いに設置した電線と電磁誘導で結合した通信設備や電磁的に物体を加熱する高周波加熱機等があります。

電波法
第100条 次に掲げる設備を設置しようとする者は，当該設備につき，総務大臣の許可を受けなければならない。
一　電線路に10キロヘルツ以上の高周波電流を通ずる電信，電話その他の通信設備（ケーブル搬送設備，平衡2線式裸線搬送設備その他総務省令で定める通信設備を除く。）
二　無線設備及び前号の設備以外の設備であって10キロヘルツ以上の高周波電流を利用するもののうち，総務省令で定めるもの
2　前項の許可の申請があったときは，総務大臣は，当該申請が第5項において準用する第28条［電波の質］，第30条［安全施設］又は第38条［総務省令で定める技術基準］の技術基準に適合し，且つ，当該申請に係る周波数の使用が他の通信（総務大臣がその公示する場所において行う電波の監視を含む。）に妨害を与えないと認めるときは，これを許可しなければならない。
3〜5　［省略］

7.2 伝搬障害の防止区域の指定

電波法
第102条の2 総務大臣は，890メガヘルツ以上の周波数の電波による特定の固定地点間の無線通信で次の各号の一に該当するもの（以下「重要無線通信」という。）の電波伝搬路における当該電波の伝搬障害を防止し

て，重要無線通信の確保を図るため必要があるときは，その必要の範囲内において，当該電波伝搬路の地上投影面に沿い，その中心線と認められる線の両側それぞれ100メートル以内の区域を伝搬障害防止区域として指定することができる。

一　電気通信業務の用に供する無線局の無線設備による無線通信

二　放送の業務の用に供する無線局の無線設備による無線通信

三　人命若しくは財産の保護又は治安の維持の用に供する無線設備による無線通信

四　気象業務の用に供する無線設備による無線通信

五　電気事業に係る電気の供給の業務の用に供する無線設備による無線通信

六　鉄道事業に係る列車の運行の業務の用に供する無線設備による無線通信

2　前項の規定による伝搬障害防止区域の指定は，政令で定めるところにより告示をもって行わなければならない。

3　総務大臣は，政令で定めるところにより，前項の告示に係る伝搬障害防止区域を表示した図面を総務省及び関係地方公共団体の事務所に備え付け，一般の縦覧に供しなければならない。

4　総務大臣は，第2項の告示に係る伝搬障害防止区域について，第1項の規定による指定の理由が消滅したときは，遅滞なく，その指定を解除しなければならない。

電波法
第102条の3　前条第2項の告示に係る伝搬障害防止区域内（その区域とその他の区域とにわたる場合を含む。）においてする次の各号の一に該当する行為（以下「指定行為」という。）に係る工事の請負契約の注文者又はその工事を請負契約によらないで自ら行なう者（以下単に「建築主」という。）は，総務省令で定めるところにより，当該指定行為に係る工事に自ら着手し又はその工事の請負人（請負工事の下請人を含む。以下同じ。）に着手させる前に，当該指定行為に係る工作物につき，敷地の位置，高さ，高層部分（工作物の全部又は一部で地表からの高さが31メートルをこえる部分をいう。以下同じ。）の形状，構造及び主要材料，その者が当該指定行為に係る工事の請負契約の注文者である場合にはその工事の請負人の氏名又は名称及び住所その他必要な事項を書面により総務大臣に届け出なければならない。

［以下省略］

第102条の4から第102条の10に，届け出の命令，伝搬障害の有無等の通知，重要無線通信障害原因となる高層部分の工事の制限，重要無線通信の障害防止のための協議，違反の場合の措置，報告の徴収，総務大臣及び国土交通大臣の協力についての規定があります。

7.3 電波利用料

電波利用料は，電波行政事務の実施に必要な経費について，費用負担の公平化を図る観点から，その受益者である無線局の免許を受けた免許人等に一定の負担を課す手数料の一種です。電波利用料は，電波の監視及び不法無線局の探査等，総合無線局管理ファイルの作成等，電波の適正な利用の確保に関し無線局全体の受益を直接の目的として行う事務処理費用等，特定周波数変更対策業務等の財源に充てられます。

電波法
第103条の2 免許人等は，電波利用料として，無線局の免許の日から起算して30日以内及びその後毎年その免許の日に応当する日（応当する日がない場合は，その翌日。以下この条において「応当日」という。）から起算して30日以内に，当該無線局の免許等の日又は応当日（以下この項において「起算日」という。）から始まる各1年の期間（＊1）について，別表第六の上欄に掲げる無線局の区分に従い同表の下欄に掲げる金額（＊2）を国に納めなければならない。

2，3 ［省略］

4 この条及び次条において「電波利用料」とは，次に掲げる電波の適正な利用の確保に関し総務大臣が無線局全体の受益を直接の目的として行う事務の処理に要する費用（同条及び第103条の4第1項において「電波利用共益費用」という。）の財源に充てるために免許人等，第12項の特定免許等不要局を開設した者又は第13項の表示者が負担すべき金銭をいう。

一 電波の監視及び規正並びに不法に開設された無線局の探査

二 総合無線局管理ファイル（＊3）の作成及び管理

三 周波数を効率的に利用する技術，周波数の共同利用を促進する技術又は高い周波数への移行を促進する技術としておおむね5年以内に開発すべき技術に関する無線設備の技術基準の策定に向けた研究開発並びに既に開発されている周波数を効率的に利用する技術，周波数の共同利用を促進する技術又は高い周波数への移行を促進する技術を用いた無線設備について無線設備の技術基準を策定するために行う国際機

　　関及び外国の行政機関その他の外国の関係機関との連絡調整並びに試
　　験及びその結果の分析
　四　電波の人体等への影響に関する調査
　五　標準電波の発射
　六　電波の伝わり方について，観測を行い，予報及び異常に関する警報
　　を送信し，並びにその他の通報をする事務並びに当該事務に関連して
　　必要な技術の調査，研究及び開発を行う事務
　七　特定周波数変更対策業務（＊４）
　八　特定周波数終了対策業務（＊５）
　九〜十三［省略］

5〜16［省略］

17　免許人等（包括免許人等を除く。）は，第１項の規定により電波利用
　料を納めるときには，その翌年の応当日以後の期間に係る電波利用料を
　前納することができる。

18〜41［省略］

42　総務大臣は，電波利用料を納めない者があるときは，督促状によって，
　期限を指定して督促しなければならない。

43　総務大臣は，前項の規定による督促を受けた者がその指定の期限まで
　にその督促に係る電波利用料及び次項の規定による延滞金を納めないと
　きは，国税滞納処分の例により，これを処分する。この場合における電
　波利用料及び延滞金の先取特権の順位は，国税及び地方税に次ぐものと
　する。

44，45　［省略］

＊１　無線局の免許の日が２月29日である場合においてその期間がうる
　　う年の前年の３月１日から始まるときは翌年の２月28日までの期間とし，
　　起算日から当該免許の有効期間の満了の日までの期間が１年に満たない
　　場合はその期間とする。
＊２　起算日から当該免許の有効期間の満了の日までの期間が１年に満た
　　ない場合は，その額に当該期間の月数を12で除して得た数を乗じて得た
　　額に相当する金額
＊３　全無線局について第６条第１項及び第２項，第27条の３，第27条
　　の18第２項及び第３項並びに第27条の29第２項及び第３項の書類及
　　び申請書並びに免許状等に記載しなければならない事項その他の無線局
　　の免許等に関する事項を電子情報処理組織によって記録するファイルを
　　いう。

＊4　第71条の3第9項の規定による指定周波数変更対策機関に対する交付金の交付を含む。

＊5　第71条の3の2第11項において準用する第71条の3第9項の規定による登録周波数終了対策機関に対する交付金の交付を含む。第12項及び第13項において同じ。

8 罰 則

　罰則に関する規定は，これまでに各章で取り扱った規定もありますが，まとめて取り扱います。各条項は，抜粋してありますので番号が飛んでいます。

　電波法で規定されている刑罰には，懲役，禁錮，罰金があります。刑罰に関しては刑法総則の規定が適用されます。刑罰の種類には，主刑は，死刑，懲役，禁錮，罰金，拘留，科料があり，附加刑として没収があります。

電波法
第105条　無線通信の業務に従事する者が第66条第1項（第70条の6において準用する場合を含む。）の規定による遭難通信の取扱をしなかったとき，又はこれを遅延させたときは，1年以上の有期懲役に処する。

2　遭難通信の取扱を妨害した者も，前項と同様とする。

3　前2項の未遂罪は，罰する。

電波法
第106条　自己若しくは他人に利益を与え，又は他人に損害を加える目的で，無線設備又は第100条第1項第一号［高周波利用設備］の通信設備によって虚偽の通信を発した者は，3年以下の懲役又は150万円以下の罰金に処する。

2　船舶遭難又は航空機遭難の事実がないのに，無線設備によって遭難通信を発した者は，3月以上10年以下の懲役に処する。

電波法
第107条　無線設備又は第100条第1項第一号［高周波利用設備］の通信設備によって日本国憲法又はその下に成立した政府を暴力で破壊することを主張する通信を発した者は，5年以下の懲役又は禁錮に処する。

電波法
第108条　無線設備又は第100条第1項第一号［高周波利用設備］の通信設備によってわいせつな通信を発した者は，2年以下の懲役又は100万円以下の罰金に処する。

電波法
第108条の2 電気通信業務又は放送の業務の用に供する無線局の無線設備又は人命若しくは財産の保護，治安の維持，気象業務，電気事業に係る電気の供給の業務若しくは鉄道事業に係る列車の運行の業務の用に供する無線設備を損壊し，又はこれに物品を接触し，その他その無線設備の機能に障害を与えて無線通信を妨害した者は，5年以下の懲役又は250万円以下の罰金に処する。

2 　前項の未遂罪は，罰する。

電波法
第109条 　無線局の取扱中に係る無線通信の秘密を漏らし，又は窃用した者は，1年以下の懲役又は50万円以下の罰金に処する。

2 　無線通信の業務に従事する者がその業務に関し知り得た前項の秘密を漏らし，又は窃用したときは，2年以下の懲役又は100万円以下の罰金に処する。

電波法
第109条の2 　暗号通信を傍受した者又は暗号通信を媒介する者であって当該暗号通信を受信したものが，当該暗号通信の秘密を漏らし，又は窃用する目的で，その内容を復元したときは，1年以下の懲役又は50万円以下の罰金に処する。

2 　無線通信の業務に従事する者が，前項の罪を犯したとき（その業務に関し暗号通信を傍受し，又は受信した場合に限る。）は，2年以下の懲役又は100万円以下の罰金に処する。

3 　前2項において「暗号通信」とは，通信の当事者（当該通信を媒介する者であって，その内容を復元する権限を有するものを含む。）以外の者がその内容を復元できないようにするための措置が行われた無線通信をいう。

4 　第1項及び第2項の未遂罪は，罰する。

5 　第1項，第2項及び前項の罪は，刑法第4条の2の例に従う。

電波法
第110条 　次のいずれかに該当する者は，1年以下の懲役又は100万円以下の罰金に処する。

　一 　第4条第1項［無線局の免許］の規定による免許又は第27条の18第1項の規定による登録がないのに，無線局を開設した者

　二 　第4条第1項の規定による免許又は第27条の18第1項の規定による登録がないのに，かつ，第70条の7第1項，第70条の8第1項又は第70条の9第1項の規定によらないで，無線局を運用した者

　三　第27条の7［指定無線局数を超える数の特定無線局の開設の禁止］の規定に違反して特定無線局を開設した者

　四　第100条第1項［高周波利用設備］の規定による許可がないのに，同条同項の設備を運用した者

　五　第52条［目的外使用の禁止等］，第53条，第54条第一号又は第55条［免許状記載事項の遵守］の規定に違反して無線局を運用した者

　六　第18条第1項［変更検査］の規定に違反して無線設備を運用した者

　七　第71条の5（第100条第5項において準用する場合を含む。）の規定による命令に違反した者

　八　第72条第1項［電波の発射の停止］（第100条第5項において準用する場合を含む。）又は第76条第1項［無線局の運用の停止等］（第70条の7第4項［非常時運用人による無線局の運用］，第70条の8第3項［免許人以外のものによる特定無線局の簡易な操作による運用］，第70条の9第3項［登録人以外のものによる登録局の運用］及び第100条［高周波利用設備］第5項において準用する場合を含む。）の規定によって電波の発射又は運用を停止された無線局又は第100条第1項の設備を運用した者

　九　第74条第1項［非常の場合の無線通信を命令］の規定による処分に違反した者

　十　第76条第2項の規定による禁止に違反して無線局を開設した者

　無線局の免許がないのに無線局を開設すると，1年以下の懲役又は100万円以下の罰金に処せられます（法110条第一号）。電波がすぐ出せる状態の設備があって，運用しようとする人がいて，運用する意思があれば，開設にあたり，運用して電波を出さなくても，罰則が適用されます。

電波法
第111条　次の各号のいずれかに該当する者は，6月以下の懲役又は30万円以下の罰金に処する。

　二　第73条第1項，第5項（第100条第5項において準用する場合を含む。）若しくは第6項又は第82条第2項（第4条の2第3項において読み替えて適用する場合を含む。）の規定による検査を拒み，妨げ，又は忌避した者

　三　第73条第3項に規定する証明書に虚偽の記載をした者

電波法
第112条　次の各号のいずれかに該当する者は，50万円以下の罰金に処する。

　　五　第76条第1項［無線局の運用の停止等］（第70条の7第4項，第70条の8第3項，第70条の9第3項及び第100条第5項において準用する場合を含む。）の規定による運用の制限に違反した者

第113条　次の各号のいずれかに該当する者は，30万円以下の罰金に処する。

　　十八　第39条第1項若しくは第2項［無線設備の操作］又は第39条の13［アマチュア局の無線設備の操作］の規定に違反した者

　　十九　第39条第4項［主任無線従事者の選任］（第70条の9第3項において準用する場合を含む。）の規定に違反して，届出をせず，又は虚偽の届出をした者

　　二十一　第78条（第4条の2第5項において準用する場合を含む。）の規定に違反して，電波の発射を防止するために必要な措置を講じなかった者

　　二十二　第79条第1項［無線従事者の従事停止等］（同条第2項において準用する場合を含む。）の規定により業務に従事することを停止されたのに，無線設備の操作を行った者

　　二十四　第82条第1項［免許を要しない無線局及び受信設備に対する監督］（第4条の2第3項において読み替えて適用する場合及び第101条において準用する場合を含む。）の規定による命令に違反した者

　　二十五　第102条の3［伝搬障害防止区域における届］第1項又は第2項（同条第6項及び第102条の4第2項において準用する場合を含む。）の規定に違反して，届出をせず，又は虚偽の届出をした者

第114条　法人の代表者又は法人若しくは人の代理人，使用人その他の従事者が，その法人又は人の業務に関し，次の各号に掲げる規定の違反行為をしたときは，行為者を罰するほか，その法人に対して当該各号に定める罰金刑を，その人に対して各本条の罰金刑を科する。

　　一　第110条（第十一号［特定無線設備の妨害等防止命令］及び第十二号［認証取扱業者の表示の禁止］に係る部分に限る。）　1億円以下の罰金刑

　　二　第110条（第十一号及び第十二号に係る部分を除く。），第110条の2又は第111条から第113条まで　各本条の罰金刑

第116条　次の各号のいずれかに該当する者は，30万円以下の過料に処

する。

四 　第22条［無線局の廃止届］（第100条第5項において準用する場合
を含む。）の規定に違反して届出をしない者

五 　第24条［免許状の返納］（第100条第5項において準用する場合を
含む。）の規定に違反して，免許状を返納しない者

二十七 　第102条の3第5項［伝搬障害防止区域における届］の規定に
違反して，届出をしない者

用語解説

「過料」は，刑罰の「科料」とは異なり行政上の制裁です。

演習問題

問1 　電波の伝搬障害を防止して，無線通信の確保を図るために規定され
る重要無線通信にはどのような通信があるか，電波法に規定するところ
を述べよ。

〔参照条文：法102条の2〕

問2 　電波利用料は，どのような事務の処理に要する費用の財源に充てら
れるか，電波法に規定するところを述べよ。

〔参照条文：法103条の2〕

問3 　無線通信の秘密の保護に関する罰則について，電波法に規定すると
ころを述べよ。

〔参照条文：法109条，法109条の2〕

問4 　無線局の免許がないのに，無線局を開設した者に対する罰則につい
て，電波法に規定するところを述べよ。

〔参照条文：法110条〕

放　送　法

（昭和25年5月2日法律第132号）

1 概　要

　放送は公衆によって直接受信されることを目的とする無線通信の送信であり，マスメディアとしての国民生活に及ぼす影響は重大です。また，電波は有限であり希少なので，一定の規律に従って運用することが必要です。

　放送法は，放送を公共の福祉に適合するように規律し，その健全な発達を図ることを目的としており，NHKの組織，業務の範囲等のほか，放送事業者の放送番組編集の自由，放送番組の基準，委託放送業務の認定，有料放送の契約約款の認可等について規定しています。

1.1　放送法の目的

　放送が国民に最大限に普及されること，放送による表現の自由を確保する手段として，不偏不党，真実及び自律の保障，放送に携わる者の職責を明らかにすること等によって放送の健全な発達を図ることを目的としています。

放送法
第1条　この法律は，次に掲げる原則に従って，放送を公共の福祉に適合するように規律し，その健全な発達を図ることを目的とする。
一　放送が国民に最大限に普及されて，その効用をもたらすことを保障すること。
二　放送の不偏不党，真実及び自律を保障することによって，放送による表現の自由を確保すること。
三　放送に携わる者の職責を明らかにすることによって，放送が健全な民主主義の発達に資するようにすること。

1.2 放送法令

放送法に基づく政令，省令の主なものを次に示します。（ ）内は，本章中で用いる略記です。

放送法施行令（施行令）
放送法施行規則（施）

1.3 用語の定義

放送の種類，放送事業者の種類等の用語が定義されています。

_{放送法}
第2条 この法律及びこの法律に基づく命令の規定の解釈に関しては，次の定義に従うものとする。

一 「放送」とは，公衆によって直接受信されることを目的とする電気通信（電気通信事業法第2条第一号に規定する電気通信をいう。）の送信（他人の電気通信設備（同条第二号に規定する電気通信設備をいう。以下同じ。）を用いて行われるものを含む。）をいう。

二 「基幹放送」とは，電波法の規定により放送をする無線局に専ら又は優先的に割り当てられるものとされた周波数の電波を使用する放送をいう。

三 「一般放送」とは，基幹放送以外の放送をいう。

四 「国内放送」とは，国内において受信されることを目的とする放送をいう。

五 「国際放送」とは，外国において受信されることを目的とする放送であって，中継国際放送及び協会国際衛星放送以外のものをいう。

六 「邦人向け国際放送」とは，国際放送のうち，邦人向けの放送番組の放送をするものをいう。

七 「外国人向け国際放送」とは，国際放送のうち，外国人向けの放送番組の放送をするものをいう。

八 「中継国際放送」とは，外国放送事業者（外国において放送事業を行う者をいう。以下同じ。）により外国において受信されることを目的として国内の放送局を用いて行われる放送をいう。

九 「協会国際衛星放送」とは，日本放送協会（以下「協会」という。）により外国において受信されることを目的として基幹放送局（基幹放送をする無線局をいう。以下同じ。）又は外国の放送局を用いて行われる放送（人工衛星の放送局を用いて行われるものに限る。）をいう。

十 「邦人向け協会国際衛星放送」とは，協会国際衛星放送のうち，邦人

向けの放送番組の放送をするものをいう。

十一　「外国人向け協会国際衛星放送」とは，協会国際衛星放送のうち，外国人向けの放送番組の放送をするものをいう。

十二　「内外放送」とは，国内及び外国において受信されることを目的とする放送をいう。

十三　「衛星基幹放送」とは，人工衛星の放送局を用いて行われる基幹放送をいう。

十四　「移動受信用地上基幹放送」とは，自動車その他の陸上を移動するものに設置して使用し，又は携帯して使用するための受信設備により受信されることを目的とする基幹放送であって，衛星基幹放送以外のものをいう。

十五　「地上基幹放送」とは，基幹放送であって，衛星基幹放送及び移動受信用地上基幹放送以外のものをいう。

十六　「中波放送」とは，526.5キロヘルツから1606.5キロヘルツまでの周波数を使用して音声その他の音響を送る放送をいう。

十七　「超短波放送」とは，30メガヘルツを超える周波数を使用して音声その他の音響を送る放送（文字，図形その他の影像又は信号を併せ送るものを含む。）であって，テレビジョン放送に該当せず，かつ，他の放送の電波に重畳して行う放送でないものをいう。

十八　「テレビジョン放送」とは，静止し，又は移動する事物の瞬間的影像及びこれに伴う音声その他の音響を送る放送（文字，図形その他の影像（音声その他の音響を伴うものを含む。）又は信号を併せ送るものを含む。）をいう。

十九　「多重放送」とは，超短波放送又はテレビジョン放送の電波に重畳して，音声その他の音響，文字，図形その他の影像又は信号を送る放送であって，超短波放送又はテレビジョン放送に該当しないものをいう。

二十　「放送局」とは，放送をする無線局をいう。

二十一　「認定基幹放送事業者」とは，第93条第1項の認定を受けた者をいう。

二十二　「特定地上基幹放送事業者」とは，電波法の規定により自己の地上基幹放送の業務に用いる放送局（以下「特定地上基幹放送局」という。）の免許を受けた者をいう。

二十三　「基幹放送事業者」とは，認定基幹放送事業者及び特定地上基幹放送事業者をいう。

二十四　「基幹放送局提供事業者」とは，電波法の規定により基幹放送局

　　の免許を受けた者であって，当該基幹放送局の無線設備及びその他の電気通信設備のうち総務省令で定めるものの総体（以下「基幹放送局設備」という。）を認定基幹放送事業者の基幹放送の業務の用に供するものをいう。

二十五「一般放送事業者」とは，第 126 条第 1 項の登録を受けた者及び第 133 条第 1 項の規定による届出をした者をいう。

二十六「放送事業者」とは，基幹放送事業者及び一般放送事業者をいう。

二十七「認定放送持株会社」とは，第 159 条第 1 項の認定を受けた会社又は同項の認定を受けて設立された会社をいう。

二十八　「放送番組」とは，放送をする事項の種類，内容，分量及び配列をいう。

二十九　「教育番組」とは，学校教育又は社会教育のための放送の放送番組をいう。

三十　「教養番組」とは，教育番組以外の放送番組であって，国民の一般的教養の向上を直接の目的とするものをいう。

　認定基幹放送事業者は，放送設備を所有して一般放送事業者の委託を受けて放送を行う事業者のことです。

　基幹放送事業者は，自ら放送設備を所有して放送を行う事業者のことです。

　特定地上基幹放送事業者は，地上波テレビジョン放送を行う放送局を運営する事業者のことです。

　中波放送は AM ラジオ放送，超短波放送は FM ラジオ放送のことです。

2　放送番組の編集等

　放送番組編集の自由を保障し，国内放送の放送番組の編集に当たっての番組編集の基準等が定められています。

(1) 放送番組編集の自由

放送法
第 3 条　放送番組は，法律に定める権限に基づく場合でなければ，何人からも干渉され，又は規律されることがない。

(2) 国内放送等の放送番組の編集等

　放送番組の編集に当たって必要な事項，視覚障害者・聴覚障害者に対して配

慮する事項などが規定されています。

> **放送法**
> **第4条** 放送事業者は,国内放送及び内外放送(以下「国内放送等」という。)の放送番組の編集に当たっては,次の各号の定めるところによらなければならない。
> 一 公安及び善良な風俗を害しないこと。
> 二 政治的に公平であること。
> 三 報道は事実をまげないですること。
> 四 意見が対立している問題については,できるだけ多くの角度から論点を明らかにすること。
> 2 放送事業者は,テレビジョン放送による国内放送等の放送番組の編集に当たっては,静止し,又は移動する事物の瞬間的影像を視覚障害者に対して説明するための音声その他の音響を聴くことができる放送番組及び音声その他の音響を聴覚障害者に対して説明するための文字又は図形を見ることができる放送番組をできる限り多く設けるようにしなければならない。

(3) 番組基準

各放送事業者は,放送番組の種別等に区分して番組基準を策定し公表しています。放送番組は,この番組基準に従って放送されています。

> **放送法**
> **第5条** 放送事業者は,放送番組の種別(教養番組,教育番組,報道番組,娯楽番組等の区分をいう。以下同じ。)及び放送の対象とする者に応じて放送番組の編集の基準(以下「番組基準」という。)を定め,これに従って放送番組の編集をしなければならない。
> 2 放送事業者は,国内放送等について前項の規定により番組基準を定めた場合には,総務省令で定めるところにより,これを公表しなければならない。これを変更した場合も,同様とする。

(4) 放送番組審議機関

放送事業者は放送番組審議機関を組織し,放送番組が公共性の観点から適正に編成,制作される事を目的に放送番組の審議を行います。

> **放送法**
> **第6条** 放送事業者は,放送番組の適正を図るため,放送番組審議機関(以下「審議機関」という。)を置くものとする。

2　審議機関は，放送事業者の諮問に応じ，放送番組の適正を図るため必要な事項を審議するほか，これに関し，放送事業者に対して意見を述べることができる。

3　放送事業者は，番組基準及び放送番組の編集に関する基本計画を定め，又はこれを変更しようとするときは，審議機関に諮問しなければならない。

4　放送事業者は，審議機関が第2項の規定により諮問に応じて答申し，又は意見を述べた事項があるときは，これを尊重して必要な措置をしなければならない。

5　放送事業者は，総務省令で定めるところにより，次の各号に掲げる事項を審議機関に報告しなければならない。

一　前項の規定により講じた措置の内容

二　第9条第1項の規定による訂正又は取消しの放送の実施状況

三　放送番組に関して申出のあった苦情その他の意見の概要

6　放送事業者は，審議機関からの答申又は意見を放送番組に反映させるようにするため審議機関の機能の活用に努めるとともに，総務省令で定めるところにより，次の各号に掲げる事項を公表しなければならない。

一　審議機関が放送事業者の諮問に応じてした答申又は放送事業者に対して述べた意見の内容その他審議機関の議事の概要

二　第4項の規定により講じた措置の内容

放送法
第7条　放送事業者の審議機関は，委員7人（テレビジョン放送による基幹放送を行う放送事業者以外の放送事業者の審議機関にあっては，総務省令で定める7人未満の員数）以上をもって組織する。

2　放送事業者の審議機関の委員は，学識経験を有する者のうちから，当該放送事業者が委嘱する。

3　2以上の放送事業者は，次に掲げる要件のいずれをも満たす場合には，共同して審議機関を置くことができる。この場合においては，前項の規定による審議機関の委員の委嘱は，これらの放送事業者が共同して行う。

一　当該放送事業者のうちに同一の認定放送持株会社の関係会社（第158条第2項に規定する関係会社をいう。）である基幹放送事業者（その基幹放送に係る放送対象地域（第91条第2項第二号の放送対象地域をいう。第14条において同じ。）が全国である者を除く。）が2以上含まれていないこと。

二　当該放送事業者のうちに基幹放送事業者がある場合において，いずれの基幹放送事業者についても当該基幹放送事業者以外の全ての放送

6

放
送
法

事業者との間において次に掲げる要件のいずれかを満たす放送区域（電波法第14条第3項第二号の規定により基幹放送の業務に用いられる基幹放送局の免許状に記載された放送区域をいう。以下この項において同じ。）又は業務区域（第126条第2項第四号の業務区域をいう。以下この項において同じ。）の重複があること。

イ　放送区域又は業務区域が重複する区域の面積が当該いずれかの放送事業者の放送区域又は業務区域の面積の3分の2以上に当たること。

ロ　放送区域又は業務区域が重複する部分の放送区域の区域内の人口が当該いずれかの放送事業者の放送区域又は業務区域内の全人口の3分の2以上に当たること。

三　当該放送事業者のうちに2以上の一般放送事業者がある場合において，当該一般放送事業者のうちのいずれの2の一般放送事業者の間においても次に掲げる要件のいずれかを満たす関係があること。

イ　業務区域が重複し，かつ，業務区域が重複する区域の面積が当該いずれかの一般放送事業者の業務区域の面積の3分の2以上に当たること。

ロ　業務区域が重複し，かつ，業務区域が重複する区域内の人口が当該いずれかの一般放送事業者の業務区域内の全人口の3分の2以上に当たること。

ハ　当該2の一般放送事業者の業務区域の属する都道府県が同一であること。

（5）番組基準等の規定の適用除外

放送法
第8条　前3条の規定は，経済市況，自然事象及びスポーツに関する時事に関する事項その他総務省令で定める事項のみを放送事項とする放送又は臨時かつ一時の目的（総務省令で定めるものに限る。）のための放送を専ら行う放送事業者には，適用しない。

（6）訂正放送等

　放送の社会的影響力は大きいので，真実でない放送によって権利が侵害された場合に，その被害は甚大なものとなります。そこで，このような権利侵害から救済するため，権利の侵害を受けた本人又はその直接関係人から請求があったときは，放送事業者は，その真実を調査して，真実でないことが判明したと

きは，訂正又は取消しの放送をしなければなりません。

放送法
第9条 放送事業者が真実でない事項の放送をしたという理由によって，その放送により権利の侵害を受けた本人又はその直接関係人から，放送のあった日から3箇月以内に請求があったときは，放送事業者は，遅滞なくその放送をした事項が真実でないかどうかを調査して，その真実でないことが判明したときは，判明した日から2日以内に，その放送をした放送設備と同等の放送設備により，相当の方法で，訂正又は取消しの放送をしなければならない。

2　放送事業者がその放送について真実でない事項を発見したときも，前項と同様とする。

3　前2項の規定は，民法（明治29年法律第89号）の規定による損害賠償の請求を妨げるものではない。

（7）放送番組の保存

　法9条の規定によって放送番組の内容を確認するため，放送後3か月間は放送番組を保存しなければなりません。ただし，保存しなくてもよい番組については放送法施行令及び放送法施行規則に規定されています。

放送法
第10条 放送事業者は，当該放送番組の放送後3箇月間（前条第1項の規定による訂正又は取消しの放送の請求があった放送について，その請求に係る事案が3箇月を超えて継続する場合は，6箇月を超えない範囲内において当該事案が継続する期間）は，政令で定めるところにより，放送番組の内容を放送後において審議機関又は同条の規定による訂正若しくは取消しの放送の関係者が視聴その他の方法により確認することができるように放送番組を保存しなければならない。

放送法施行令
第1条 放送法（以下「法」という。）第10条（法第81条第6項において準用する場合を含む。）の規定による放送番組の保存は，次に掲げる放送番組（放送大学学園法（平成14年法律第156号）第3条に規定する放送大学学園（以下「学園」という。）及び法第8条に規定する放送事業者（同項において準用する同条の規定が適用される場合における日本放送協会（以下「協会」という。）を含む。）にあっては，第二号に掲げる放送番組を除く。）につき，録音又は録画をした物を保存する方法によってしなければならない。

一　経済市況，自然事象及びスポーツに関する時事に関する事項その他総務省令で定める事項のみを内容とする放送番組以外の放送番組

二　法第6条第1項（法第81条第6項において準用する場合を含む。）に規定する放送番組審議機関（以下「審議機関」という。）が放送番組の内容を確認することができるように要求した放送番組

三　法第9条第1項（法第81条第6項において準用する場合を含む。）の規定による訂正又は取消しの放送の放送番組

放送法施行規則
第8条　放送法施行令第1条第一号の総務省令で定める事項は，次のとおりとする。

一　映画，漫画，ドラマ又は演劇

二　音楽

三　交通情報，道路情報又は駐車場情報

四　公営競技情報

五　自己又は他人の営業に関する広告

六　囲碁又は将棋に関する時事

七　放送番組の検索又は選択に関する情報

八　受信機が正常に作動するために必要なプログラムの変換に必要な情報

九　基幹放送普及計画の定めるところにより，他の放送事業者の放送と同一の放送を同時に行う場合における当該他の放送事業者の放送番組

(8) 再放送

番組の再放送は，他の事業者の同意を得ない場合は禁止されています。

放送法
第11条　放送事業者は，他の放送事業者の同意を得なければ，その放送を受信し，これらを再放送してはならない。

(9)　広告放送の識別のための措置

放送法
第12条　放送事業者は，対価を得て広告放送を行う場合には，その放送を受信する者がその放送が広告放送であることを明らかに識別することができるようにしなければならない。

（10） 候補者放送

^{放送法}
第13条 放送事業者が，公選による公職の候補者の政見放送その他選挙
運動に関する放送をした場合において，その選挙における他の候補者の
請求があったときは，料金を徴収するとしないとにかかわらず，同等の
条件で放送をしなければならない。

（11） 内外放送の放送番組の編集

^{放送法}
第14条 放送事業者は，内外放送の放送番組の編集に当たっては，国際
親善及び外国との交流が損なわれることのないように，当該内外放送の
放送対象地域又は業務区域（第126条第2項第四号又は第133条第1項
第四号の業務区域をいう。）である外国の地域の自然的経済的社会的文
化的諸事情をできる限り考慮しなければならない。

演習問題

問1 放送法の目的について，放送法に規定するところを述べよ。
〔参照条文：法1条〕

問2 「基幹放送」の定義について，放送法に規定するところを述べよ。
〔参照条文：法2条〕

問3 放送番組の編集に当たって定められた事項について，放送法に規定
するところを述べよ。
〔参照条文：法4条〕

問4 放送番組の再放送について，放送法に規定するところを述べよ。
〔参照条文：法11条〕

③ 日本放送協会

　日本放送協会（NHK）は，放送法によって設立された法人で，公共の福祉の
ために，あまねく日本全国において受信できるように国内放送を行うこと等を

設立の目的としています。

3.1　協会の目的と業務

（1）協会の目的

放送法
第15条　協会は，公共の福祉のために，あまねく日本全国において受信
　できるように豊かで，かつ，良い放送番組による国内基幹放送（国内放
　送である基幹放送をいう。以下同じ。）を行うとともに，放送及びその
　受信の進歩発達に必要な業務を行い，あわせて国際放送及び協会国際衛
　星放送を行うことを目的とする。

用語解説

　「あまねく」とは，ひろく，すべてにわたってという意味で，放送が日本
全国で均一に受信することができるようにすることです。

（2）法人格

放送法
第16条　協会は，前条の目的を達成するためにこの法律の規定に基づき
　設立される法人とする。

（3）事務所

放送法
第17条　協会は，主たる事務所を東京都に置く。
2　協会は，必要な地に従たる事務所を置くことができる。

（4）定　款

放送法
第18条　協会は，定款をもって，次に掲げる事項を規定しなければなら
　ない。
　一　目的
　二　名称
　三　事務所の所在地
　四　資産及び会計に関する事項

　　五　経営委員会，監査委員会，理事会及び役員に関する事項
　　六　業務及びその執行に関する事項
　　七　放送債券の発行に関する事項
　　八　公告の方法
2　定款は，総務大臣の認可を受けて変更することができる。

(5) 登 記

放送法
第19条　協会は，主たる事務所の変更，従たる事務所の新設その他政令
　で定める事項について，政令で定める手続により登記しなければならな
　い。
2　前項の規定により登記を必要とする事項は，登記の後でなければ，こ
　れをもって第三者に対抗することができない。

(6) 協会の業務

放送法
第20条　協会は，第15条の目的を達成するため，次の業務を行う。
　　一　次に掲げる放送による国内基幹放送（特定地上基幹放送局を用いて
　　　行われるものに限る。）を行うこと。
　　　イ　中波放送
　　　ロ　超短波放送
　　　ハ　テレビジョン放送
　　二　テレビジョン放送による国内基幹放送（電波法の規定により協会以
　　　外の者が受けた免許に係る基幹放送局を用いて行われる衛星基幹放送
　　　に限る。）を行うこと。
　　三　放送及びその受信の進歩発達に必要な調査研究を行うこと。
　　四　邦人向け国際放送及び外国人向け国際放送を行うこと。
　　五　邦人向け協会国際衛星放送及び外国人向け協会国際衛星放送を行う
　　　こと。
2　協会は，前項の業務のほか，第15条の目的を達成するため，次の業務
　を行うことができる。
　　一　前項第四号の国際放送の放送番組の外国における送信を外国放送事
　　　業者に係る放送局を用いて行う場合に必要と認めるときにおいて，当
　　　該外国放送事業者との間の協定に基づき基幹放送局をその者に係る中
　　　継国際放送の業務の用に供すること。

二　協会が放送した又は放送する放送番組及びその編集上必要な資料その他の協会が放送した又は放送する放送番組に対する理解の増進に資する情報（これらを編集したものを含む。次号において「放送番組等」という。）を電気通信回線を通じて一般の利用に供すること（放送に該当するものを除く。）。

三　放送番組等を，放送番組を電気通信回線を通じて一般の利用に供する事業を行う者（放送事業者及び外国放送事業者を除く。）に提供すること（協会のテレビジョン放送による国内基幹放送の全ての放送番組を当該国内基幹放送と同時に提供することを除く。）。

四　放送番組及びその編集上必要な資料を外国放送事業者に提供すること。

五　テレビジョン放送による外国人向け協会国際衛星放送の放送番組及びその編集上必要な資料を放送事業者に提供すること。

六　前項の業務に附帯する業務を行うこと（前各号に掲げるものを除く。）。

七　多重放送を行おうとする者に放送設備を賃貸すること。

八　委託により，放送及びその受信の進歩発達に寄与する調査研究，放送設備の設計その他の技術援助並びに放送に従事する者の養成を行うこと。

九　前各号に掲げるもののほか，放送及びその受信の進歩発達に特に必要な業務を行うこと。

3　協会は，前2項の業務のほか，当該業務の円滑な遂行に支障のない範囲内において，次の業務を行うことができる。

一　協会の保有する施設又は設備（協会がその所有する土地についてした信託の終了により取得したものを含む。）を一般の利用に供し，又は賃貸すること。

二　委託により，放送番組等を制作する業務その他の協会が前2項の業務を行うために保有する設備又は技術を活用して行う業務であって，協会が行うことが適切であると認められるものを行うこと。

4　協会は，前3項の業務を行うに当たっては，営利を目的としてはならない。

5　協会は，中波放送と超短波放送とのいずれか及びテレビジョン放送がそれぞれあまねく全国において受信できるように措置をしなければならない。

6　協会は，第1項第三号の業務を行うについて，放送に関係を有する者その他学識経験を有する者から意見の申出があった場合において，その内容が放送及びその受信の進歩発達に寄与するものであり，かつ，同項

及び第2項の業務の遂行に支障を生じないものであるときは，これを尊重するものとし，同号の業務による成果は，できる限り一般の利用に供しなければならない。

7　協会は，外国人向け協会国際衛星放送を行うに当たっては，その全部又は一部をテレビジョン放送によるものとしなければならない。

8　第2項第一号の協定は，中継国際放送に係る放送区域，放送時間その他総務省令で定める放送設備に関する事項を内容とするものとし，協会は，当該協定を締結し，又は変更しようとするときは，総務大臣の認可を受けなければならない。

9　協会は，第2項第二号又は第三号の業務を行おうとするときは，次に掲げる事項について実施基準を定め，総務大臣の認可を受けなければならない。これを変更しようとするときも，同様とする。

一　第2項第二号又は第三号の業務の種類，内容及び実施方法

二　第2項第二号又は第三号の業務の実施に要する費用に関する事項

三　第2項第二号の業務にあっては，当該業務に関する料金その他の提供条件に関する事項

四　その他総務省令で定める事項

10　総務大臣は，前項の認可の申請が，次の各号のいずれにも該当すると認めるときは，同項の認可をするものとする。

一　第15条の目的の達成に資するものであること。

二　第2項第二号又は第三号の業務の種類，内容及び実施方法が適正かつ明確に定められていること。

三　第2項第二号又は第三号の業務の種類，内容及び実施方法が，協会の放送を受信することのできる受信設備を設置した者について，第64条第1項の規定により協会とその放送の受信についての契約をしなければならないこととされている趣旨に照らして，不適切なものでないこと。

四　第2項第二号又は第三号の業務の実施に過大な費用を要するものでないこと。

五　第2項第二号の業務にあっては，特定の者に対し不当な差別的取扱いをするものでないこと。

六　第2項第二号の業務にあっては，利用者（同号に規定する一般の利用について，協会と契約を締結する者をいう。）の利益を不当に害するものでないこと。

11　協会は，第2項第二号又は第三号の業務を行うに当たっては，第9項の認可を受けた実施基準に定めるところに従わなければならない。

12　協会は，第9項の認可を受けたときは，遅滞なく，その実施基準を公表しなければならない。

13　協会は，第2項第二号又は第三号の業務を行うに当たっては，第9項の認可を受けた実施基準に基づき，総務省令で定めるところにより，毎事業年度の当該業務の実施計画を定め，当該事業年度の開始前に，これを総務大臣に届け出るとともに，公表しなければならない。これを変更しようとするときも，同様とする。

14　協会は，第2項第二号の業務を行うに当たっては，全国向けの放送番組のほか，地方向けの放送番組を電気通信回線を通じて一般の利用に供するよう努めるとともに，他の放送事業者が実施する当該業務に相当する業務の円滑な実施に必要な協力をするよう努めなければならない。

15　総務大臣は，次の各号に掲げる場合に該当すると認めるときは，協会に対し，期限を定めて，当該各号に定める勧告をすることができる。

一　第9項の認可を受けた実施基準が第10項各号のいずれかに該当しないこととなった場合　その実施基準を変更すべき旨の勧告

二　協会が第11項の規定に違反している場合　第9項の認可を受けた実施基準に従い第2項第二号又は第三号の業務を行うべき旨の勧告

16　総務大臣は，協会が前項の規定による勧告に従わなかったときは，第9項の認可を取り消すことができる。

17　協会は，少なくとも3年ごとに，第2項第二号又は第三号の業務に関する技術の発達及び需要の動向その他の事情を勘案し，当該業務の実施の状況について評価を行うとともに，その結果に基づき当該業務の改善を図るため必要な措置を講ずるよう努めなければならない。

18　協会は，第2項第九号又は第3項の業務を行おうとするときは，総務大臣の認可を受けなければならない。

19　協会は，基幹放送の受信用機器又はその部品を認定し，基幹放送受信用機器の修理業者を指定し，その他いかなる名目であっても，無線用機器の製造業者，販売業者及び修理業者の行う業務を規律し，又はこれに干渉するような行為をしてはならない。

3.2　業務の委託

業務委託基準を定めて，日本放送協会の業務の一部を協会以外の者に委託することができます。

（1）業務の委託

放送法
第23条　協会は，第21条第2項の場合のほか，第20条第1項の業務又
は第65条第1項若しくは第66条第1項の規定によりその行う業務（次
項において「第20条第1項の業務等」という。）については，協会が定
める基準に従う場合に限り，その一部を他に委託することができる。

2　　前項の基準は，同項の規定による委託をすることにより，当該委託業
務が効率的に行われ，かつ，第20条第1項の業務等の円滑な遂行に支
障が生じないようにするものでなければならない。

3　　協会は，第1項の基準を定めたときは，遅滞なく，その基準を総務大
臣に届け出なければならない。これを変更したときも，同様とする。

（2）基幹放送業務の認定の特例

　基幹放送を行おうとする者は大臣の認定を受けなければなりません。認定の
欠格事由等について，協会は適用が除外されています。

放送法
第24条　総務大臣が協会について第93条第1項の規定による認定の審
査を行う場合における同項の規定の適用については，同項中「次に掲げ
る要件」とあるのは，「次に掲げる要件（第四号，第五号及び第六号（イ
からハまでに係る部分に限る。）を除く。）」とする。

2　　総務大臣が協会について第96条第2項の規定による認定の更新の審
査を行う場合における同項の規定の適用については，同項中「第93条
第1項第四号及び第五号」とあるのは，「第93条第1項第四号」とする。

（3）国際放送等の実施

放送法
第25条　協会は，外国の放送局を用いて国際放送又は協会国際衛星放送
を開始したときは，遅滞なく，放送区域，放送事項その他総務省令で定
める事項を総務大臣に届け出なければならない。これらの事項を変更し
たときも，同様とする。

放送法
第26条　協会は，第20条第7項の規定によるテレビジョン放送による
外国人向け協会国際衛星放送（第21条第2項の規定による子会社への
放送番組の制作の委託を含む。）を行うに当たり，当該放送を実施する
ため特に必要があると認めるときは，協会以外の基幹放送事業者（放送
大学学園法第3条に規定する放送大学学園（以下「学園」という。）を

除く。第3項において同じ。）に対し，協会が定める基準及び方法に従って，放送番組の編集上必要な資料の提供その他必要な協力を求めることができる。

2　協会は，前項に規定する基準及び方法を定め，又はこれらを変更しようとするときは，第82条第1項に規定する国際放送番組審議会に諮問しなければならない。

3　前項の国際放送番組審議会は，同項の規定により諮問を受けた場合には，協会以外の基幹放送事業者の意見を聴かなければならない。

4　協会は，第1項に規定する基準及び方法を定めたときは，遅滞なく，その基準及び方法を総務大臣に届け出なければならない。これらを変更した場合も，同様とする。

（4）苦情処理

放送法
第27条　協会は，その業務に関して申出のあった苦情その他の意見については，適切かつ迅速にこれを処理しなければならない。

3.3　経営委員会

協会の組織は，議決機関としての経営委員会と，執行機関の会長，理事等で構成されています。経営委員は12人で組織され，公共の福祉に関し公正な判断をすることができ，広い経験と知識を有する者のうちから，両議院の同意を得て，内閣総理大臣が任命します。

（1）経営委員会の設置，権限等

放送法
第28条　協会に経営委員会を置く。

放送法
第29条　経営委員会は，次に掲げる職務を行う。
　一　次に掲げる事項の議決
　　イ　協会の経営に関する基本方針
　　ロ　監査委員会の職務の執行のため必要なものとして総務省令で定める事項
　　ハ　協会の業務の適正を確保するために必要なものとして次に掲げる体制の整備
　　　（1）会長，副会長及び理事の職務の執行が法令及び定款に適合する

　　　　ことを確保するための体制
　　(2) 会長，副会長及び理事の職務の執行に係る情報の保存及び管理
　　　　に関する体制
　　(3) 損失の危険の管理に関する体制
　　(4) 会長，副会長及び理事の職務の執行が効率的に行われることを
　　　　確保するための体制
　　(5) 職員の職務の執行が法令及び定款に適合することを確保するた
　　　　めの体制
　　(6) 次に掲げる体制その他の協会及びその子会社から成る集団の業
　　　　務の適正を確保するための体制
　　　(i) 当該子会社の取締役，執行役，業務を執行する社員（業務を
　　　　　執行する社員が法人である場合にあっては，その職務を行うべ
　　　　　き者）又はこれらに準ずる者（(ii)及び(iv)において「取締役等」
　　　　　という。）及び使用人の職務の執行が法令及び定款に適合する
　　　　　ことを確保するための体制
　　　(ii) 当該子会社の取締役等の職務の執行に関する事項の協会への
　　　　　報告に関する体制
　　　(iii) 当該子会社の損失の危険の管理に関する体制
　　　(iv) 当該子会社の取締役等の職務の執行が効率的に行われるこ
　　　　　とを確保するための体制
　　(7) 経営委員会の事務局に関する体制
　ニ　収支予算，事業計画及び資金計画
　ホ～ノ［省略］
　オ　イからノまでに掲げるもののほか，これらに類するものとして経
　　　営委員会が認めた事項
　二　役員の職務の執行の監督
2　経営委員会は，その職務の執行を委員に委任することができない。
3　経営委員会は，第1項に規定する権限の適正な行使に資するため，総
　務省令の定めるところにより，広く一般の意見を求めるものとする。

(2) 経営委員会の組織

放送法
第30条　経営委員会は，委員12人をもって組織する。
2　経営委員会に委員長1人を置き，委員の互選によってこれを定める。
3　委員長は，委員会の会務を総理する。

4　経営委員会は，あらかじめ，委員のうちから，委員長に事故がある場合に委員長の職務を代行する者を定めて置かなければならない。

（3）委員の任命

放送法
第31条　委員は，公共の福祉に関し公正な判断をすることができ，広い経験と知識を有する者のうちから，両議院の同意を得て，内閣総理大臣が任命する。この場合において，その選任については，教育，文化，科学，産業その他の各分野及び全国各地方が公平に代表されることを考慮しなければならない。

2　委員の任期が満了し，又は欠員を生じた場合において，国会の閉会又は衆議院の解散のため，両議院の同意を得ることができないときは，内閣総理大臣は，前項の規定にかかわらず，両議院の同意を得ないで委員を任命することができる。この場合においては，任命後最初の国会において，両議院の同意を得なければならない。

3　次の各号のいずれかに該当する者は，委員となることができない。

一　禁錮以上の刑に処せられた者

二　国家公務員として懲戒免職の処分を受け，当該処分の日から2年を経過しない者

三　国家公務員（審議会，協議会等の委員その他これに準ずる地位にある者であって非常勤のものを除く。）

四　政党の役員（任命の日以前1年間においてこれに該当した者を含む。）

五　放送用の送信機若しくは放送受信用の受信機の製造業者若しくは販売業者又はこれらの者が法人であるときはその役員（いかなる名称によるかを問わずこれと同等以上の職権又は支配力を有する者を含む。以下この条において同じ。）若しくはその法人の議決権の10分の1以上を有する者（任命の日以前1年間においてこれらに該当した者を含む。）

六　放送事業者，認定放送持株会社，第152条第2項に規定する有料放送管理事業者若しくは新聞社，通信社その他ニュース若しくは情報の頒布を業とする事業者又はこれらの事業者が法人であるときはその役員若しくは職員若しくはその法人の議決権の10分の1以上を有する者

七　前2号に掲げる事業者の団体の役員

4　委員の任命については，5人以上が同一の政党に属する者となることと

なってはならない。

(4) 委員の権限等

放送法
第32条 委員は，この法律又はこの法律に基づく命令に別段の定めがある場合を除き，個別の放送番組の編集その他の協会の業務を執行することができない。
2　委員は，個別の放送番組の編集について，第3条の規定に抵触する行為をしてはならない。

(5) 任　期

放送法
第33条 委員の任期は，3年とする。ただし，補欠の委員は，前任者の残任期間在任する。
2　委員は，再任されることができる。
3　委員は，任期が満了した場合においても，あらたに委員が任命されるまでは，第1項の規定にかかわらず，引き続き在任する。

3.4　役　員

経営委員会の委員のほかに，執行機関として会長，副会長，理事，監事の役員が置かれます。

放送法
第49条 協会に，役員として，経営委員会の委員のほか，会長1人，副会長1人，理事7人以上10人以内を置く。

放送法
第50条 会長，副会長及び理事をもって理事会を構成する。
2　理事会は，定款の定めるところにより，協会の重要業務の執行について審議する。

放送法
第51条 会長は，協会を代表し，経営委員会の定めるところに従い，その業務を総理する。
2　副会長は，会長の定めるところにより，協会を代表し，会長を補佐して協会の業務を掌理し，会長に事故があるときはその職務を代行し，会長が欠員のときはその職務を行う。
3　理事は，会長の定めるところにより，協会を代表し，会長及び副会長

を補佐して協会の業務を掌理し，会長及び副会長に事故があるときはその職務を代行し，会長及び副会長が欠員のときはその職務を行う。

4　会長，副会長及び理事は，協会に著しい損害を及ぼすおそれのある事実を発見したときは，直ちに，当該事実を監査委員に報告しなければならない。

放送法
第52条　会長は，経営委員会が任命する。

2　前項の任命に当たっては，経営委員会は，委員9人以上の多数による議決によらなければならない。

3　副会長及び理事は，経営委員会の同意を得て，会長が任命する。

4　会長，副会長及び理事の任命については，第31条第3項の規定を準用する。この場合において同項第六号中「放送事業者，認定放送持株会社，第152条第2項に規定する有料放送管理事業者若しくは新聞社」とあるのは「新聞社」と，「10分の1以上を有する者」とあるのは「10分の1以上を有する者（任命の日以前1年間においてこれらに該当した者を含む。）」と，同項第七号中「役員」とあるのは「役員（任命の日以前1年間においてこれらに該当した者を含む。）」とそれぞれ読み替えるものとする。

3.5　受信契約及び受信料

協会の財源の基礎とするため，協会の放送を受信することのできる受信設備を設置した者は，受信契約をしなければならないことが規定されています。

放送法
第64条　協会の放送を受信することのできる受信設備を設置した者は，協会とその放送の受信についての契約をしなければならない。ただし，放送の受信を目的としない受信設備又はラジオ放送（音声その他の音響を送る放送であって，テレビジョン放送及び多重放送に該当しないものをいう。第126条第1項において同じ。）若しくは多重放送に限り受信することのできる受信設備のみを設置した者については，この限りでない。

2　協会は，あらかじめ総務大臣の認可を受けた基準によるのでなければ，前項本文の規定により契約を締結した者から徴収する受信料を免除してはならない。

3　協会は，第1項の契約の条項については，あらかじめ総務大臣の認可を受けなければならない。これを変更しようとするときも同様とする。

4　協会の放送を受信し，その内容に変更を加えないで同時にその再放送をする放送は，これを協会の放送とみなして前3項の規定を適用する。

3.6　国際放送等の要請等

放送法
第65条　総務大臣は，協会に対し，放送区域，放送事項（＊1）その他必要な事項を指定して国際放送又は協会国際衛星放送を行うことを要請することができる。

2　総務大臣は，前項の要請をする場合には，協会の放送番組の編集の自由に配慮しなければならない。

3　協会は，総務大臣から第1項の要請があったときは，これに応じるよう努めるものとする。

4　協会は，第1項の国際放送を外国放送事業者に係る放送局を用いて行う場合において，必要と認めるときは，当該外国放送事業者との間の協定に基づき基幹放送局をその者に係る中継国際放送の業務の用に供することができる。

5　第20条第8項の規定は，前項の協定に準用する。この場合において，同条第8項中「又は変更し」とあるのは，「変更し，又は廃止し」と読み替えるものとする。

＊1　邦人の生命，身体及び財産の保護に係る事項，国の重要な政策に係る事項，国の文化，伝統及び社会経済に係る重要事項その他の国の重要事項に係るものに限る。

3.7　放送に関する研究

　NHK放送技術研究所及びNHK放送文化研究所を設置し，放送技術全般の進歩発展に関わる調査及び研究，放送文化の向上に役立つ調査及び研究が行われています。

放送法
第66条　総務大臣は，放送及びその受信の進歩発達を図るため必要と認めるときは，協会に対し，事項を定めてその研究を命ずることができる。

2　前項の規定によって行われた研究の成果は，放送事業の発達その他公共の利益になるように利用されなければならない。

3.8 国際放送等の費用負担

放送法
第67条 第65条第1項の要請に応じて協会が行う国際放送又は協会国際衛星放送に要する費用及び前条第1項の命令を受けて協会が行う研究に要する費用は，国の負担とする。

2 第65条第1項の要請及び前条第1項の命令は，前項の規定により国が負担する金額が国会の議決を経た予算の金額を超えない範囲内でしなければならない。

3.9 事業計画等

(1) 事業年度，企業会計原則

放送法
第68条 協会の事業年度は，毎年4月に始まり，翌年3月に終る。

放送法
第69条 協会の会計は，総務省令で定めるところにより，原則として企業会計原則によるものとする。

(2) 収支予算，事業計画及び資金計画

放送法
第70条 協会は，毎事業年度の収支予算，事業計画及び資金計画を作成し，総務大臣に提出しなければならない。これを変更しようとするときも，同様とする。

2 総務大臣が前項の収支予算,事業計画及び資金計画を受理したときは,これを検討して意見を付し，内閣を経て国会に提出し，その承認を受けなければならない。

3 前項の収支予算，事業計画及び資金計画に同項の規定によりこれを変更すべき旨の意見が付してあるときは，国会の委員会は，協会の意見を徴するものとする。

4 第64条第1項本文の規定により契約を締結した者から徴収する受信料の月額は，国会が，第1項の収支予算を承認することによって，定める。

放送法
第71条 協会は，毎事業年度の収支予算，事業計画及び資金計画が国会の閉会その他やむを得ない理由により当該事業年度の開始の日までにその承認を受けることができない場合においては，3箇月以内に限り，事業の経常的運営及び施設の建設又は改修の工事（国会の承認を受けた

前事業年度の事業計画に基づいて実施したこれらの工事の継続に係るものに限る。）に必要な範囲の収支予算，事業計画及び資金計画を作成し，総務大臣の認可を受けてこれを実施することができる。この場合において，前条第4項に規定する受信料の月額は，同項の規定にかかわらず，前事業年度終了の日の属する月の受信料の月額とする。

2　前項の規定による収支予算，事業計画及び資金計画は，当該事業年度の収支予算，事業計画及び資金計画の国会による承認があったときは，失効するものとし，同項の規定による収支予算，事業計画及び資金計画に基づいてした収入，支出，事業の実施並びに資金の調達及び返済は，当該事業年度の収支予算，事業計画及び資金計画に基づいてしたものとみなす。

3　総務大臣は，第1項の認可をしたときは，事後にこれを国会に報告しなければならない。

(3) 業務報告書の提出等

放送法
第72条　協会は，毎事業年度の業務報告書を作成し，これに監査委員会の意見書を添え，当該事業年度経過後3箇月以内に，総務大臣に提出しなければならない。

2　総務大臣は，前項の業務報告書を受理したときは，これに意見を付すとともに同項の監査委員会の意見書を添え，内閣を経て国会に報告しなければならない。

3　協会は，第1項の規定による提出を行ったときは，遅滞なく，同項の書類を，各事務所に備えて置き，総務省令で定める期間，一般の閲覧に供しなければならない。

3.10　放送番組の編集等

放送法
第81条　協会は，国内基幹放送の放送番組の編集及び放送に当たっては，第4条第1項［放送事業者の国内放送の放送番組の編集］に定めるところによるほか，次の各号の定めるところによらなければならない。

一　豊かで，かつ，良い放送番組の放送を行うことによって公衆の要望を満たすとともに文化水準の向上に寄与するように，最大の努力を払うこと。

二　全国向けの放送番組のほか，地方向けの放送番組を有するようにす

　ること。
　三　我が国の過去の優れた文化の保存並びに新たな文化の育成及び普及
　　に役立つようにすること。
2　協会は，公衆の要望を知るため，定期的に，科学的な世論調査を行い，
　かつ，その結果を公表しなければならない。
3　第106条第1項の規定は協会の中波放送及び超短波放送の放送番組の
　編集について，第107条の規定は中波放送及び超短波放送を行う場合に
　おける協会について準用する。
4　協会は，邦人向け国際放送若しくは邦人向け協会国際衛星放送の放送
　番組の編集及び放送又は外国放送事業者に提供する邦人向けの放送番組
　の編集に当たっては，海外同胞向けの適切な報道番組及び娯楽番組を有
　するようにしなければならない。
5　協会は，外国人向け国際放送若しくは外国人向け協会国際衛星放送の
　放送番組の編集及び放送又は外国放送事業者に提供する外国人向けの放
　送番組の編集に当たっては，我が国の文化，産業その他の事情を紹介し
　て我が国に対する正しい認識を培い，及び普及すること等によって国際
　親善の増進及び外国との経済交流の発展に資するようにしなければなら
　ない。
6　〔省略〕

3.11　放送番組審議会

放送法
第82条　協会は，第6条第1項（前条第6項において準用する場合を含
　む。）の審議機関として，国内基幹放送に係る中央放送番組審議会（以
　下「中央審議会」という。）及び地方放送番組審議会（以下「地方審議会」
　という。）並びに国際放送及び協会国際衛星放送（以下この条において
　「国際放送等」という。）に係る国際放送番組審議会（以下「国際審議会」
　という。）を置くものとする。
2　地方審議会は，政令で定める地域ごとに置くものとする。
3　中央審議会は委員15人以上，地方審議会は委員7人以上，国際審議会
　は委員10人以上をもって組織する。
4　中央審議会及び国際審議会の委員は，学識経験を有する者のうちから，
　経営委員会の同意を得て，会長が委嘱する。
5　地方審議会の委員は，学識経験を有する者であって，当該地方審議会
　に係る第2項に規定する地域に住所を有するもののうちから，会長が委

嘱する。

6　第6条第2項（前条第6項において準用する場合を含む。第8項において同じ。）の規定により協会の諮問に応じて審議する事項は，中央審議会にあっては国内基幹放送に係る第6条第3項に規定するもの及び全国向けの放送番組に係るもの，地方審議会にあっては第2項に規定する地域向けの放送番組に係るもの，国際審議会にあっては国際放送等に係る同条第3項に規定するもの及び国際放送等の放送番組に係るものとする。

7　協会は，第2項に規定する地域向けの放送番組の編集及び放送に関する計画を定め，又はこれを変更しようとするときは，地方審議会に諮問しなければならない。

8　第6条第2項の規定により協会に対して意見を述べることができる事項は，中央審議会及び地方審議会にあっては国内基幹放送の放送番組に係るもの，国際審議会にあっては国際放送等の放送番組に係るものとする。

3.12　広告放送等の禁止

　広告放送を行う放送事業者の財源は，主として広告収入によって賄われているので，協会に対しては，他人の営業に関する広告の放送を禁止して，広告放送を行う放送事業者を保護しています。

放送法
第83条　協会は，他人の営業に関する広告の放送をしてはならない。
2　前項の規定は，放送番組編集上必要であって，かつ，他人の営業に関する広告のためにするものでないと認められる場合において，著作者又は営業者の氏名又は名称等を放送することを妨げるものではない。

3.13　雑　則
（1）　放送設備の譲渡等の制限

放送法
第85条　協会は，総務大臣の認可を受けなければ，放送設備の全部又は一部を譲渡し，賃貸し，担保に供し，その運用を委託し，その他いかなる方法によるかを問わず，これを他人の支配に属させることができない。
2　総務大臣は，前項の認可をしようとするときは，両議院の同意を得なければならない。ただし，協会が第20条第2項第七号［多重放送を行おうとする者に放送設備を賃貸する］又は第3項第一号［協会の保有す

る施設又は設備を一般の利用に供し，又は賃貸する］の業務を行う場合については，この限りでない。

（2）　放送の休止及び廃止

放送法
第86条　協会は，総務大臣の認可を受けなければ，その基幹放送局若しくはその放送の業務を廃止し，又はその放送を 12 時間以上（協会国際衛星放送にあっては，24 時間以上）休止することができない。ただし，次の各号のいずれかに該当する場合は，この限りでない。

一　不可抗力により廃止し，又は休止する場合

二　一の外国の放送局を用いて行われる協会国際衛星放送（当該協会国際衛星放送を受信することができる者の数を勘案して総務省令で定めるものを除く。）の放送区域の全部が当該一の外国の放送局以外の放送局を用いて行われる協会国際衛星放送の放送区域に含まれる場合において当該一の外国の放送局を用いて行われる協会国際衛星放送の業務を廃止し，又は休止するときその他これに準ずる場合として総務省令で定める場合

三　外国の放送局を用いて行われる国際放送の業務を廃止し，又は休止する場合

2　協会は，その放送の業務を廃止したときは，前項の認可を受けた場合を除き，遅滞なく，その旨を総務大臣に届け出なければならない。

3　協会は，その放送を休止したときは，第 1 項の認可を受けた場合又は第 113 条の規定により報告をすべき場合を除き，遅滞なく，その旨を総務大臣に届け出なければならない。

4，5　［省略］

（3）解　散

放送法
第87条　協会の解散については，別に法律で定める。

2　協会が解散した場合においては，協会の残余財産は，国に帰属する。

演習問題

問 1　日本放送協会の目的について，放送法に規定するところを述べよ。

〔参照条文：法 15 条〕

問2 日本放送協会における経営委員会の任命について，放送法に規定するところを述べよ。

〔参照条文：法31条〕

問3 日本放送協会との受信契約及び受信料について，放送法に規定するところを述べよ。

〔参照条文：法64条〕

問4 日本放送協会の放送番組の編集等について，放送法に規定するところを述べよ。

〔参照条文：法81条〕

問5 日本放送協会の基幹放送局の廃止，放送の休止について，放送法に規定するところを述べよ。

〔参照条文：法86条〕

4 放送大学学園

4.1 放送番組の編集等に関する通則等の適用

放送大学学園は，放送大学学園法に基づいて設立された学校法人で，放送による通信制大学および大学院を設置しています。超短波放送（FM放送）とテレビジョン放送の特定地上基幹放送事業者および衛星基幹放送事業者です。番組基準や番組審議など放送内容に関する規定は適用されません。

放送法
第88条 第5条から第8条まで，第12条，第13条，第93条第1項第七号（イからハまでに係る部分に限る。），第95条第2項，第98条第1項，第100条，第106条第1項及び第107条から第109条までの規定は，学園については，適用しない。

4.2 放送の休止及び廃止

放送法
第89条 学園は，総務大臣の認可を受けなければ，その基幹放送局若しくはその放送の業務を廃止し，又はその放送を12時間以上休止することができない。ただし，不可抗力による場合は，この限りでない。

2　学園は，その放送を休止したときは，前項の認可を受けた場合又は第

113 条の規定により報告をすべき場合を除き，遅滞なく，その旨を総務大臣に届け出なければならない。

3　総務大臣が第 93 条第 1 項の認定を受けた学園の放送の業務について第 1 項の廃止の認可をした場合については，第 105 条中「第 100 条の規定による業務の廃止の届出を受けた」とあるのは「第 89 条第 1 項の廃止の認可をした」と，「当該届出」とあるのは「当該認可」と読み替えて，同条の規定を適用する。

4.3　広告放送の禁止

放送法
第90条　学園は，他人の営業に関する広告の放送をしてはならない。

2　前項の規定は，放送番組編集上必要であって，かつ，他人の営業に関する広告のためにするものでないと認められる場合において，著作者又は営業者の氏名又は名称等を放送することを妨げるものではない。

5　基幹放送

5.1　通　則

「基幹放送」とは，電波法の規定により放送をする無線局に専ら又は優先的に割り当てられるものとされた周波数の電波を使用する放送をいう。

（1）基幹放送普及計画

中波放送，テレビジョン放送等の地上基幹放送，衛星基幹放送等の種類別に普及させるための指針や地域ごとの置局数等が基幹放送普及計画として告示されています。

放送法
第91条　総務大臣は，基幹放送の計画的な普及及び健全な発達を図るため，基幹放送普及計画を定め，これに基づき必要な措置を講ずるものとする。

2　基幹放送普及計画には，次に掲げる事項を定めるものとする。

一　基幹放送を国民に最大限に普及させるための指針，基幹放送をすることができる機会をできるだけ多くの者に対し確保することにより，基幹放送による表現の自由ができるだけ多くの者によって享有されるようにするための指針その他基幹放送の計画的な普及及び健全な発達

　　を図るための基本的事項

　二　協会の放送，学園の放送又はその他の放送の区分，国内放送，国際放送，中継国際放送，協会国際衛星放送又は内外放送の区分，中波放送，超短波放送，テレビジョン放送その他の放送の種類による区分その他の総務省令で定める基幹放送の区分ごとの同一の放送番組の放送を同時に受信できることが相当と認められる一定の区域（以下「放送対象地域」という。）

　三　放送対象地域ごとの放送系（同一の放送番組の放送を同時に行うことのできる基幹放送局の総体をいう。以下この号において同じ。）の数（衛星基幹放送及び移動受信用地上基幹放送に係る放送対象地域にあっては，放送系により放送をすることのできる放送番組の数）の目標

3　基幹放送普及計画は，第20条第1項，第2項第一号及び第5項に規定する事項，電波法第5条第4項の基幹放送用割当可能周波数，放送に関する技術の発達及び需要の動向，地域の自然的経済的社会的文化的諸事情その他の事情を勘案して定める。

4　総務大臣は，前項の事情の変動により必要があると認めるときは，基幹放送普及計画を変更することができる。

5　総務大臣は，基幹放送普及計画を定め，又は変更したときは，遅滞なく，これを公示しなければならない。

（2）　基幹放送の受信に係る事業者の責務

放送法
第92条　特定地上基幹放送事業者及び基幹放送局提供事業者（電波法の規定により衛星基幹放送の業務に用いられる基幹放送局の免許を受けた者を除く。）は，その基幹放送局を用いて行われる基幹放送に係る放送対象地域において，当該基幹放送があまねく受信できるように努めるものとする。

5.2　基幹放送事業者

　「基幹放送事業者」とは，認定基幹放送事業者及び特定地上基幹放送事業者をいう。

　「認定基幹放送事業者」とは，第93条第1項の認定を受けた者をいう。

　「特定地上基幹放送事業者」とは，電波法の規定により自己の地上基幹放送の業務に用いる放送局の免許を受けた者をいう。

（1）　認　定

放送法
第93条　基幹放送の業務を行おうとする者（電波法の規定により当該基
幹放送の業務に用いられる特定地上基幹放送局の免許を受けようとする
者又は受けた者を除く。）は，次に掲げる要件のいずれにも該当するこ
とについて，総務大臣の認定を受けなければならない。

一　当該業務に用いられる基幹放送局設備を確保することが可能である
こと。

二　当該業務を維持するに足りる経理的基礎及び技術的能力があること。

三　当該業務に用いられる電気通信設備（基幹放送局設備を除く。以下
「基幹放送設備」という。）が第111条第1項の総務省令で定める技術
基準に適合すること。

四　衛星基幹放送の業務を行おうとする場合にあっては，当該衛星基幹
放送において使用する周波数が衛星基幹放送に関する技術の発達及び
普及状況を勘案して総務省令で定める衛星基幹放送に係る周波数の使
用に関する基準に適合すること。

五　当該業務を行おうとする者が次のいずれにも該当しないこと。ただ
し，当該業務に係る放送の種類，放送対象地域その他の事項に照ら
して基幹放送による表現の自由ができるだけ多くの者によって享有され
ることが妨げられないと認められる場合として総務省令で定める場合
は，この限りでない。

イ　基幹放送事業者

ロ　イに掲げる者に対して支配関係を有する者

ハ　イ又はロに掲げる者がある者に対して支配関係を有する場合にお
けるその者

六　その認定をすることが基幹放送普及計画に適合することその他放送
の普及及び健全な発達のために適切であること。

七　当該業務を行おうとする者が次のイからルまで（衛星基幹放送又は
移動受信用地上基幹放送の業務を行おうとする場合にあっては，ホを
除く。）のいずれにも該当しないこと。

イ　日本の国籍を有しない人

ロ　外国政府又はその代表者

ハ　外国の法人又は団体

ニ　法人又は団体であって，イからハまでに掲げる者が特定役員であ
るもの又はこれらの者がその議決権の5分の1以上を占めるもの

　　ホ　法人又は団体であって，（1）に掲げる者により直接に占められる
　　　議決権の割合とこれらの者により（2）に掲げる者を通じて間接に
　　　占められる議決権の割合として総務省令で定める割合とを合計した
　　　割合がその議決権の5分の1以上を占めるもの（ニに該当する場合
　　　を除く。）
　　　（1）イからハまでに掲げる者
　　　（2）（1）に掲げる者により直接に占められる議決権の割合が総務省
　　　　令で定める割合以上である法人又は団体
　　ヘ　この法律又は電波法に規定する罪を犯して罰金以上の刑に処せら
　　　れ，その執行を終わり，又はその執行を受けることがなくなった日
　　　から2年を経過しない者
　　ト　第103条第1項又は第104条（第五号を除く。）の規定により認
　　　定の取消しを受け，その取消しの日から2年を経過しない者
　　チ　第131条の規定により登録の取消しを受け，その取消しの日から
　　　2年を経過しない者
　　リ　電波法第75条第1項又は第76条第4項（第四号を除く。）の規
　　　定により基幹放送局の免許の取消しを受け，その取消しの日から2
　　　年を経過しない者
　　ヌ　電波法第27条の15第1項又は第2項（第四号を除く。）の規定
　　　により移動受信用地上基幹放送をする無線局に係る同法第27条の
　　　13第1項の開設計画の認定の取消しを受け，その取消しの日から2
　　　年を経過しない者
　　ル　法人又は団体であって，その役員がヘからヌまでのいずれかに該
　　　当する者であるもの
2　前項の認定を受けようとする者は，総務省令で定めるところにより，
　次の事項（衛星基幹放送にあっては，次の事項及び当該衛星基幹放送の
　業務に係る人工衛星の軌道又は位置）を記載した申請書を総務大臣に提
　出しなければならない。
　一　氏名又は名称及び住所並びに法人にあっては，その代表者の氏名
　二　基幹放送の種類
　三　基幹放送の業務に用いられる基幹放送局について電波法の規定によ
　　る免許を受けようとする者又はその免許を受けた者の氏名又は名称
　四　希望する放送対象地域
　五　基幹放送に関し希望する周波数
　六　業務開始の予定期日
　七　放送事項

　　八　基幹放送の業務に用いられる電気通信設備の概要
3　前項の申請書には，事業計画書，事業収支見積書その他総務省令で定
　める書類を添付しなければならない。
4　第1項の認定（協会又は学園の基幹放送の業務その他総務省令で定め
　る特別な基幹放送の業務に係るものを除く。）の申請は，総務大臣が公
　示する期間内に行わなければならない。第96条第1項の認定の更新（地
　上基幹放送の業務に係るものに限る。）の申請についても，同様とする。
5　前項の期間は，1月を下らない範囲内で申請に係る基幹放送において
　使用する周波数ごとに定める期間（地上基幹放送において使用する周波
　数にあっては，その周波数を使用する基幹放送局に係る電波法第6条第
　8項の公示の期間と同一の期間）とし，前項の規定による期間の公示は，
　基幹放送の種類及び放送対象地域その他認定の申請に資する事項を併せ
　行うものとする。

　　基幹放送の認定の欠格事由は，電波法第5条第4項の規定と同様な内容です。
　違反等の反社会的行為をした者に対しては，反省させるための期間として2
年間の認定しない期間を設けています。

（2）　指定事項及び認定証

放送法
第94条　前条第1項の認定は，次の事項（衛星基幹放送にあっては，次
　の事項及び当該衛星基幹放送の業務に係る人工衛星の軌道又は位置）を
　指定して行う。
　　一　電波法の規定により基幹放送の業務に用いられる基幹放送局の免許
　　　を受けた者の氏名又は名称
　　二　放送対象地域
　　三　基幹放送に係る周波数
2　総務大臣は，前条第1項の認定をしたときは，認定証を交付する。
3　認定証には，次の事項（衛星基幹放送にあっては，次の事項及び当該
　衛星基幹放送の業務に係る人工衛星の軌道又は位置）を記載しなければ
　ならない。
　　一　認定の年月日及び認定の番号
　　二　認定を受けた者の氏名又は名称
　　三　基幹放送の種類
　　四　電波法の規定により基幹放送の業務に用いられる基幹放送局の免許

　　を受けた者の氏名又は名称

五　放送対象地域

六　基幹放送に係る周波数

七　放送事項

（3）　業務の開始及び休止の届出

放送法
第95条　認定基幹放送事業者は，第93条第1項の認定を受けたときは，遅滞なく，その業務の開始の期日を総務大臣に届け出なければならない。

2　基幹放送の業務を1箇月以上休止するときは，認定基幹放送事業者は，その休止期間を総務大臣に届け出なければならない。休止期間を変更するときも，同様とする。

　電波法第16条には，「基幹放送局の免許人は，免許を受けたときは，遅滞なくその無線局の運用開始の期日を総務大臣に届け出なければならない。無線局の運用を1箇月以上休止するときは，免許人は，その休止期間を総務大臣に届け出なければならない。」ことが規定されています。

（4）　認定の更新

放送法
第96条　第93条第1項の認定は，5年ごと（地上基幹放送の業務の認定にあっては，電波法の規定による当該地上基幹放送の業務に用いられる基幹放送局の免許の有効期間と同一の期間ごと）にその更新を受けなければ，その効力を失う。

2　総務大臣は，衛星基幹放送又は移動受信用地上基幹放送の業務の認定について前項の更新の申請があったときは，衛星基幹放送の業務の認定にあっては第93条第1項第四号及び第五号に，移動受信用地上基幹放送の業務の認定にあっては同項第五号に適合していないと認める場合を除き，その更新をしなければならない。

　電波法では，免許の有効期間を5年として，再免許を妨げないと規定されています。

(5) 放送事項等の変更

放送法
第97条 認定基幹放送事業者は，第93条第2項第七号又は第八号に掲げる事項を変更しようとするときは，あらかじめ，総務大臣の許可を受けなければならない。ただし，総務省令で定める軽微な変更については，この限りでない。
2 認定基幹放送事業者は，前項ただし書の総務省令で定める軽微な変更に該当する変更をしたときは，遅滞なく，その旨を総務大臣に届け出なければならない。

第3項には，衛星基幹放送を行う場合，移動受信用地上基幹放送を行う場合の変更について規定されています。

(6) 承 継

放送法
第98条 認定基幹放送事業者について相続があったときは，その相続人は，認定基幹放送事業者の地位を承継する。この場合においては，相続人は，遅滞なく，その事実を証する書面を添えて，その旨を総務大臣に届け出なければならない。
2 認定基幹放送事業者が基幹放送の業務を行う事業を譲渡し，又は認定基幹放送事業者たる法人が合併若しくは分割（基幹放送の業務を行う事業を承継させるものに限る。）をしたときは，当該事業を譲り受けた者又は合併後存続する法人若しくは合併により設立された法人若しくは分割により当該事業を承継した法人は，総務大臣の認可を受けて認定基幹放送事業者の地位を承継することができる。

第3項から第5項には，電波法第20条の規定の適用がある場合について規定されています。

(7) 認定証の訂正

放送法
第99条 認定基幹放送事業者は，認定証に記載した事項に変更を生じたときは，その認定証を総務大臣に提出し，訂正を受けなければならない。

（8）　業務の廃止

放送法
第100条　認定基幹放送事業者は，その業務を廃止するときは，その旨を総務大臣に届け出なければならない。

放送法
第101条　認定基幹放送事業者が基幹放送の業務を廃止したときは，第93条第1項の認定は，その効力を失う。

（9）　認定証の返納

放送法
第102条　第93条第1項の認定がその効力を失ったときは，認定基幹放送事業者であった者は，1箇月以内にその認定証を返納しなければならない。

電波法第24条には，「免許がその効力を失ったときは，免許人であった者は，1箇月以内にその免許状を返納しなければならない。」と規定されています。

（10）　認定の取消し等

放送法
第103条　総務大臣は，認定基幹放送事業者が第93条第1項第七号（トを除く。）に掲げる要件に該当しないこととなったとき，又は認定基幹放送事業者が行う地上基幹放送の業務に用いられる基幹放送局の免許がその効力を失ったときは，その認定を取り消さなければならない。

2　前項の規定にかかわらず，総務大臣は，認定基幹放送事業者が第93条第1項第七号ホに該当することとなった場合において，同号ホに該当することとなった状況その他の事情を勘案して必要があると認めるときは，当該認定基幹放送事業者の認定の有効期間の残存期間内に限り，期間を定めてその認定を取り消さないことができる。

放送法
第104条　総務大臣は，認定基幹放送事業者が次の各号のいずれかに該当するときは，その認定を取り消すことができる。
　一　正当な理由がないのに，基幹放送の業務を引き続き6月以上休止したとき。
　二　不正な手段により，第93条第1項の認定，第96条第1項の認定の更新又は第97条第1項の許可を受けたとき。

三　第93条第1項第四号に掲げる要件に該当しないこととなったとき。
四　第174条の規定による命令に従わないとき。
五　衛星基幹放送又は移動受信用地上基幹放送の業務に用いられる基幹
放送局の免許がその効力を失ったとき。

無線局の免許の取消しに関しては，電波法第75条に規定されています。

（11）　通　知

放送法
第105条　総務大臣は，第100条の規定による業務の廃止の届出を受け
たとき，又は第103条第1項若しくは前条の規定による認定の取消し若
しくは第174条の規定による業務の停止の命令をしたときは，その旨を
当該届出又は取消し若しくは命令に係る業務に用いられる基幹放送局の
免許を受けた者に通知するものとする。

5.3　基幹放送事業者の業務
（1）　国内基幹放送等の放送番組の編集等

放送法
第106条　基幹放送事業者は，テレビジョン放送による国内基幹放送及
び内外基幹放送（内外放送である基幹放送をいう。）（以下「国内基幹放
送等」という。）の放送番組の編集に当たっては，特別な事業計画によ
るものを除くほか，教養番組又は教育番組並びに報道番組及び娯楽番組
を設け，放送番組の相互の間の調和を保つようにしなければならない。
2　　基幹放送事業者は，国内基幹放送等の教育番組の編集及び放送に当
たっては，その放送の対象とする者が明確で，内容がその者に有益適切
であり，組織的かつ継続的であるようにするとともに，その放送の計画
及び内容をあらかじめ公衆が知ることができるようにしなければならな
い。この場合において，当該番組が学校向けのものであるときは，その
内容が学校教育に関する法令の定める教育課程の基準に準拠するように
しなければならない。

放送法
第107条　前条第1項の規定の適用を受けるテレビジョン放送を行う基
幹放送事業者に対する第6条の規定の適用については，同条第3項中「及
び放送番組の編集に関する基本計画」とあるのは「，放送番組の編集に
関する基本計画及び放送番組の種別の基準」と，同条第5項及び第6項

中「次の各号に掲げる事項」とあるのは「次の各号に掲げる事項並びに放送番組の種別及び放送番組の種別ごとの放送時間」とする。

(2) 災害の場合の放送

放送法
第108条 基幹放送事業者は，国内基幹放送等を行うに当たり，暴風，豪雨，洪水，地震，大規模な火事その他による災害が発生し，又は発生するおそれがある場合には，その発生を予防し，又はその被害を軽減するために役立つ放送をするようにしなければならない。

(3) 学校向け放送における広告の制限

放送法
第109条 基幹放送事業者は，学校向けの教育番組の放送を行う場合には，その放送番組に学校教育の妨げになると認められる広告を含めてはならない。

　放送事業者は，広告収入が収入源なので広告を禁止することはできませんが，学校向けの教育番組に限って，教育の妨げになる広告を含めてはならないとしています。

(4) 放送番組の供給に関する協定の制限

放送法
第110条 基幹放送事業者は，特定の者からのみ放送番組の供給を受けることとなる条項を含む放送番組の供給に関する協定を締結してはならない。

(5) 設備の維持

放送法
第111条 認定基幹放送事業者は，基幹放送設備を総務省令で定める技術基準に適合するように維持しなければならない。
2　前項の技術基準は，これにより次に掲げる事項が確保されるものとして定められなければならない。
　一　基幹放送設備の損壊又は故障により，基幹放送の業務に著しい支障を及ぼさないようにすること。
　二　基幹放送設備を用いて行われる基幹放送の品質が適正であるように

すること。

放送法
第112条 特定地上基幹放送事業者は，自己の地上基幹放送の業務に用
いる電気通信設備（以下「特定地上基幹放送局等設備」という。）を前
条第1項の総務省令で定める技術基準及び第121条第1項の総務省令で
定める技術基準に適合するように維持しなければならない。

放送法施行規則
第102条 法第111条第1項の技術基準（同条第2項第一号に係るもの
に限る。）及び法第121条第1項の技術基準（同条第2項第一号に係る
ものに限る。）は，この款の定めるところによる。

放送法施行規則に，基幹放送に用いる電気通信設備の技術基準が規定されて
います。

（6） 重大事故の報告

放送法
第113条 認定基幹放送事業者は，基幹放送設備に起因する放送の停止
その他の重大な事故であって総務省令で定めるものが生じたときは，そ
の旨をその理由又は原因とともに，遅滞なく，総務大臣に報告しなけれ
ばならない。
2　特定地上基幹放送事業者は，特定地上基幹放送局等設備に起因する放
送の停止その他の重大な事故であって総務省令で定めるものが生じたと
きは，その旨をその理由又は原因とともに，遅滞なく，総務大臣に報告
しなければならない。

（7） 設備の改善命令

放送法
第114条 総務大臣は，基幹放送設備が第111条第1項の総務省令で定
める技術基準に適合していないと認めるときは，認定基幹放送事業者に
対し，当該技術基準に適合するように当該基幹放送設備を改善すべきこ
とを命ずることができる。
2　総務大臣は，特定地上基幹放送局等設備が第111条第1項の総務省令
で定める技術基準又は第121条第1項の総務省令で定める技術基準に適
合していないと認めるときは，特定地上基幹放送事業者に対し，当該技
術基準に適合するように当該特定地上基幹放送局等設備を改善すべきこ

とを命ずることができる。

(8) 設備に関する報告及び検査

_{放送法}
第115条　総務大臣は，第111条第1項，第113条第1項及び前条第1項の規定の施行に必要な限度において，認定基幹放送事業者に対し，基幹放送設備の状況その他必要な事項の報告を求め，又はその職員に，当該基幹放送設備を設置する場所に立ち入り，当該基幹放送設備を検査させることができる。

2　総務大臣は，第112条，第113条第2項及び前条第2項の規定の施行に必要な限度において，特定地上基幹放送事業者に対し，特定地上基幹放送局等設備の状況その他必要な事項の報告を求め，又はその職員に，当該特定地上基幹放送局等設備を設置する場所に立ち入り，当該特定地上基幹放送局等設備を検査させることができる。

3　前2項の規定により立入検査をする職員は，その身分を示す証明書を携帯し，関係人に提示しなければならない。

4　第1項及び第2項の規定による立入検査の権限は，犯罪捜査のために認められたものと解釈してはならない。

(9)　外国人等の取得した株式の取扱い

電波法第5条に基幹放送局の免許の欠格事由が規定されているので，外国籍の議決権の割合を確認するために外国人等の取得した株式の取扱いについて規定されています。

_{放送法}
第116条　金融商品取引所（金融商品取引法（昭和23年法律第25号）第2条第16項に規定する金融商品取引所をいう。第125条第1項及び第161条第1項において同じ。）に上場されている株式又はこれに準ずるものとして総務省令で定める株式を発行している会社である基幹放送事業者は，その株式を取得した第93条第1項第七号イからハまでに掲げる者又は同号ホ(2)に掲げる者（特定地上基幹放送事業者にあっては，電波法第5条第1項第一号から第三号までに掲げる者又は同条第4項第三号ロに掲げる者。以下この条において「外国人等」という。）からその氏名及び住所を株主名簿に記載し，又は記録することの請求を受けた場合において，その請求に応ずることにより次の各号に掲げる場合の区分に応じ，当該各号に定める事由（次項において「欠格事由」という。）

に該当することとなるときは，その氏名及び住所を株主名簿に記載し，又は記録することを拒むことができる。

一　当該基幹放送事業者が衛星基幹放送又は移動受信用地上基幹放送を行う認定基幹放送事業者である場合第93条第1項第七号ニに定める事由

二　当該基幹放送事業者が地上基幹放送を行う認定基幹放送事業者である場合第93条第1項第七号ニ又はホに定める事由

三　当該基幹放送事業者が特定地上基幹放送事業者である場合電波法第5条第4項第二号又は第三号に定める事由

2〜4　［省略］

5　第1項の基幹放送事業者は，総務省令で定めるところにより，外国人等がその議決権に占める割合を公告しなければならない。ただし，その割合が総務省令で定める割合に達しないときは，この限りでない。

5.4　経営基盤強化計画の認定

放送法
第116条の2　総務大臣は，国内基幹放送（協会及び学園の放送を除く。以下この款において同じ。）に係る放送対象地域のうち，当該放送対象地域における国内基幹放送の役務に対する需要の減少その他の経済事情の変動により当該放送対象地域の第91条第2項第三号に規定する目標を達成することが困難となるおそれがあり，かつ，当該目標を変更することが同号に規定する放送系の数に関する放送対象地域間における格差その他の事情を勘案して適切でないと認められるものを，指定放送対象地域として指定することができる。

2　総務大臣は，指定放送対象地域について前項に規定する指定の事由がなくなったと認めるときは，当該指定放送対象地域について同項の規定による指定を解除するものとする。

3　第1項の規定による指定及び前項の規定による指定の解除は，告示によって行う。

第116条の2の規定には，指定放送対象地域を指定することが規定されています。第116条の3は，業務の合理化，組織の再編成その他の行為による業務の効率の向上を通じて，国内基幹放送事業者の収益性の向上を図ることに関する計画（「経営基盤強化計画」）を認定することが規定されています。

5.5　基幹放送局提供事業者

「基幹放送局提供事業者」とは，電波法の規定により基幹放送局の免許を受けた者であって，当該基幹放送局の無線設備及びその他の電気通信設備のうち総務省令で定めるものの総体（「基幹放送局設備」という。）を認定基幹放送事業者の基幹放送の業務の用に供するものをいう。

放送局の送信設備を設置して放送局を運営する会社のことです。

（1）　提供義務等

放送法
第117条　基幹放送局提供事業者は，認定基幹放送事業者から，当該認定基幹放送事業者に係る第94条第2項の認定証に記載された同条第3項第三号から第六号までに掲げる事項（衛星基幹放送に係る場合にあっては，当該衛星基幹放送の業務に係る人工衛星の軌道又は位置を含む。次項において「認定証記載事項」という。）に従った基幹放送局設備の提供に関する契約（以下「放送局設備供給契約」という。）の申込みを受けたときは，正当な理由がなければ，これを拒んではならない。
2　基幹放送局提供事業者は，認定基幹放送事業者以外の者から放送局設備供給契約の申込みを受けたとき，又は認定基幹放送事業者から認定証記載事項に従わない放送局設備供給契約の申込みを受けたときは，これを承諾してはならない。

（2）　役務の提供条件

放送法
第118条　基幹放送局提供事業者は，基幹放送局設備を認定基幹放送事業者の基幹放送の業務の用に供する役務（以下「放送局設備供給役務」という。）の料金その他の総務省令で定める提供条件を定め，その実施前に，総務大臣に届け出なければならない。これを変更しようとするときも，同様とする。
2　基幹放送局提供事業者は，前項の規定により届け出た提供条件以外の提供条件により放送局設備供給役務を提供してはならない。

（3）　会計整理等

放送法
第119条　基幹放送局提供事業者であって認定基幹放送事業者又は特定地上基幹放送事業者を兼ねるものは，総務省令で定めるところにより，

基幹放送局設備又は特定地上基幹放送局等設備（次条第四号において「基幹放送局設備等」という。）を基幹放送の業務の用に供する業務に関する会計を整理し，及びこれに基づき当該業務に関する収支の状況その他総務省令で定める事項を公表しなければならない。

（4）　変更命令

放送法
第120条　総務大臣は，基幹放送局提供事業者が第118条第1項の規定により届け出た提供条件が次の各号のいずれかに該当するため，当該提供条件による放送局設備供給役務の提供が基幹放送の業務の運営を阻害していると認めるときは，当該基幹放送局提供事業者に対し，当該提供条件を変更すべきことを命ずることができる。

一　放送局設備供給役務の料金が特定の認定基幹放送事業者に対し不当な差別的取扱いをするものであること。

二　放送局設備供給契約の締結及び解除，放送局設備供給役務の提供の停止並びに基幹放送局提供事業者及び認定基幹放送事業者の責任に関する事項が適正かつ明確に定められていないこと。

三　認定基幹放送事業者に不当な義務を課するものであること。

四　基幹放送局提供事業者であって認定基幹放送事業者又は特定地上基幹放送事業者を兼ねるものが提供する放送局設備供給役務に関する料金その他の提供条件が基幹放送局設備等を自己の基幹放送の業務の用に供することとした場合の条件に比して不利なものであること。

　第121条から第125条には，設備の維持，重大事故の報告，設備の改善命令，設備に関する報告及び検査，外国人等の取得した株式の取扱いについて，基幹放送事業者に関する規定と同様なことが規定されています。

6　一般放送

　「一般放送」とは，基幹放送以外の放送をいう。
　「一般放送事業者」とは，第126条第1項の登録を受けた者及び第133条第1項の規定による届出をした者をいう。
　一般放送は，通信衛星を利用したCS放送やCATV等の設備を利用した放送のことです。

6.1　登録等

（1）　一般放送の業務の登録

　一般放送の業務を行おうとする者は，総務大臣の登録を受けなければなりません。ただし，有線ラジオ放送や電気通信設備の規模等からみて受信者の利益及び放送の健全な発達に及ぼす影響が比較的少ないものとして総務省令で定める一般放送については，この限りでなく第133条の届出の手続きが必要です。

放送法
第126条　一般放送の業務を行おうとする者は，総務大臣の登録を受けなければならない。ただし，有線電気通信設備を用いて行われるラジオ放送その他の一般放送の種類，一般放送の業務に用いられる電気通信設備の規模等からみて受信者の利益及び放送の健全な発達に及ぼす影響が比較的少ないものとして総務省令で定める一般放送については，この限りでない。

2　前項の登録を受けようとする者は，総務省令で定めるところにより，次に掲げる事項を記載した申請書を総務大臣に提出しなければならない。
　一　氏名又は名称及び住所並びに法人にあっては，その代表者の氏名
　二　総務省令で定める一般放送の種類
　三　一般放送の業務に用いられる電気通信設備の概要
　四　業務区域

3　前項の申請書には，第128条第一号から第五号までに該当しないことを誓約する書面その他総務省令で定める書類を添付しなければならない。

（2）　登録を要しない一般放送

放送法施行規則
第133条　法第126条第1項ただし書の総務省令で定める一般放送は，次に掲げるもの以外のものとする。
　一　衛星一般放送
　二　1の有線放送施設（有線一般放送を行うための有線電気通信設備をいう。以下同じ。）に係る引込端子の数が501以上の規模の有線電気通信設備を用いて行われるラジオ放送（ラジオ放送の多重放送を受信し，これを再放送をすることを含む。）以外の放送

2　前項第二号の場合において，次の表の左欄に掲げる引込端子については，その数にかかわらず，それぞれ同表の右欄に掲げる数をもってその数とする。この場合，同表の2の項の当該受信設備のうち，1の構内（そ

の構内が２以上の者の占有に属している場合においては，同一の者の占有に属する区域。同表の３の項において同じ。）にあるものについては，その数にかかわらず，１の受信設備とみなす。

1　１の引込端子に他の一般放送の業務に用いられる電気通信設備（当該設備に順次接続する一般放送の業務に用いられる電気通信設備を含む。右欄において同じ。）を接続する場合における当該１の引込端子	当該他の一般放送の業務に用いられる電気通信設備の引込端子の数
2　１の引込端子に２以上の受信設備を接続する場合における当該１の引込端子	当該受信設備の数
3　２以上の引込端子が１の構内にある場合における当該２以上の引込端子	1

3　前項の表の２の項及び３の項の規定は，同表の１の項の右欄に掲げる引込端子について準用する。

（3）　登録の実施

放送法
第127条　総務大臣は，前条第１項の登録の申請があった場合においては，次条の規定により登録を拒否する場合を除き，次に掲げる事項を一般放送事業者登録簿に登録しなければならない。
一　前条第２項各号に掲げる事項
二　登録年月日及び登録番号
2　総務大臣は，前項の規定による登録をしたときは，遅滞なく，その旨を申請者に通知しなければならない。

（4）　登録の拒否

放送法
第128条　総務大臣は，第126条第２項の申請書を提出した者が次の各号のいずれかに該当するとき，又は当該申請書若しくはその添付書類のうちに重要な事項について虚偽の記載があり，若しくは重要な事項の記載が欠けているときは，その登録を拒否しなければならない。
一　この法律に規定する罪を犯して罰金以上の刑に処せられ，その執行を終わり，又はその執行を受けることがなくなった日から２年を経過しない者

二　第103条第1項又は第104条（第五号を除く。）の規定により認定の取消しを受け，その取消しの日から2年を経過しない者

三　第131条の規定により登録の取消しを受け，その取消しの日から2年を経過しない者

四　電波法第75条第1項又は第76条第4項（第四号を除く。）の規定により基幹放送局の免許の取消しを受け，その取消しの日から2年を経過しない者

五　法人又は団体であって，その役員が前各号のいずれかに該当する者であるもの

六　一般放送の業務を適確に遂行するに足りる技術的能力を有しない者

七　第136条第1項の総務省令で定める技術基準に適合する一般放送の業務に用いられる電気通信設備を権原に基づいて利用できない者

（5）　業務の開始及び休止の届出

_{放送法}
第129条　登録一般放送事業者（第126条第1項の登録を受けた者をいう。以下同じ。）は，同項の登録を受けたときは，遅滞なく，その業務の開始の期日を総務大臣に届け出なければならない。

2　一般放送の業務を1月以上休止するときは，登録一般放送事業者は，その休止期間を総務大臣に届け出なければならない。休止期間を変更するときも，同様とする。

（6）　変更登録

_{放送法}
第130条　登録一般放送事業者は，第126条第2項第二号から第四号までに掲げる事項を変更しようとするときは，総務大臣の変更登録を受けなければならない。ただし，総務省令で定める軽微な変更については，この限りでない。

2　前項の変更登録を受けようとする者は，総務省令で定めるところにより，変更に係る事項を記載した申請書を総務大臣に提出しなければならない。

3　第126条第3項，第127条及び第128条の規定は，第1項の変更登録について準用する。この場合において，第127条第1項中「次に掲げる事項」とあるのは「変更に係る事項」と，第128条中「第126条第2項の申請書を提出した者が次の各号」とあるのは「変更登録に係る申請書

を提出した者が次の各号（第三号を除く。）」と読み替えるものとする。

4　登録一般放送事業者は，第126条第2項第一号に掲げる事項に変更があったとき，又は第一項ただし書の総務省令で定める軽微な変更に該当する変更をしたときは，遅滞なく，その旨を総務大臣に届け出なければならない。その届出があった場合には，総務大臣は，遅滞なく，当該登録を変更するものとする。

（7）　登録の取消し及び抹消

放送法
第131条　総務大臣は，登録一般放送事業者が次の各号のいずれかに該当するときは，その登録を取り消すことができる。
　一　正当な理由がないのに，一般放送の業務を引き続き1年以上休止したとき。
　二　不正な手段により第126条第1項の登録又は前条第1項の変更登録を受けたとき。
　三　第128条第一号，第二号，第四号又は第五号のいずれかに該当するに至ったとき。
　四　登録一般放送事業者が第174条の規定による命令に違反した場合において，一般放送の受信者の利益を阻害すると認められるとき。

放送法
第132条　総務大臣は，第135条第1項若しくは第2項の規定による届出があったとき，又は前条の規定による登録の取消しをしたときは，当該登録一般放送事業者の登録を抹消しなければならない。

登録とは，一定の法律事実等を行政庁等に備える公簿に記載することをいいます。抹消は公簿から削除することです。

（8）　一般放送の業務の届出

法126条のただし書きの規定によって，総務大臣の登録を受けなくてもよい一般放送の業務を行おうとする事業者は，総務大臣に届けなければなりません。

放送法
第133条　一般放送の業務を行おうとする者（第126条第1項の登録を受けるべき者を除く。）は，総務省令で定めるところにより，次に掲げる事項を記載した書類を添えて，その旨を総務大臣（基幹放送事業者の基幹放送を受信し，その内容に変更を加えないで同時に当該基幹放送に

係る放送対象地域においてそれらの再放送のみをする一般放送（第147条第1項に規定する有料放送を含まないものに限る。）であって，総務省令で定める規模以下の有線電気通信設備を用いて行われるもの（当該一般放送の業務に用いられる電気通信設備を設置しようとする場所及び当該一般放送の業務を行おうとする区域が一の都道府県の区域に限られるものに限る。次条第2項において「小規模施設特定有線一般放送」という。）の業務にあっては，当該業務を行おうとする区域を管轄する都道府県知事）に届け出なければならない。

　　一　氏名又は名称及び住所並びに法人にあっては，その代表者の氏名
　　二　総務省令で定める一般放送の種類
　　三　一般放送の業務に用いられる電気通信設備の概要
　　四　業務区域
　　五　その他総務省令で定める事項

2　前項の規定による届出をした者は，同項各号に掲げる事項を変更しようとするときは，その旨を当該届出をした総務大臣又は都道府県知事に届け出なければならない。ただし，総務省令で定める軽微な事項については，この限りでない。

（9）　承　継

放送法
第134条　一般放送事業者が一般放送の業務を行う事業の全部を譲渡し，又は一般放送事業者について相続，合併若しくは分割（一般放送の業務を行う事業の全部を承継させるものに限る。）があったときは，当該事業の全部を譲り受けた者又は相続人（相続人が2人以上ある場合において，その全員の協議により一般放送の業務を行う事業を承継すべき相続人を定めたときは，その者。以下この項において同じ。），合併後存続する法人若しくは合併により設立された法人若しくは分割により当該事業の全部を承継した法人は，当該一般放送事業者の地位を承継する。ただし，当該一般放送事業者が登録一般放送事業者である場合において，当該事業の全部を譲り受けた者又は相続人，合併後存続する法人若しくは合併により設立された法人若しくは分割により当該事業の全部を承継した法人が第128条第一号から第五号までのいずれかに該当するときは，この限りでない。

2　前項の規定により一般放送事業者の地位を承継した者は，遅滞なく，その旨を総務大臣（小規模施設特定有線一般放送の業務に係る前条第1

項の規定による届出をした一般放送事業者（以下「小規模施設特定有線一般放送事業者」という。）の地位を承継した者にあっては，当該届出をした都道府県知事）に届け出なければならない。この場合において，被承継人たる一般放送事業者が登録一般放送事業者であるときは，総務大臣は，遅滞なく，当該登録を変更するものとする。

（10）　業務の廃止等の届出

放送法
第135条　一般放送事業者は，一般放送の業務を廃止したときは，遅滞なく，その旨を総務大臣（小規模施設特定有線一般放送事業者にあっては，第133条第1項の規定による届出をした都道府県知事）に届け出なければならない。

2　　一般放送事業者たる法人が合併以外の事由により解散したときは，その清算人（解散が破産手続開始の決定による場合にあっては，破産管財人）は，遅滞なく，その旨を総務大臣（小規模施設特定有線一般放送事業者の清算人にあっては，第133条第1項の規定による届出をした都道府県知事）に届け出なければならない。

6.2　一般放送事業者の業務
（1）　設備の維持

放送法
第136条　登録一般放送事業者は，第126条第1項の登録に係る電気通信設備を総務省令で定める技術基準に適合するように維持しなければならない。

2　前項の技術基準は，これにより次に掲げる事項が確保されるものとして定められなければならない。
　一　一般放送の業務に用いられる電気通信設備の損壊又は故障により，一般放送の業務に著しい支障を及ぼさないようにすること。
　二　一般放送の業務に用いられる電気通信設備を用いて行われる一般放送の品質が適正であるようにすること。

（2）　重大事故の報告

放送法
第137条　登録一般放送事業者は，第126条第1項の登録に係る電気通信設備に起因する放送の停止その他の重大な事故であって総務省令で定

めるものが生じたときは，その旨をその理由又は原因とともに，遅滞なく，総務大臣に報告しなければならない。

（3） 設備の改善命令

放送法
第138条 総務大臣は，第126条第1項の登録に係る電気通信設備が第136条第1項の総務省令で定める技術基準に適合していないと認めるときは，登録一般放送事業者に対し，当該技術基準に適合するように当該電気通信設備を改善すべきことを命ずることができる。

（4） 設備に関する報告及び検査

放送法
第139条 総務大臣は，前3条の規定の施行に必要な限度において，登録一般放送事業者に対し，第126条第1項の登録に係る電気通信設備の状況その他必要な事項の報告を求め，又はその職員に，当該電気通信設備を設置する場所に立ち入り，当該電気通信設備を検査させることができる。
2 前項の規定により立入検査をする職員は，その身分を示す証明書を携帯し，関係人に提示しなければならない。
3 第1項の規定による立入検査の権限は，犯罪捜査のために認められたものと解釈してはならない。

（5） 受信障害区域における再放送

テレビジョン放送を行う地上基幹放送局の電波の受信に障害がある難視聴地域において，有線放送設備によって地上基幹放送局の再放送を行う場合の規定です。

放送法
第140条 登録一般放送事業者であって，市町村の区域を勘案して総務省令で定める区域の全部又は大部分において有線電気通信設備を用いてテレビジョン放送を行う者として総務大臣が指定する者は，当該登録に係る業務区域内に地上基幹放送（テレビジョン放送に限る。以下この条，第142条及び第144条において同じ。）の受信の障害が発生している区域があるときは，正当な理由がある場合として総務省令で定める場合を除き，当該受信の障害が発生している区域において，基幹放送普及計画により放送がされるべきものとされるすべての地上基幹放送を受信し，

そのすべての放送番組に変更を加えないで同時に再放送をしなければならない。

2　前項の規定により指定を受けた者（以下「指定再放送事業者」という。）は，同項の規定による再放送の役務の提供条件について契約約款を定め，その実施前に，総務大臣に届け出なければならない。当該契約約款を変更しようとするときも，同様とする。

3　指定再放送事業者は，第1項の規定による再放送及び当該再放送以外の放送を併せて行うときは，当該再放送の役務の提供のみについて契約を締結することができるよう前項の提供条件を定めることその他の受信者の利益を確保するために必要な措置を講ずるよう努めなければならない。

4　第11条の規定は，第1項の規定による地上基幹放送の再放送については，適用しない。

5　国及び地方公共団体は，指定再放送事業者が一般放送の業務に用いる有線電気通信設備の設置が円滑に行われるために必要な措置が講ぜられるよう配慮するものとする。

6　第1項の指定に関し必要な事項は，総務省令で定める。

（6）　改善命令

放送法
第141条　総務大臣は，前条第1項の規定による再放送の業務の運営が適正を欠くため受信者の利益を阻害していると認めるときは，指定再放送事業者に対し，当該再放送の役務の提供条件の変更その他当該再放送の業務の方法を改善すべきことを命ずることができる。

第142条から第144条には，地上基幹放送の業務を行う基幹放送事業者と一般放送事業者の協議が調わないときの電気通信紛争処理委員会によるあっせん及び仲裁，あっせん及び仲裁の手続に関し政令への委任，総務大臣の裁定に関して規定されています。

（7）　有線電気通信設備の使用

放送法
第145条　一般放送事業者（有線電気通信設備を用いて一般放送の業務を行う者に限る。第4項において同じ。）は，その設置に関し必要とされる道路法（昭和27年法律第180号）第32条第1項若しくは第3項（同

法第 91 条第 2 項において準用する場合を含む。）の許可その他法令に基づく処分を受けないで設置されている有線電気通信設備又は所有者等の承諾を得ないで他人の土地若しくは電柱その他の工作物に設置されている有線電気通信設備を用いて一般放送をしてはならない。

2　総務大臣(小規模施設特定有線一般放送事業者に係るものにあっては，第 133 条第 1 項の規定による届出を受けた都道府県知事。次項及び第 4 項，第 174 条並びに第 175 条において同じ。）は，前項の規定の違反に係る有線電気通信設備の設置の状況等について，道路管理者（道路法第 18 条第 1 項に規定する道路管理者をいう。）その他の関係行政機関及びその他の関係者から資料の提供その他の協力を求めることができる。

3　総務大臣は，第 1 項の規定に違反する行為であって道路法の違反に係るものについて第 174 条の規定による処分を行おうとするときは，あらかじめ，その旨を国土交通大臣に通知するものとする。この場合において，国土交通大臣は，総務大臣に対し，当該道路法の違反に関する意見を述べることができる。

4　総務大臣は，第 1 項の規定の施行に必要な限度において，一般放送事業者に対し，その業務の状況に関し報告を求め，又はその職員に，一般放送事業者の営業所，事務所その他の事業場に立ち入り，設備，帳簿，書類その他の物件を検査させることができる。

5　前項の規定により立入検査をする職員は，その身分を示す証明書を携帯し，関係人に提示しなければならない。

6　第 4 項の規定による立入検査の権限は，犯罪捜査のために認められたものと解釈してはならない。

（8）　届出をした一般放送事業者に対する放送番組の編集等に関する適用

放送法
第 146 条　第 5 条から第 8 条まで，第 10 条及び第 12 条の規定は，第 133 条第 1 項の規定による届出をした一般放送事業者については，適用しない。

番組基準や番組審議など放送内容に関する規定は適用されません。

7 有料放送

7.1 有料基幹放送契約約款の届出・公表等

放送法
第147条 有料放送（＊1）を行う放送事業者（以下「有料放送事業者」という。）は，基幹放送を契約の対象とする有料放送（以下「有料基幹放送」という。）の役務を国内受信者（有料放送事業者との間に国内に設置する受信設備により有料放送の役務の提供を受ける契約を締結する者をいう。以下同じ。）に提供する場合には，当該有料基幹放送の役務に関する料金その他の提供条件について契約約款（以下「有料基幹放送契約約款」という。）を定め，その実施前に，総務大臣に届け出なければならない。当該有料基幹放送契約約款を変更しようとするときも，同様とする。

2　有料基幹放送の役務を提供する有料放送事業者は，前項の規定により届け出た有料基幹放送契約約款以外の提供条件により国内受信者に対し有料基幹放送の役務を提供してはならない。

3　有料基幹放送の役務を提供する有料放送事業者は，第1項の規定により届け出た有料基幹放送契約約款を，総務省令で定めるところにより，公表するとともに，国内にある営業所その他の事業所において公衆の見やすいように掲示しておかなければならない。

＊1　契約により，その放送を受信することのできる受信設備を設置し，当該受信設備による受信に関し料金を支払う者によって受信されることを目的とし，当該受信設備によらなければ受信することができないようにして行われる放送をいう。以下同じ。

7.2 有料基幹放送役務

（1）　役務の提供義務

放送法
第148条 有料放送事業者は，正当な理由がなければ，国内に設置する受信設備によりその有料放送を受信しようとする者に対しその有料放送の役務の提供を拒んではならない。

（2）　有料放送業務の休廃止に関する周知

放送法
第149条 有料放送事業者は，有料放送の役務を提供する業務の全部又は一部を休止し，又は廃止しようとするときは，総務省令で定めるところにより，当該休止又は廃止しようとする有料放送の国内受信者に対し，その旨を周知させなければならない。

　法150条から法151条の3に，提供条件の説明，書面の交付，書面による解除，苦情等の処理，有料放送事業者等の契約に関する禁止行為，媒介等業務受託者に対する指導について規定され，これらの規定によって受信者の利益を保護しています。

7.3　有料放送管理業務
（1）　有料放送管理業務の届出

放送法
第152条 有料放送の役務の提供に関し，契約の締結の媒介等を行うとともに，当該契約により設置された受信設備によらなければ当該有料放送の受信ができないようにすることを行う業務（以下「有料放送管理業務」という。）を行おうとする者（総務省令で定める数以上の有料放送事業者のために有料放送管理業務を行うものに限る。）は，総務省令で定めるところにより，次に掲げる事項を記載した書類を添えて，その旨を総務大臣に届け出なければならない。
　一　氏名又は名称及び住所並びに法人にあっては，その代表者の氏名
　二　業務の概要
　三　その他総務省令で定める事項
2　前項の規定による届出をした者（以下「有料放送管理事業者」という。）は，その届出に係る事項について変更があったときは，遅滞なく，その旨を総務大臣に届け出なければならない。

　法153条から155条に，承継，業務の廃止等の届出，有料放送管理業務の実施に係る義務に関して規定されています。

7.4　変更命令等

放送法
第156条 総務大臣は，第147条第1項の規定により届け出た有料基幹放送契約約款に定める有料基幹放送の役務に関する料金その他の提供条

件が国内受信者の利益を阻害していると認めるときは，当該有料基幹放送の役務を提供する有料放送事業者に対し，当該有料基幹放送契約約款を変更すべきことを命ずることができる。

2 　総務大臣は，次の各号のいずれかに該当すると認めるときは，有料放送事業者に対し，国内受信者の利益を確保するために必要な限度において，有料放送の役務の提供に係る業務の方法の改善その他の措置をとるべきことを命ずることができる。

一　有料放送事業者が特定の者に対し不当な差別的取扱いを行っているとき。

二　有料放送事業者が提供する有料放送の役務（有料基幹放送の役務を除く。次号において同じ。）に関する料金その他の提供条件が社会的経済的事情に照らして著しく不適当であるため，国内受信者の利益を阻害しているとき。

三　有料放送事業者が提供する有料放送の役務に関する提供条件（料金を除く。）において，有料放送事業者及び国内受信者の責任に関する事項が適正かつ明確に定められていないとき。

3 　総務大臣は，次の各号のいずれかに該当するときは，当該各号に定める者に対し，当該違反を是正するために必要な措置をとるべきことを命ずることができる。

一　有料放送事業者又は媒介等業務受託者が第 150 条又は第 151 条の 2 の規定に違反したとき当該有料放送事業者又は媒介等業務受託者

二　有料放送事業者又は有料放送管理事業者が第 151 条の規定に違反したとき当該有料放送事業者又は有料放送管理事業者

三　有料放送事業者が第 150 条の 2 第 1 項又は第 151 条の 3 の規定に違反したとき当該有料放送事業者

4 　総務大臣は，有料放送管理事業者が前条の規定に違反したときは，当該有料放送管理事業者に対し，国内受信者の利益を確保するために必要な限度において，業務の方法の改善その他の措置をとるべきことを命ずることができる。

7.5　契約によらない受信の禁止

第 157 条　何人も，有料放送事業者とその有料放送の役務の提供を受ける契約をしなければ，国内において当該有料放送を受信することのできる受信設備により当該有料放送を受信してはならない。

8 認定放送持株会社

地方の基幹放送局の経営基盤強化のために，集中排除原則を緩和して，放送事業者にも資金調達能力の高い認定放送持株会社を認めるものです。具体的には，在京キー局の持株会社に地方の放送局がその傘下の子会社となるものです。

8.1 定義等

放送法
第158条 この章において「子会社」とは，会社がその総株主又は総出資者の議決権の100分の50を超える議決権を保有する他の会社をいう。この場合において，会社及びその1若しくは2以上の子会社又は当該会社の1若しくは2以上の子会社がその総株主又は総出資者の議決権の100分の50を超える議決権を保有する他の会社は，当該会社の子会社とみなす。

2　この章において「関係会社」とは，会社が他の会社に対して支配関係を有する場合における当該他の会社をいう。

8.2 認 定

放送法
第159条 次の各号のいずれかに該当する者は，総務大臣の認定を受けることができる。

一　1以上の地上基幹放送の業務を行う基幹放送事業者をその子会社とし，又はしようとする会社であって，2以上の基幹放送事業者をその関係会社とし，又はしようとするもの

二　1以上の地上基幹放送の業務を行う基幹放送事業者をその子会社とする会社であって，2以上の基幹放送事業者をその関係会社とするものを設立しようとする者

2〜4　[省略]

法160条から166条に，認定の届出，外国人等の取得した株式の取扱い，基幹放送の業務の認定等の特例，関係会社の責務，議決権の保有制限，承継，認定の取消しについて規定されています。

9　放送番組センター

　放送の健全な発達のために放送界全体の共同事業として，一般財団法人放送番組センターが設立されています。

　放送番組センターは，テレビ番組の調達・供給事業，放送ライブラリー事業等の業務を行っています。

9.1　指　定

放送法
第167条　総務大臣は，放送の健全な発達を図ることを目的とする一般社団法人又は一般財団法人であって，次条に規定する業務を適正かつ確実に行うことができると認められるものを，その申出により，全国に一を限って，放送番組センター（以下「センター」という。）として指定することができる。

2　総務大臣は，前項の申出をした者が，次の各号のいずれかに該当するときは，同項の規定による指定をしてはならない。

　一　第173条第1項の規定により指定を取り消され，その取消しの日から2年を経過しない者であること。

　二　その役員のうちに，この法律に規定する罪を犯して刑に処せられ，その執行を終わり，又はその執行を受けることがなくなった日から2年を経過しない者があること。

3　総務大臣は，第1項の規定による指定をしたときは，当該指定を受けたセンターの名称，住所及び事務所の所在地を公示しなければならない。

4　センターは，その名称，住所又は事務所の所在地を変更しようとするときは，変更しようとする日の2週間前までに，その旨を総務大臣に届け出なければならない。

5　総務大臣は，前項の規定による届出があったときは，その旨を公示しなければならない。

9.2　業　務

放送法
第168条　センターは，次の業務を行うものとする。

　一　放送番組を収集し，保管し，及び公衆に視聴させること。

　二　放送番組に関する情報を収集し，分類し，整理し，及び保管すること。

　三　放送番組に関する情報を定期的に，若しくは時宜に応じて，又は依

頼に応じて提供すること。

四　前3号に掲げる業務に附帯する業務を行うこと。

10 雑 則

10.1 業務の停止

放送法
第174条　総務大臣は，放送事業者（特定地上基幹放送事業者を除く。）
がこの法律又はこの法律に基づく命令若しくは処分に違反したときは，
3月以内の期間を定めて，放送の業務の停止を命ずることができる。

　特定地上基幹放送事業者は，電波法第76条の規定によって無線局の3月以
内の運用の停止を受けることがあるので，この放送法第174条の規定は適用さ
れません。

10.2 資料の提出

放送法
第175条　総務大臣は，この法律の施行に必要な限度において，政令の
定めるところにより，放送事業者，基幹放送局提供事業者，媒介等業務
受託者，有料放送管理事業者又は認定放送持株会社に対しその業務に関
し資料の提出を求めることができる。

10.3 適用除外等

放送法
第176条　この法律の規定は，受信障害対策中継放送（電波法第5条
第5項に規定する受信障害対策中継放送をいう。以下この条において同
じ。），車両，船舶又は航空機内において有線電気通信設備を用いて行わ
れる放送その他その役務の提供範囲，提供条件等に照らして受信者の利
益及び放送の健全な発達を阻害するおそれがないものとして総務省令で
定める放送については，適用しない。

2　前項の規定にかかわらず，第91条の規定は，受信障害対策中継放送
についても適用する。

3　第1項の規定にかかわらず，受信障害対策中継放送は，これを受信障
害対策中継放送を行う者が受信した基幹放送事業者の放送とみなして，

第9条第1項，第11条，第12条，第147条第1項及び第157条の規定
を適用する。

4　第1項の規定にかかわらず，第64条の規定は，同項の規定の適用を
受ける放送であって，協会の放送を受信し，その内容に変更を加えない
で同時にその再放送をするものについても適用する。

5　第4条から第10条まで，第12条から第14条まで及び第106条から
第110条までの規定は，他の基幹放送事業者の基幹放送を受信し，その
内容に変更を加えないで同時にそれらの再放送をする放送（第1項の規
定の適用を受ける放送を除く。）については，適用しない。

11　罰 則

放送法
第183条　協会の役員がその職務に関して賄賂を収受し，又はこれを要求
し，若しくは約束したときは，3年以下の懲役に処する。

2　協会の役員になろうとする者がその担当しようとする職務に関して請
託を受けて賄賂を収受し，又はこれを要求し，若しくは約束したときは，
協会の役員になった場合において，前項と同様の刑に処する。

3　協会の役員であった者がその在職中請託を受けて職務上不正の行為を
なし，又は相当の行為をしなかったことに関して賄賂を収受し，又はこ
れを要求し，若しくは約束したときは，第1項と同様の刑に処する。

4　前3項に規定する賄賂を供与し，又はその申込み若しくは約束をした
者は，3年以下の懲役又は250万円以下の罰金に処する。

5　第1項から第3項までの場合において，協会の役員が収受した賄賂は，
没収する。その全部又は一部を没収することができないときは，その価
額を追徴する。

放送法
第184条　次の各号のいずれかに該当する者は，6月以下の懲役又は50
万円以下の罰金に処する。

一　第126条第1項［一般放送の業務の登録］の規定に違反して一般放
送の業務を行った者

二　第174条［業務の停止］（第81条第6項［放送番組の編集等］にお
いて準用する場合を含む。）の規定による命令に違反した者

放送法
第185条　次の各号のいずれかに該当する場合においては，その違反行

為をした協会又は学園の役員を 100 万円以下の罰金に処する。

一　第 20 条第 1 項から第 3 項［協会の業務］まで及び第 65 条第 4 項［国際放送の実施］の業務以外の業務を行ったとき。

二　第 18 条第 2 項［定款の認可］，第 20 条第 8 項［中継国際放送の認可］（第 65 条第 5 項において準用する場合を含む。），第 20 条第 9 項若しくは第 18 項，第 22 条，第 64 条第 2 項［受信契約の免除］若しくは第 3 項，第 71 条第 1 項，第 85 条第 1 項，第 86 条第 1 項又は第 89 条第 1 項の規定により認可を受けるべき場合に認可を受けなかったとき。

三　第 38 条［委員の兼職禁止］，第 60 条第 1 項［会長等の兼職禁止］，第 70 条第 1 項［計画の作成，変更］，第 72 条第 1 項［業務報告書の提出］，第 73 条第 1 項［支出の制限］又は第 74 条第 1 項［財務諸表の提出］の規定に違反したとき。

放送法
第 186 条　第 9 条第 1 項［訂正放送等］（第 81 条第 6 項において準用する場合を含む。）の規定に違反した者は，50 万円以下の罰金に処する。

2　前項の罪は，私事に係るときは，告訴がなければ公訴を提起することができない。

用語解説

「告訴」は，犯罪の被害者その他法律により権限を与えられた代理人が，捜査機関に対し，犯罪事実を申告して犯人の処罰を求めること。

「公訴」は，検察官が刑事事件について裁判所に裁判を求めること。公訴の提起は，検察官のみ行うことができます。

放送法
第 187 条　次の各号のいずれかに該当する者は，50 万円以下の罰金に処する。

一　第 97 条第 1 項［放送事項等の変更］の規定に違反して第 93 条［基幹放送の認定］第 2 項第七号又は第八号に掲げる事項を変更した者

二　第 114 条又は第 123 条の規定による命令［設備の改善命令］に違反した者

三　第 117 条第 1 項の規定に違反して放送局設備供給契約の申込みを拒んだ者

四　第 117 条第 2 項の規定に違反して放送局設備供給契約の申込みを承諾した者

五　第 118 条第 1 項の規定により届け出た提供条件によらないで，放送
　局設備供給役務を提供した者
六　第 120 条［提供条件の変更命令］の規定による命令に違反した者
七　第 130 条第 1 項の規定に違反して第 126 条第 2 項第二号から第四号
　までに掲げる事項［一般放送の業務の登録］を変更した者
八　第 138 条又は第 141 条の規定［設備の改善命令］による命令に違反
　した者
九　第 140 条第 2 項の規定により届け出た契約約款によらないで，同条
　第 1 項の規定による再放送の役務を提供した者
十　第 147 条第 1 項の規定により届け出た有料基幹放送契約約款によら
　ないで，有料基幹放送の役務を提供した者
十一　第 148 条の規定に違反して有料放送の役務の提供を拒んだ者
十二　第 152 条第 1 項の規定に違反して有料放送管理業務を行った者
十三　第 156 条の規定による命令に違反した者

放送法
第 188 条　次の各号のいずれかに該当する者は，30 万円以下の罰金に処
する。
一　第 113 条，第 122 条又は第 137 条の規定［重大事故の報告］による
　報告をせず，又は虚偽の報告をした者
二　第 115 条第 1 項若しくは第 2 項，第 124 条第 1 項，第 139 条第 1 項
　又は第 145 条第 4 項の規定［設備に関する報告及び検査］による報告
　をせず，若しくは虚偽の報告をし，又は当該職員の検査を拒み，妨げ，
　若しくは忌避した者
三　第 133 条［一般放送業務の届出］の規定による届出をせず，又は虚
　偽の届出をした者
四　第 147 条第 3 項の規定に違反して有料基幹放送契約約款を掲示しな
　かった者

放送法
第 189 条　法人の代表者又は法人若しくは人の代理人，使用人その他の
　従業者が，その法人又は人の業務に関し，第 184 条から前条まで（第
　185 条を除く。）の違反行為をしたときは，行為者を罰するほか，その
　法人又は人に対しても各本条の罰金刑を科する。
2　前項の場合において，当該行為者に対してした第 186 条第 2 項の告訴
　は，その法人又は人に対しても効力を生じ，その法人又は人に対してし
　た告訴は，当該行為者に対しても効力を生ずるものとする。

第190条　第119条［会計の整理等］の規定に違反して公表することを怠り，又は不実の公表をした者は，100万円以下の過料に処する。

第191条　次の各号のいずれかに該当する場合においては，その違反行為をした協会又は学園の役員を20万円以下の過料に処する。

一　この法律又はこの法律に基づく命令に違反して登記をすることを怠ったとき。

二～五［省略］

2　協会の子会社の役員が第44条第2項又は第77条第2項［監査委員会による調査］の規定による調査を妨げたときは，20万円以下の過料に処する。

第192条　次の各号のいずれかに該当する者は，20万円以下の過料に処する。

一　第95条［業務の開始及び休止の届出］第1項若しくは第2項，第97条第2項，第98条第1項，第100条［業務の廃止］，第129条第1項若しくは第2項，第130条第4項，第134条第2項，第135条第1項若しくは第2項，第152条第2項，第153条第2項，第154条第1項若しくは第2項又は第160条の規定による届出をせず，又は虚偽の届出をした者

二　第102条の規定に違反して認定証を返納しない者

第193条　次の各号のいずれかに該当する者は，20万円以下の過料に処する。

一　第116条の4［認定経営基盤強化計画の変更等］第4項の規定による報告をせず，又は虚偽の報告をした者

二　第175条（第81条第6項において準用する場合を含む。）の規定による資料の提出を怠り，又は虚偽の資料を提出した者

演習問題

問1　基幹放送の受信にかかる事業者の責務について，放送法に規定するところを述べよ。

〔参照条文：法92条〕

問2　認定基幹放送事業者の業務の開始及び休止の届出について，放送法に規定するところを述べよ。

〔参照条文：法95条〕

問3　認定基幹放送事業者が放送の停止その他の重大事故が発生したときの報告について，放送法に規定するところを述べよ。

〔参照条文：法113条〕

問4　基幹放送局提供事業者の役務の提供について，放送法に規定するところを述べよ。

〔参照条文：法118条〕

問5　一般放送の業務の登録について，放送法に規定するところを述べよ。

〔参照条文：法126条〕

問6　一般放送の業務の届出について，放送法に規定するところを述べよ。

〔参照条文：法133条〕

問7　一般放送事業者の設備の維持について，放送法に規定するところを述べよ。

〔参照条文：法136条〕

問8　総務大臣が有料放送事業者に対して行う変更命令について，放送法に規定するところを述べよ。

〔参照条文：法156条〕

問9　総務大臣が放送事業者に対して業務の停止を命ずる場合について，放送法に規定するところを述べよ。

〔参照条文：法174条〕

問10　一般放送の業務の登録を受けずに一般放送の業務を行った場合の罰則について，放送法に規定するところを述べよ。

〔参照条文：法184条〕

6

放
送
法

著作権法

（昭和45年5月6日法律第48号）

1 概　要

　人の知的な生産活動によって，創作された著作物や実演，放送等の著作物等に権利を与え保護するために著作権法が制定されています。しかし，他人の創作物を一切利用できないとすると文化の発展が妨げられることから著作物等が公正に利用されることを定めています。

1.1　著作権法の目的

　著作権法は，著作物，実演，レコード，放送等に関し著作者の権利とこれに隣接する権利を定めること。また，これらの知的所産である創作物が公正に利用されることを留意しながら，著作者等の権利の保護を図ることによって，文化の発展に寄与することを目的としています。

著作権法
第１条　この法律は，著作物並びに実演，レコード，放送及び有線放送に関し著作者の権利及びこれに隣接する権利を定め，これらの文化的所産の公正な利用に留意しつつ，著作者等の権利の保護を図り，もって文化の発展に寄与することを目的とする。

1.2　著作権法令

著作権法に基づく政令，省令，関係する法令の主なものを次に示します。
著作権法施行令（施行令）
著作権法施行規則（施）
著作権等管理事業法
　他人の著作物を利用する際に使用料等の条件を集中管理する団体を登録

して運用するために制定した法律です。

著作権等管理事業法施行規則

万国著作権条約の実施に伴う著作権法の特例に関する法律

万国著作権条約の実施に伴う著作権法の特例に関する法律施行令

連合国及び連合国民の著作権の特例に関する法律

2 著作物

2.1 用語の定義

著作物，著作者，実演，レコード等の用語が定義されています。

著作権法
第2条 この法律において，次の各号に掲げる用語の意義は，当該各号に定めるところによる。

一 **著作物** 思想又は感情を創作的に表現したものであって，文芸，学術，美術又は音楽の範囲に属するものをいう。

二 **著作者** 著作物を創作する者をいう。

三 **実演** 著作物を，演劇的に演じ，舞い，演奏し，歌い，口演し朗詠し，又はその他の方法により演ずること（これらに類する行為で，著作物を演じないが芸能的な性質を有するものを含む。）をいう。

四 **実演家** 俳優，舞踊家，演奏家，歌手その他実演を行う者及び実演を指揮し，又は演出する者をいう。

五 **レコード** 蓄音機用音盤，録音テープその他の物に音を固定したもの（音を専ら影像とともに再生することを目的とするものを除く。）をいう。

六 **レコード製作者** レコードに固定されている音を最初に固定した者をいう。

七 **商業用レコード** 市販の目的をもって製作されるレコードの複製物をいう。

七の二 **公衆送信** 公衆によって直接受信されることを目的として無線通信又は有線電気通信の送信（＊1）を行うことをいう。

八 **放送** 公衆送信のうち，公衆によって同一の内容の送信が同時に受信されることを目的として行う無線通信の送信をいう。

九 **放送事業者** 放送を業として行う者をいう。

九の二 **有線放送** 公衆送信のうち，公衆によって同一の内容の送信が同時に受信されることを目的として行う有線電気通信の送信をいう。

九の三　**有線放送事業者**　有線放送を業として行う者をいう。

九の四　**自動公衆送信**　公衆送信のうち，公衆からの求めに応じ自動的に行うもの（放送又は有線放送に該当するものを除く。）をいう。

九の五　**送信可能化**　次のいずれかに掲げる行為により自動公衆送信し得るようにすることをいう。

　イ　公衆の用に供されている電気通信回線に接続している自動公衆送信装置（＊2）の公衆送信用記録媒体に情報を記録し，情報が記録された記録媒体を当該自動公衆送信装置の公衆送信用記録媒体として加え，若しくは情報が記録された記録媒体を当該自動公衆送信装置の公衆送信用記録媒体に変換し，又は当該自動公衆送信装置に情報を入力すること。

　ロ　その公衆送信用記録媒体に情報が記録され，又は当該自動公衆送信装置に情報が入力されている自動公衆送信装置について，公衆の用に供されている電気通信回線への接続（＊3）を行うこと。

九の六　**特定入力型自動公衆送信**　放送を受信して同時に，公衆の用に供されている電気通信回線に接続している自動公衆送信装置に情報を入力することにより行う自動公衆送信（当該自動公衆送信のために行う送信可能化を含む。）をいう。

九の七　**放送同時配信等**　放送番組又は有線放送番組の自動公衆送信（当該自動公衆送信のために行う送信可能化を含む。以下この号において同じ。）のうち，次のイからハまでに掲げる要件を備えるもの（著作権者，出版権者若しくは著作隣接権者（以下「著作権者等」という。）の利益を不当に害するおそれがあるもの又は広く国民が容易に視聴することが困難なものとして文化庁長官が総務大臣と協議して定めるもの及び特定入力型自動公衆送信を除く。）をいう。

　イ　放送番組の放送又は有線放送番組の有線放送が行われた日から1週間以内（当該放送番組又は有線放送番組が同一の名称の下に一定の間隔で連続して放送され，又は有線放送されるものであってその間隔が1週間を超えるものである場合には，1月以内でその間隔に応じて文化庁長官が定める期間内）に行われるもの（当該放送又は有線放送が行われるより前に行われるものを除く。）であること。

　ロ　放送番組又は有線放送番組の内容を変更しないで行われるもの（著作権者等から当該自動公衆送信に係る許諾が得られていない部分を表示しないことその他のやむを得ない事情により変更されたものを除く。）であること。

　ハ　当該自動公衆送信を受信して行う放送番組又は有線放送番組のデ

　　　ジタル方式の複製を防止し，又は抑止するための措置として文部科
　　　学省令で定めるものが講じられているものであること。

九の八　**放送同時配信等事業者**　人的関係又は資本関係において文化庁
　　長官が定める密接な関係（以下単に「密接な関係」という。）を有す
　　る放送事業者又は有線放送事業者から放送番組又は有線放送番組の供
　　給を受けて放送同時配信等を業として行う事業者をいう。

十　**映画製作者**　映画の著作物の製作に発意と責任を有する者をいう。

十の二　**プログラム**　電子計算機を機能させて一の結果を得ることがで
　　きるようにこれに対する指令を組み合わせたものとして表現したもの
　　をいう。

十の三　**データベース**　論文，数値，図形その他の情報の集合物であっ
　　て，それらの情報を電子計算機を用いて検索することができるように
　　体系的に構成したものをいう。

十一　**二次的著作物**　著作物を翻訳し，編曲し，若しくは変形し，又は
　　脚色し，映画化し，その他翻案することにより創作した著作物をいう。

十二　**共同著作物**　２人以上の者が共同して創作した著作物であって，
　　その各人の寄与を分離して個別的に利用することができないものをいう。

十三　**録音**　音を物に固定し，又はその固定物を増製することをいう。

十四　**録画**　影像を連続して物に固定し，又はその固定物を増製するこ
　　とをいう。

十五　**複製**　印刷，写真，複写，録音，録画その他の方法により有形的
　　に再製することをいい，次に掲げるものについては，それぞれ次に掲
　　げる行為を含むものとする。
　　イ　脚本その他これに類する演劇用の著作物　当該著作物の上演，
　　　放送又は有線放送を録音し，又は録画すること。
　　ロ　建築の著作物　建築に関する図面に従って建築物を完成するこ
　　　と。

十六　**上演**　演奏（歌唱を含む。以下同じ。）以外の方法により著作物を
　　演ずることをいう。

十七　**上映**　著作物（公衆送信されるものを除く。）を映写幕その他の物
　　に映写することをいい，これに伴って映画の著作物において固定され
　　ている音を再生することを含むものとする。

十八　**口述**　朗読その他の方法により著作物を口頭で伝達すること（実
　　演に該当するものを除く。）をいう。

十九　**頒布**　有償であるか又は無償であるかを問わず，複製物を公衆に
　　譲渡し，又は貸与することをいい，映画の著作物又は映画の著作物に

おいて複製されている著作物にあっては，これらの著作物を公衆に提示することを目的として当該映画の著作物の複製物を譲渡し，又は貸与することを含むものとする。

二十 **技術的保護手段** 電子的方法，磁気的方法その他の人の知覚によって認識することができない方法（次号及び第二十二号において「電磁的方法」という。）により，第 17 条第 1 項に規定する著作者人格権若しくは著作権，出版権又は第 89 条第 1 項に規定する実演家人格権若しくは同条第 6 項に規定する著作隣接権（以下この号，第 30 条第 1 項第二号，第 113 条第 7 項並びに第 120 条の 2 第一号及び第四号において「著作権等」という。）を侵害する行為の防止又は抑止（著作権等を侵害する行為の結果に著しい障害を生じさせることによる当該行為の抑止をいう。第 30 条第 1 項第二号において同じ。）をする手段（著作権等を有する者の意思に基づくことなく用いられているものを除く。）であって，著作物，実演，レコード，放送又は有線放送（以下「著作物等」という。）の利用（著作者又は実演家の同意を得ないで行ったとしたならば著作者人格権又は実演家人格権の侵害となるべき行為を含む。）に際し，これに用いられる機器が特定の反応をする信号を記録媒体に記録し，若しくは送信する方式又は当該機器が特定の変換を必要とするよう著作物，実演，レコード若しくは放送若しくは有線放送に係る音若しくは影像を変換して記録媒体に記録し，若しくは送信する方式によるものをいう。

二十一 **技術的利用制限手段** 電磁的方法により，著作物等の視聴（プログラムの著作物にあっては，当該著作物を電子計算機において実行する行為を含む。以下この号及び第 113 条第 6 項において同じ。）を制限する手段（著作権者等の意思に基づくことなく用いられているものを除く。）であって，著作物等の視聴に際し，これに用いられる機器が特定の反応をする信号を記録媒体に記録し，若しくは送信する方式又は当該機器が特定の変換を必要とするよう著作物，実演，レコード若しくは放送若しくは有線放送に係る音若しくは影像を変換して記録媒体に記録し，若しくは送信する方式によるものをいう。

二十二 **権利管理情報** 第 17 条第 1 項に規定する著作者人格権若しくは著作権又は第 89 条第 1 項から第 4 項までの権利（以下この号において「著作権等」という。）に関する情報であって，イからハまでのいずれかに該当するもののうち，電磁的方法により著作物，実演，レコード又は放送若しくは有線放送に係る音若しくは影像とともに記録媒体に記録され，又は送信されるもの（著作物等の利用状況の把握，著作物

等の利用の許諾に係る事務処理その他の著作権等の管理（電子計算機によるものに限る。）に用いられていないものを除く。）をいう。

　イ　著作物等，著作権等を有する者その他政令で定める事項を特定する情報
　ロ　著作物等の利用を許諾する場合の利用方法及び条件に関する情報
　ハ　他の情報と照合することによりイ又はロに掲げる事項を特定することができることとなる情報

二十三　**著作権等管理事業者**　著作権等管理事業法第2条第3項に規定する著作権等管理事業者をいう。

二十四　**国内**　この法律の施行地をいう。

二十五　**国外**　この法律の施行地外の地域をいう。

＊1　電気通信設備で，その一の部分の設置の場所が他の部分の設置の場所と同一の構内（その構内が2以上の者の占有に属している場合には，同一の者の占有に属する区域内）にあるものによる送信（プログラムの著作物の送信を除く。）を除く。

＊2　公衆の用に供する電気通信回線に接続することにより，その記録媒体のうち自動公衆送信の用に供する部分（以下この号において「公衆送信用記録媒体」という。）に記録され，又は当該装置に入力される情報を自動公衆送信する機能を有する装置をいう。以下同じ。

＊3　配線，自動公衆送信装置の始動，送受信用プログラムの起動その他の一連の行為により行われる場合には，当該一連の行為のうち最後のものをいう。

　著作物は，思想や感情を創作的に表現したものであって，外部に表現する形式として原稿用紙や書籍，レコード，実演等があります。

　レコードには，レコード以外の録音テープやCD等の記録媒体も含まれます。

　放送を無線通信による同一の内容の送信と定義し，公衆送信は公衆が直接受信する無線通信及び有線通信の送信と定義しています。

　コンピュータのプログラムはプログラムの著作物として保護されます。プログラムと同様な仕様書，フローチャート等は，言語，図形の著作物として保護されます。

2　この法律にいう「美術の著作物」には，美術工芸品を含むものとする。

3　この法律にいう「映画の著作物」には，映画の効果に類似する視覚的又は視聴覚的効果を生じさせる方法で表現され，かつ，物に固定されて

いる著作物を含むものとする。

4 　この法律にいう「写真の著作物」には，写真の製作方法に類似する方法を用いて表現される著作物を含むものとする。

5 　この法律にいう「公衆」には，特定かつ多数の者を含むものとする。

6 　この法律にいう「法人」には，法人格を有しない社団又は財団で代表者又は管理人の定めがあるものを含むものとする。

7 　この法律において，「上演」，「演奏」又は「口述」には，著作物の上演，演奏又は口述で録音され，又は録画されたものを再生すること（公衆送信又は上映に該当するものを除く。）及び著作物の上演，演奏又は口述を電気通信設備を用いて伝達すること（公衆送信に該当するものを除く。）を含むものとする。

8 　この法律にいう「貸与」には，いずれの名義又は方法をもってするかを問わず，これと同様の使用の権原を取得させる行為を含むものとする。

9 　この法律において，第1項第七号の二，第八号，第九号の二，第九号の四，第九号の五若しくは第十三号から第十九号まで又は前2項に掲げる用語については，それぞれこれらを動詞の語幹として用いる場合を含むものとする。

2.2　著作物の発行等

（1）著作物の発行

　著作物の発行は，その性質に応じた相当程度の部数の複製物が，頒布された場合をいいます。

著作権法
第3条　著作物は，その性質に応じ公衆の要求を満たすことができる相当程度の部数の複製物が，第21条に規定する権利を有する者又はその許諾（＊1）を得た者若しくは第79条の出版権の設定を受けた者若しくはその複製許諾（第80条第3項の規定による複製の許諾をいう。以下同じ。）を得た者によって作成され，頒布された場合（＊2）において，発行されたものとする。

2 　二次的著作物である翻訳物の前項に規定する部数の複製物が第28条の規定により第21条に規定する権利と同一の権利を有する者又はその許諾を得た者によって作成され，頒布された場合（＊3）には，その原著作物は，発行されたものとみなす。

3 　著作物がこの法律による保護を受けるとしたならば前2項の権利を有すべき者又はその者からその著作物の利用の承諾を得た者は，それぞれ

前2項の権利を有する者又はその許諾を得た者とみなして，前2項の規定を適用する。

* 1 第63条第1項の規定による利用の許諾をいう。以下この項，次条第1項，第4条の2及び第63条を除き，以下この章及び次章において同じ。
* 2 第26条，第26条の2第1項又は第26条の3に規定する権利を有する者の権利を害しない場合に限る。
* 3 第28条の規定により第26条，第26条の2第1項又は第26条の3に規定する権利と同一の権利を有する者の権利を害しない場合に限る。

(2) 著作物の公表

著作権法
第4条 著作物は，発行され，又は第22条から第25条までに規定する権利を有する者若しくはその許諾（第63条第1項の規定による利用の許諾をいう。）を得た者若しくは第79条の出版権の設定を受けた者若しくはその公衆送信許諾（第80条第3項の規定による公衆送信の許諾をいう。以下同じ。）を得た者によって上演，演奏，上映，公衆送信，口述若しくは展示の方法で公衆に提示された場合（建築の著作物にあっては，第21条に規定する権利を有する者又はその許諾（第63条第1項の規定による利用の許諾をいう。）を得た者によって建設された場合を含む。）において，公表されたものとする。

2 著作物は，第23条第1項に規定する権利を有する者又はその許諾を得た者若しくは第79条の出版権の設定を受けた者若しくはその公衆送信許諾を得た者によって送信可能化された場合には，公表されたものとみなす。

3 二次的著作物である翻訳物が，第28条の規定により第22条から第24条までに規定する権利と同一の権利を有する者若しくはその許諾を得た者によって上演，演奏，上映，公衆送信若しくは口述の方法で公衆に提示され，又は第28条の規定により第23条第1項に規定する権利と同一の権利を有する者若しくはその許諾を得た者によって送信可能化された場合には，その原著作物は，公表されたものとみなす。

4 美術の著作物又は写真の著作物は，第45条第1項に規定する者によって同項の展示が行われた場合には，公表されたものとみなす。

5 著作物がこの法律による保護を受けるとしたならば第1項から第3項までの権利を有すべき者又はその者からその著作物の利用の承諾を得た者は，それぞれ第1項から第3項までの権利を有する者又はその許諾を

得た者とみなして，これらの規定を適用する。

（3）レコードの発行

著作権法
第4条の2　レコードは，その性質に応じ公衆の要求を満たすことができ
る相当程度の部数の複製物が，第96条［複製権］に規定する権利を有す
る者又はその許諾（＊1）を得た者によって作成され，頒布された場合
（第97条の2第1項又は第97条の3第1項［レコード製作者の権利］に
規定する権利を有する者の権利を害しない場合に限る。）において，発行
されたものとする。

＊1　第103条［著作隣接権の譲渡，行使等］において準用する第63条第
1項［著作物の利用の許諾］の規定による利用の許諾をいう。第4章第2
節及び第3節［第90条の2から第97条の3に規定する著作隣接権］に
おいて同じ。

2.3　条約の効力

著作権法
第5条　著作者の権利及びこれに隣接する権利に関し条約に別段の定めが
あるときは，その規定による。

著作権・著作隣接権に関して，次の条約があります。
ベルヌ条約
万国著作権条約
知的所有権の貿易関連の側面に関する協定（TRIPS協定）
著作権に関する世界知的所有権機関条約（WIPO実演・レコード条約）
ローマ条約（実演家保護条約）
レコード保護条約

2.4　適用範囲

著作権法の保護を受ける著作物等として，日本国民の著作物，実演，放送や
日本の国内で発行された著作物，実演，放送等が規定され，及び条約に基づい
て保護の義務を負う著作物等が規定されています。

（1）保護を受ける著作物

著作権法
第6条 著作物は，次の各号のいずれかに該当するものに限り，この法律による保護を受ける。

一　日本国民（＊1）の著作物

二　最初に国内において発行された著作物（＊2）

三　前2号に掲げるもののほか，条約によりわが国が保護の義務を負う著作物

＊1　わが国の法令に基づいて設立された法人及び国内に主たる事務所を有する法人を含む。以下同じ。

＊2　最初に国外において発行されたが，その発行の日から30日以内に国内において発行されたものを含む。

（2）保護を受ける実演

著作権法
第7条 実演は，次の各号のいずれかに該当するものに限り，この法律による保護を受ける。

一　国内において行われる実演

二　次条第一号又は第二号に掲げるレコードに固定された実演

三　第9条第一号又は第二号に掲げる放送において送信される実演（実演家の承諾を得て送信前に録音され，又は録画されているものを除く。）

四　第9条の2各号に掲げる有線放送において送信される実演（実演家の承諾を得て送信前に録音され，又は録画されているものを除く。）

五　前各号に掲げるもののほか，次のいずれかに掲げる実演

　　イ　実演家，レコード製作者及び放送機関の保護に関する国際条約（以下「実演家等保護条約」という。）の締約国において行われる実演

　　ロ　次条第三号に掲げるレコードに固定された実演

　　ハ　第9条第三号に掲げる放送において送信される実演（実演家の承諾を得て送信前に録音され，又は録画されているものを除く。）

六　前各号に掲げるもののほか，次のいずれかに掲げる実演

　　イ　実演及びレコードに関する世界知的所有権機関条約（以下「実演・レコード条約」という。）の締約国において行われる実演

　　ロ　次条第四号に掲げるレコードに固定された実演

七　前各号に掲げるもののほか，次のいずれかに掲げる実演
　イ　世界貿易機関の加盟国において行われる実演
　ロ　次条第五号に掲げるレコードに固定された実演
　ハ　第9条第四号に掲げる放送において送信される実演（実演家の承諾を得て送信前に録音され，又は録画されているものを除く。）
八　前各号に掲げるもののほか，視聴覚的実演に関する北京条約の締約国の国民又は当該締約国に常居所を有する者である実演家に係る実演

（3）保護を受けるレコード

著作権法
第8条　レコードは，次の各号のいずれかに該当するものに限り，この法律による保護を受ける。
一　日本国民をレコード製作者とするレコード
二　レコードでこれに固定されている音が最初に国内において固定されたもの
三　前2号に掲げるもののほか，次のいずれかに掲げるレコード
　イ　実演家等保護条約の締約国の国民（当該締約国の法令に基づいて設立された法人及び当該締約国に主たる事務所を有する法人を含む。以下同じ。）をレコード製作者とするレコード
　ロ　レコードでこれに固定されている音が最初に実演家等保護条約の締約国において固定されたもの
四　前3号に掲げるもののほか，次のいずれかに掲げるレコード
　イ　実演・レコード条約の締約国の国民（当該締約国の法令に基づいて設立された法人及び当該締約国に主たる事務所を有する法人を含む。以下同じ。）をレコード製作者とするレコード
　ロ　レコードでこれに固定されている音が最初に実演・レコード条約の締約国において固定されたもの
五　前各号に掲げるもののほか，次のいずれかに掲げるレコード
　イ　世界貿易機関の加盟国の国民（当該加盟国の法令に基づいて設立された法人及び当該加盟国に主たる事務所を有する法人を含む。以下同じ。）をレコード製作者とするレコード
　ロ　レコードでこれに固定されている音が最初に世界貿易機関の加盟国において固定されたもの
六　前各号に掲げるもののほか，許諾を得ないレコードの複製からのレコード製作者の保護に関する条約（第121条の2第二号において「レコード保護条約」という。）により我が国が保護の義務を負うレコード

（4）保護を受ける放送

著作権法
第９条 放送は，次の各号のいずれかに該当するものに限り，この法律による保護を受ける。
一　日本国民である放送事業者の放送
二　国内にある放送設備から行われる放送
三　前２号に掲げるもののほか，次のいずれかに掲げる放送
　　イ　実演家等保護条約の締約国の国民である放送事業者の放送
　　ロ　実演家等保護条約の締約国にある放送設備から行われる放送
四　前３号に掲げるもののほか，次のいずれかに掲げる放送
　　イ　世界貿易機関の加盟国の国民である放送事業者の放送
　　ロ　世界貿易機関の加盟国にある放送設備から行われる放送

（5）保護を受ける有線放送

著作権法
第９条の２ 有線放送は，次の各号のいずれかに該当するものに限り，この法律による保護を受ける。
一　日本国民である有線放送事業者の有線放送（放送を受信して行うものを除く。次号において同じ。）
二　国内にある有線放送設備から行われる有線放送

2.5　著作物の例示
（1）著作物の例示

著作権法
第10条 この法律にいう著作物を例示すると，おおむね次のとおりである。
一　小説，脚本，論文，講演その他の言語の著作物
二　音楽の著作物
三　舞踊又は無言劇の著作物
四　絵画，版画，彫刻その他の美術の著作物
五　建築の著作物
六　地図又は学術的な性質を有する図面，図表，模型その他の図形の著作物
七　映画の著作物
八　写真の著作物

九　プログラムの著作物
2　事実の伝達にすぎない雑報及び時事の報道は，前項第一号に掲げる著
作物に該当しない。
3　第1項第九号に掲げる著作物に対するこの法律による保護は，その著
作物を作成するために用いるプログラム言語，規約及び解法に及ばない。
この場合において，これらの用語の意義は，次の各号に定めるところに
よる。
　　一　**プログラム言語**　プログラムを表現する手段としての文字その他の
　　記号及びその体系をいう。
　　二　**規約**　特定のプログラムにおける前号のプログラム言語の用法につ
　　いての特別の約束をいう。
　　三　**解法**　プログラムにおける電子計算機に対する指令の組合せの方法
　　をいう。

(2) 二次的著作物

著作権法
第11条　二次的著作物に対するこの法律による保護は，その原著作物の
　著作者の権利に影響を及ぼさない。

(3) 編集著作物

著作権法
第12条　編集物（データベースに該当するものを除く。以下同じ。）でそ
　の素材の選択又は配列によって創作性を有するものは，著作物として保
　護する。
2　前項の規定は，同項の編集物の部分を構成する著作物の著作者の権利
　に影響を及ぼさない。

(4) データベースの著作物

著作権法
第12条の2　データベースでその情報の選択又は体系的な構成によって
　創作性を有するものは，著作物として保護する。
2　前項の規定は，同項のデータベースの部分を構成する著作物の著作者
　の権利に影響を及ぼさない。

(5) 権利の目的とならない著作物

著作権法
第13条 次の各号のいずれかに該当する著作物は，この章の規定による権利の目的となることができない。
一　憲法その他の法令
二　国若しくは地方公共団体の機関又は独立行政法人（独立行政法人通則法（平成11年法律第103号）第2条第1項に規定する独立行政法人をいう。以下同じ。）又は地方独立行政法人（地方独立法人法（平成15年法律第118号）第2条第1項に規定する地方独立行政法人をいう。以下同じ。）が発する告示，訓令，通達その他これらに類するもの
三　裁判所の判決，決定，命令及び審判並びに行政庁の裁決及び決定で裁判に準ずる手続により行われるもの
四　前3号に掲げるものの翻訳物及び編集物で，国若しくは地方公共団体の機関又は独立行政法人又は地方独立行政法人が作成するもの

演習問題

問1　著作権法の目的について，著作権法に規定するところを述べよ。

〔参照条文：法1条〕

問2　次の用語の定義について，著作権法に規定するところを述べよ。
① 著作物
② レコード
③ データベース

〔参照条文：法2条〕

問3　著作物が発行されたものとする場合について，著作権法に規定するところを述べよ。

〔参照条文：法3条〕

問4　著作権法による保護を受ける放送について，著作権法に規定するところを述べよ。

〔参照条文：法9条〕

3 著作者

3.1 著作者の推定

著作者は著作物を創作する者をいいます。創作の事実があれば，表示や登録がなくても著作者として著作権法の保護を受けます。実名以外のペンネーム，芸名等でも周知のものは著作者として扱われます。

> **著作権法**
> **第14条** 著作物の原作品に，又は著作物の公衆への提供若しくは提示の際に，その氏名若しくは名称（以下「実名」という。）又はその雅号，筆名，略称その他実名に代えて用いられるもの（以下「変名」という。）として周知のものが著作者名として通常の方法により表示されている者は，その著作物の著作者と推定する。

3.2 職務上作成する著作物の著作者

法人等の業務に従事する者が職務上作成した職務著作，法人等の業務に従事する者が自己の著作の名義の下に公表するものの著作者は，著作者となるために必要とされる一定の要件を具備した法人著作も法人等が著作者となります。法人等の業務に従事する者が職務上作成したプログラムの著作物は，法人等のの名義による公表がなくても法人などが著作者となります。

> **著作権法**
> **第15条** 法人その他使用者（以下この条において「法人等」という。）の発意に基づきその法人等の業務に従事する者が職務上作成する著作物（プログラムの著作物を除く。）で，その法人等が自己の著作の名義の下に公表するものの著作者は，その作成の時における契約，勤務規則その他に別段の定めがない限り，その法人等とする。
> **2** 法人等の発意に基づきその法人等の業務に従事する者が職務上作成するプログラムの著作物の著作者は，その作成の時における契約，勤務規則その他に別段の定めがない限り，その法人等とする。

3.3 映画の著作物の著作者

映画の著作物の著作者は，プロデューサー，映画監督，ディレクター，撮影監督，美術監督等の映画著作物の全体的な形成に創作的に関与した者です。

> **著作権法**
> **第16条** 映画の著作物の著作者は，その映画の著作物において翻案され，又は複製された小説，脚本，音楽その他の著作物の著作者を除き，制作，

監督，演出，撮影，美術等を担当してその映画の著作物の全体的形成に創作的に寄与した者とする。ただし，前条の規定の適用がある場合は，この限りでない。

4 著作者の権利

4.1 著作者の権利

著作者の権利として，著作者自身の人格的利益を保護するために公表権，氏名表示権，同一性保持権の著作者人格権を定めています。

> 著作権法
> **第17条** 著作者は，次条第1項［公表権］，第19条第1項［氏名表示権］及び第20条第1項［同一性保持権］に規定する権利（以下「著作者人格権」という。）並びに第21条から第28条［複製権，上演権等］までに規定する権利（以下「著作権」という。）を享有する。
> 2 著作者人格権及び著作権の享有には，いかなる方式の履行をも要しない。

4.2 著作者人格権

それぞれの著作者人格権について，それらの推定や特例を規定しています。

（1）公表権

> 著作権法
> **第18条** 著作者は，その著作物でまだ公表されていないもの（その同意を得ないで公表された著作物を含む。以下この条において同じ。）を公衆に提供し，又は提示する権利を有する。当該著作物を原著作物とする二次的著作物についても，同様とする。
> 2 著作者は，次の各号に掲げる場合には，当該各号に掲げる行為について同意したものと推定する。
> 　一　その著作物でまだ公表されていないものの著作権を譲渡した場合　当該著作物をその著作権の行使により公衆に提供し，又は提示すること。
> 　二　その美術の著作物又は写真の著作物でまだ公表されていないものの原作品を譲渡した場合　これらの著作物をその原作品による展示の方法で公衆に提示すること。

三　第29条の規定によりその映画の著作物の著作権が映画製作者に帰属した場合　当該著作物をその著作権の行使により公衆に提供し，又は提示すること。

3　著作者は，次の各号に掲げる場合には，当該各号に掲げる行為について同意したものとみなす。

一　その著作物でまだ公表されていないものを行政機関（行政機関の保有する情報の公開に関する法律（平成11年法律第42号。以下「行政機関情報公開法」という。）第2条第1項に規定する行政機関をいう。以下同じ。）に提供した場合（行政機関情報公開法第9条第1項 の規定による開示する旨の決定の時までに別段の意思表示をした場合を除く。）行政機関情報公開法の規定により行政機関の長が当該著作物を公衆に提供し，又は提示すること（＊1）。

二　その著作物でまだ公表されていないものを独立行政法人等（独立行政法人等の保有する情報の公開に関する法律（平成13年法律第140号。以下「独立行政法人等情報公開法」という。）第2条第1項に規定する独立行政法人等をいう。以下同じ。）に提供した場合（独立行政法人等情報公開法第9条第1項の規定による開示する旨の決定の時までに別段の意思表示をした場合を除く。）独立行政法人等情報公開法の規定により当該独立行政法人等が当該著作物を公衆に提供し，又は提示すること（＊2）。

三　その著作物でまだ公表されていないものを地方公共団体又は地方独立行政法人に提供した場合（開示する旨の決定の時までに別段の意思表示をした場合を除く。）情報公開条例（地方公共団体又は地方独立行政法人の保有する情報の公開を請求する住民等の権利について定める当該地方公共団体の条例をいう。以下同じ。）の規定により当該地方公共団体の機関又は地方独立行政法人が当該著作物を公衆に提供し，又は提示すること（＊3）。

四　その著作物でまだ公表されていないものを国立公文書館等に提供した場合（公文書管理法第16条［特定歴史公文書等の利用請求及びその取扱い］第1項の規定による利用をさせる旨の決定の時までに別段の意思表示をした場合を除く。）同項の規定により国立公文書館等の長が当該著作物を公衆に提供し，又は提示すること。

五　その著作物でまだ公表されていないものを地方公文書館等に提供した場合（公文書管理条例の規定による利用をさせる旨の決定の時までに別段の意思表示をした場合を除く。）公文書管理条例の規定により地方公文書館等の長が当該著作物を公衆に提供し，又は提示すること。

　＊1　当該著作物に係る歴史公文書等（公文書等の管理に関する法律（平成21年法律第66号。以下「公文書管理法」という。）第2条第6項に規定する歴史公文書等をいう。以下同じ。）が行政機関の長から公文書管理法第8条第1項の規定により国立公文書館等（公文書管理法第2条第3項に規定する国立公文書館等をいう。以下同じ。）に移管された場合（公文書管理法第16条第1項の規定による利用をさせる旨の決定の時までに当該著作物の著作者が別段の意思表示をした場合を除く。）にあっては，公文書管理法第16条第1項の規定により国立公文書館等の長（公文書管理法第15条第1項に規定する国立公文書館等の長をいう。以下同じ。）が当該著作物を公衆に提供し，又は提示することを含む。

　＊2　当該著作物に係る歴史公文書等が当該独立行政法人等から公文書管理法第11条第4項の規定により国立公文書館等に移管された場合（公文書管理法第16条第1項の規定による利用をさせる旨の決定の時までに当該著作物の著作者が別段の意思表示をした場合を除く。）にあっては，公文書管理法第16条第1項の規定により国立公文書館等の長が当該著作物を公衆に提供し，又は提示することを含む。

　＊3　当該著作物に係る歴史公文書等が当該地方公共団体又は地方独立行政法人から公文書管理条例（地方公共団体又は地方独立行政法人の保有する歴史公文書等の適切な保存及び利用について定める当該地方公共団体の条例をいう。以下同じ。）に基づき地方公文書館等（歴史公文書等の適切な保存及び利用を図る施設として公文書管理条例が定める施設をいう。以下同じ。）に移管された場合（公文書管理条例の規定（公文書管理法第16条第1項の規定に相当する規定に限る。以下この条において同じ。）による利用をさせる旨の決定の時までに当該著作物の著作者が別段の意思表示をした場合を除く。）にあっては，公文書管理条例の規定により地方公文書館等の長（地方公文書館等が地方公共団体の施設である場合にあってはその属する地方公共団体の長をいい，地方公文書館等が地方独立行政法人の施設である場合にあってはその施設を設置した地方独立行政法人をいう。以下同じ。）が当該著作物を公衆に提供し，又は提示することを含む。

4　第1項の規定は，次の各号のいずれかに該当するときは，適用しない。

　一　行政機関情報公開法第5条の規定により行政機関の長が同条第一号ロ若しくはハ若しくは同条第二号ただし書に規定する情報が記録されている著作物でまだ公表されていないものを公衆に提供し，若しくは

提示するとき，又は行政機関情報公開法第7条の規定により行政機関の長が著作物でまだ公表されていないものを公衆に提供し，若しくは提示するとき。

二　独立行政法人等情報公開法第5条の規定により独立行政法人等が同条第一号ロ若しくはハ若しくは同条第二号ただし書に規定する情報が記録されている著作物でまだ公表されていないものを公衆に提供し，若しくは提示するとき，又は独立行政法人等情報公開法第7条の規定により独立行政法人等が著作物でまだ公表されていないものを公衆に提供し，若しくは提示するとき。

三　情報公開条例（行政機関情報公開法第13条第2項及び第3項の規定に相当する規定を設けているものに限る。第五号において同じ。）の規定により地方公共団体の機関又は地方独立行政法人が著作物でまだ公表されていないもの（行政機関情報公開法第5条第一号ロ又は同条第二号ただし書に規定する情報に相当する情報が記録されているものに限る。）を公衆に提供し，又は提示するとき。

四　情報公開条例の規定により地方公共団体の機関又は地方独立行政法人が著作物でまだ公表されていないもの（行政機関情報公開法第5条第一号ハに規定する情報に相当する情報が記録されているものに限る。）を公衆に提供し，又は提示するとき。

五　情報公開条例の規定で行政機関情報公開法第7条の規定に相当するものにより地方公共団体の機関又は地方独立行政法人が著作物でまだ公表されていないものを公衆に提供し，又は提示するとき。

六　公文書管理法第16条第1項の規定により国立公文書館等の長が行政機関情報公開法第5条第一号ロ若しくはハ若しくは同条第二号ただし書に規定する情報又は独立行政法人等情報公開法第5条第一号ロ若しくはハ若しくは同条第二号ただし書に規定する情報が記録されている著作物でまだ公表されていないものを公衆に提供し，又は提示するとき。

七　公文書管理条例（公文書管理法第18条第2項及び第4項の規定に相当する規定を設けているものに限る。）の規定により地方公文書館等の長が著作物でまだ公表されていないもの（行政機関情報公開法第5条第一号ロ又は同条第二号ただし書に規定する情報に相当する情報が記録されているものに限る。）を公衆に提供し，又は提示するとき。

八　公文書管理条例の規定により地方公文書館等の長が著作物でまだ公表されていないもの（行政機関情報公開法第5条第一号ハに規定する情報に相当する情報が記録されているものに限る。）を公衆に提供し，

又は提示するとき。

（2）氏名表示権

著作権法
第19条 著作者は，その著作物の原作品に，又はその著作物の公衆への提供若しくは提示に際し，その実名若しくは変名を著作者名として表示し，又は著作者名を表示しないこととする権利を有する。その著作物を原著作物とする二次的著作物の公衆への提供又は提示に際しての原著作物の著作者名の表示についても，同様とする。

2　著作物を利用する者は，その著作者の別段の意思表示がない限り，その著作物につきすでに著作者が表示しているところに従って著作者名を表示することができる。

3　著作者名の表示は，著作物の利用の目的及び態様に照らし著作者が創作者であることを主張する利益を害するおそれがないと認められるときは，公正な慣行に反しない限り，省略することができる。

4　第1項の規定は，次の各号のいずれかに該当するときは，適用しない。

一　行政機関情報公開法，独立行政法人等情報公開法又は情報公開条例の規定により行政機関の長，独立行政法人等又は地方公共団体の機関若しくは地方独立行政法人が著作物を公衆に提供し，又は提示する場合において，当該著作物につき既にその著作者が表示しているところに従って著作者名を表示するとき。

二　行政機関情報公開法第6条第2項の規定，独立行政法人等情報公開法第6条第2項の規定又は情報公開条例の規定で行政機関情報公開法第6条第2項の規定に相当するものにより行政機関の長，独立行政法人等又は地方公共団体の機関若しくは地方独立行政法人が著作物を公衆に提供し，又は提示する場合において，当該著作物の著作者名の表示を省略することとなるとき。

三　公文書管理法第16条第1項の規定又は公文書管理条例の規定（同項の規定に相当する規定に限る。）により国立公文書館等の長又は地方公文書館等の長が著作物を公衆に提供し，又は提示する場合において，当該著作物につき既にその著作者が表示しているところに従って著作者名を表示するとき。

（3）同一性保持権

　著作物の無断改変を禁止しています。コンピュータのプログラムのバグ等による改変は適用が除外されています。

著作権法
第20条 著作者は，その著作物及びその題号の同一性を保持する権利を有し，その意に反してこれらの変更，切除その他の改変を受けないものとする。

2 前項の規定は，次の各号のいずれかに該当する改変については，適用しない。

一 第33条第1項（同条第4項において準用する場合を含む。），第33条の2第1項，第33条の3第1項又は第34条第1項の規定により著作物を利用する場合における用字又は用語の変更その他の改変で，学校教育の目的上やむを得ないと認められるもの

二 建築物の増築，改築，修繕又は模様替えによる改変

三 特定の電子計算機においては利用し得ないプログラムの著作物を当該電子計算機において利用し得るようにするため，又はプログラムの著作物を電子計算機においてより効果的に利用し得るようにするために必要な改変

四 前3号に掲げるもののほか，著作物の性質並びにその利用の目的及び態様に照らしやむを得ないと認められる改変

用語解説

「題号」とは，書物や作品の題目や題名のことです。

4.3 著作権に含まれる権利の種類

（1）複製権

著作権法
第21条 著作者は，その著作物を複製する権利を専有する。

（2）上演権及び演奏権

著作権法
第22条 著作者は，その著作物を，公衆に直接見せ又は聞かせることを目的として（以下「公に」という。）上演し，又は演奏する権利を専有する。

(3) 上映権

著作権法
第22条の2　著作者は，その著作物を公に上映する権利を専有する。

(4) 公衆送信権等

著作権法
第23条　著作者は，その著作物について，公衆送信（自動公衆送信の場合にあっては，送信可能化を含む。）を行う権利を専有する。
2　著作者は，公衆送信されるその著作物を受信装置を用いて公に伝達する権利を専有する。

(5) 口述権

著作権法
第24条　著作者は，その言語の著作物を公に口述する権利を専有する。

(6) 展示権

著作権法
第25条　著作者は，その美術の著作物又はまだ発行されていない写真の著作物をこれらの原作品により公に展示する権利を専有する。

(7) 頒布権

著作権法
第26条　著作者は，その映画の著作物をその複製物により頒布する権利を専有する。
2　著作者は，映画の著作物において複製されているその著作物を当該映画の著作物の複製物により頒布する権利を専有する。

(8) 譲渡権

著作権法
第26条の2　著作者は，その著作物（映画の著作物を除く。以下この条において同じ。）をその原作品又は複製物（映画の著作物において複製されている著作物にあっては，当該映画の著作物の複製物を除く。以下この条において同じ。）の譲渡により公衆に提供する権利を専有する。
2　前項の規定は，著作物の原作品又は複製物で次の各号のいずれかに該

当するものの譲渡による場合には，適用しない。

一　前項に規定する権利を有する者又はその許諾を得た者により公衆に譲渡された著作物の原作品又は複製物

二　第 67 条第 1 項若しくは第 69 条の規定による裁定又は万国著作権条約の実施に伴う著作権法の特例に関する法律（昭和 31 年法律第 86 号）第 5 条第 1 項の規定による許可を受けて公衆に譲渡された著作物の複製物

三　第 67 条の 2 第 1 項の規定の適用を受けて公衆に譲渡された著作物の複製物

四　前項に規定する権利を有する者又はその承諾を得た者により特定かつ少数の者に譲渡された著作物の原作品又は複製物

五　国外において，前項に規定する権利に相当する権利を害することなく，又は同項に規定する権利に相当する権利を有する者若しくはその承諾を得た者により譲渡された著作物の原作品又は複製物

（9）貸与権

著作権法
第 26 条の 3　著作者は，その著作物（映画の著作物を除く。）をその複製物（映画の著作物において複製されている著作物にあっては，当該映画の著作物の複製物を除く。）の貸与により公衆に提供する権利を専有する。

（10）翻訳権，翻案権等

著作権法
第 27 条　著作者は，その著作物を翻訳し，編曲し，若しくは変形し，又は脚色し，映画化し，その他翻案する権利を専有する。

（11）二次的著作物の利用に関する原著作者の権利

著作権法
第 28 条　二次的著作物の原著作物の著作者は，当該二次的著作物の利用に関し，この款に規定する権利で当該二次的著作物の著作者が有するものと同一の種類の権利を専有する。

4.4 映画の著作物の著作権の帰属

　映画の著作物の著作権者は，原則として映画製作者です。放送事業者が放送のために製作する映画の著作物を放送する権利等の著作権は，放送事業者に帰属します。

著作権法
第29条　映画の著作物（第15条第1項，次項又は第3項の規定の適用を受けるものを除く。）の著作権は，その著作者が映画製作者に対し当該映画の著作物の製作に参加することを約束しているときは，当該映画製作者に帰属する。
2　専ら放送事業者が放送又は放送同時配信等のための技術的手段として製作する映画の著作物（第15条第1項の規定の適用を受けるものを除く。）の著作権のうち次に掲げる権利は，映画製作者としての当該放送事業者に帰属する。
　一　その著作物を放送する権利及び放送されるその著作物について，有線放送し，特定入力型自動公衆送信を行い，又は受信装置を用いて公に伝達する権利
　二　その著作物を放送同時配信等する権利及び放送同時配信等されるその著作物を受信装置を用いて公に伝達する権利
　三　その著作物を複製し，又はその複製物により放送事業者に頒布する権利
3　専ら有線放送事業者が有線放送又は放送同時配信等のための技術的手段として製作する映画の著作物（第15条第1項の規定の適用を受けるものを除く。）の著作権のうち次に掲げる権利は，映画製作者としての当該有線放送事業者に帰属する。
　一　その著作物を有線放送する権利及び有線放送されるその著作物を受信装置を用いて公に伝達する権利
　二　その著作物を放送同時配信等する権利及び放送同時配信等されるその著作物を受信装置を用いて公に伝達する権利
　三　その著作物を複製し，又はその複製物により有線放送事業者に頒布する権利

5 著作権の制限

5.1 私的使用のための複製

私的使用の範囲のコピーは，著作物の自由利用として許されます。ただし，自動で多量にダビングする機器を設置した業者の機器を用いてコピーする場合，コピーガード機能を持つメディアをコピーする場合等は除外されます。

著作権法
第30条 著作権の目的となっている著作物（以下この款において単に「著作物」という。）は，個人的に又は家庭内その他これに準ずる限られた範囲内において使用すること（以下「私的使用」という。）を目的とするときは，次に掲げる場合を除き，その使用する者が複製することができる。

一 公衆の使用に供することを目的として設置されている自動複製機器（＊1）を用いて複製する場合

二 技術的保護手段の回避（＊2）により可能となり，又はその結果に障害が生じないようになった複製を，その事実を知りながら行う場合

三 著作権を侵害する自動公衆送信（国外で行われる自動公衆送信であって，国内で行われたとしたならば著作権の侵害となるべきものを含む。）を受信して行うデジタル方式の録音又は録画（以下この号及び次項において「特定侵害録音録画」という。）を，特定侵害録音録画であることを知りながら行う場合

四 著作権（第28条に規定する権利（翻訳以外の方法により創作された二次的著作物に係るものに限る。）を除く。以下この号において同じ。）を侵害する自動公衆送信（国外で行われる自動公衆送信であって，国内で行われたとしたならば著作権の侵害となるべきものを含む。）を受信して行うデジタル方式の複製（録音及び録画を除く。以下この号において同じ。）（＊3）を，特定侵害複製であることを知りながら行う場合（当該著作物の種類及び用途並びに当該特定侵害複製の態様に照らし著作権者の利益を不当に害しないと認められる特別な事情がある場合を除く。）

2 前項第三号及び第四号の規定は，特定侵害録音録画又は特定侵害複製であることを重大な過失により知らないで行う場合を含むものと解釈してはならない。

3 私的使用を目的として，デジタル方式の録音又は録画の機能を有する機器（＊4）であって政令で定めるものにより，当該機器によるデジタル方式の録音又は録画の用に供される記録媒体であって政令で定めるも

のに録音又は録画を行う者は，相当な額の補償金を著作権者に支払わなければならない。

＊1　複製の機能を有し，これに関する装置の全部又は主要な部分が自動化されている機器をいう。

＊2　第2条第1項第二十号に規定する信号の除去若しくは改変（記録又は送信の方式の変換に伴う技術的な制約による除去又は改変を除く。）を行うこと又は同号に規定する特定の変換を必要とするよう変換された著作物，実演，レコード若しくは放送若しくは有線放送に係る音若しくは影像の復元を行うことにより，当該技術的保護手段によって防止される行為を可能とし，又は当該技術的保護手段によって抑止される行為の結果に障害を生じないようにすること（著作権等を有する者の意思に基づいて行われるものを除く。）をいう。第113条第7項並びに第120条の2第一号及び第二号において同じ。

＊3　当該著作権に係る著作物のうち当該複製がされる部分の占める割合，当該部分が自動公衆送信される際の表示の精度その他の要素に照らし軽微なものを除く。以下この号及び次項において「特定侵害複製」という。

＊4　放送の業務のための特別の性能その他の私的使用に通常供されない特別の性能を有するもの及び録音機能付きの電話機その他の本来の機能に附属する機能として録音又は録画の機能を有するものを除く。

　自動複製機器は，ビデオデッキ等の複製機能を有し，その機能が自動化されている機器を指しますが，当分の間，文献複写機等の専ら文書等の複製のための機器は除かれています（法附則5条の2）。

5.2　図書館等における複製等

著作権法
第31条　国立国会図書館及び図書，記録その他の資料を公衆の利用に供することを目的とする図書館その他の施設で政令で定めるもの（以下この項及び第3項において「図書館等」という。）においては，次に掲げる場合には，その営利を目的としない事業として，図書館等の図書，記録その他の資料（次項において「図書館資料」という。）を用いて著作物を複製することができる。

　一　図書館等の利用者の求めに応じ，その調査研究の用に供するために，

　　公表された著作物の一部分（発行後相当期間を経過した定期刊行物に
　　掲載された個々の著作物にあっては，その全部。）の複製物を1人に
　　つき1部提供する場合
　二　図書館資料の保存のため必要がある場合
　三　他の図書館等の求めに応じ，絶版その他これに準ずる理由により一
　　般に入手することが困難な図書館資料（以下この条において「絶版等
　　資料」という。）の複製物を提供する場合
2　前項各号に掲げる場合のほか，国立国会図書館においては，図書館資
　料の原本を公衆の利用に供することによるその滅失，損傷若しくは汚損
　を避けるために当該原本に代えて公衆の利用に供するため，又は絶版等
　資料に係る著作物を次項若しくは第4項の規定により自動公衆送信（送
　信可能化を含む。以下この条において同じ。）に用いるため，電磁的記
　録（電子的方式，磁気的方式その他人の知覚によっては認識することが
　できない方式で作られる記録であって，電子計算機による情報処理の用
　に供されるものをいう。以下同じ。）を作成する場合には，必要と認め
　られる限度において，当該図書館資料に係る著作物を記録媒体に記録す
　ることができる。
3　国立国会図書館は，絶版等資料に係る著作物について，図書館等又は
　これに類する外国の施設で政令で定めるものにおいて公衆に提示するこ
　とを目的とする場合には，前項の規定により記録媒体に記録された当該
　著作物の複製物を用いて自動公衆送信を行うことができる。この場合に
　おいて，当該図書館等においては，その営利を目的としない事業として，
　次に掲げる行為を行うことができる。
　一　当該図書館等の利用者の求めに応じ，当該利用者が自ら利用するた
　　めに必要と認められる限度において，自動公衆送信された当該著作物
　　の複製物を作成し，当該複製物を提供すること。
　二　自動公衆送信された当該著作物を受信装置を用いて公に伝達するこ
　　と（当該著作物の伝達を受ける者から料金（いずれの名義をもってす
　　るかを問わず，著作物の提供又は提示につき受ける対価をいう。第5
　　項第二号及び第38条において同じ。）を受けない場合に限る。）。

5.3　学校その他の教育機関における複製等

著作権法
第35条　学校その他の教育機関（営利を目的として設置されているもの
　を除く。）において教育を担任する者及び授業を受ける者は，その授業

の過程における利用に供することを目的とする場合には，その必要と認められる限度において，公表された著作物を複製し，若しくは公衆送信（自動公衆送信の場合にあっては，送信可能化を含む。以下この条において同じ。）を行い，又は公表された著作物であって公衆送信されるものを受信装置を用いて公に伝達することができる。ただし，当該著作物の種類及び用途並びに当該複製の部数及び当該複製，公衆送信又は伝達の態様に照らし著作権者の利益を不当に害することとなる場合は，この限りでない。

2 　前項の規定により公衆送信を行う場合には，同項の教育機関を設置する者は，相当な額の補償金を著作権者に支払わなければならない。

3 　前項の規定は，公表された著作物について，第1項の教育機関における授業の過程において，当該授業を直接受ける者に対して当該著作物をその原作品若しくは複製物を提供し，若しくは提示して利用する場合又は当該著作物を第38条第1項の規定により上演し，演奏し，上映し，若しくは口述して利用する場合において，当該授業が行われる場所以外の場所において当該授業を同時に受ける者に対して公衆送信を行うときには，適用しない。

5.4　営利を目的としない上演等

著作権法
第38条　公表された著作物は，営利を目的とせず，かつ，聴衆又は観衆から料金を受けない場合には，公に上演し，演奏し，上映し，又は口述することができる。ただし，当該上演，演奏，上映又は口述について実演家又は口述を行う者に対し報酬が支払われる場合は，この限りでない。

2 　放送される著作物は，営利を目的とせず，かつ，聴衆又は観衆から料金を受けない場合には，有線放送し，又は地域限定特定入力型自動公衆送信を行うことができる。

3 　放送され，有線放送され，特定入力型自動公衆送信が行われ，又は放送同時配信等（放送又は有線放送が終了した後に開始されるものを除く。）が行われる著作物は，営利を目的とせず，かつ，聴衆又は観衆から料金を受けない場合には，受信装置を用いて公に伝達することができる。通常の家庭用受信装置を用いてする場合も，同様とする。

4 　公表された著作物（映画の著作物を除く。）は，営利を目的とせず，かつ，その複製物の貸与を受ける者から料金を受けない場合には，その複製物（映画の著作物において複製されている著作物にあっては，当該映

画の著作物の複製物を除く。）の貸与により公衆に提供することができる。

5 映画フィルムその他の視聴覚資料を公衆の利用に供することを目的とする視聴覚教育施設その他の施設（営利を目的として設置されているものを除く。）で政令で定めるもの及び聴覚障害者等の福祉に関する事業を行う者で前条の政令で定めるもの（同条第二号に係るものに限り，営利を目的として当該事業を行うものを除く。）は，公表された映画の著作物を，その複製物の貸与を受ける者から料金を受けない場合には，その複製物の貸与により頒布することができる。この場合において，当該頒布を行う者は，当該映画の著作物又は当該映画の著作物において複製されている著作物につき第26条に規定する権利を有する者（第28条の規定により第26条に規定する権利と同一の権利を有する者を含む。）に相当な額の補償金を支払わなければならない。

5.5 放送事業者等による一時的固定

放送事業者は，著作権者から放送する許諾を得た著作物について，一時的に録音し，録画することができます。

著作権法
第44条 放送事業者は，第23条第1項に規定する権利を害することなく放送し，又は放送同時配信等することができる著作物を，自己の放送又は放送同時配信等（当該放送事業者と密接な関係を有する放送同時配信等事業者が放送番組の供給を受けて行うものを含む。）のために，自己の手段又は当該著作物を同じく放送し，若しくは放送同時配信等することができる他の放送事業者の手段により，一時的に録音し，又は録画することができる。

2 有線放送事業者は，第23条第1項に規定する権利を害することなく有線放送し，又は放送同時配信等することができる著作物を，自己の有線放送（放送を受信して行うものを除く。）又は放送同時配信等（当該有線放送事業者と密接な関係を有する放送同時配信等事業者が有線放送番組の供給を受けて行うものを含む。）のために，自己の手段により，一時的に録音し，又は録画することができる。

3 放送同時配信等事業者は，第23条第1項に規定する権利を害することなく放送同時配信等することができる著作物を，自己の放送同時配信等のために，自己の手段又は自己と密接な関係を有する放送事業者若しくは有線放送事業者の手段により，一時的に録音し，又は録画すること

ができる。

4 前3項の規定により作成された録音物又は録画物は，録音又は録画の後6月（その期間内に当該録音物又は録画物を用いてする放送又は有線放送又は放送同時配信等があったときは，その放送又は有線放送又は放送同時配信等の後6月）を超えて保存することができない。ただし，政令で定めるところにより公的な記録保存所において保存する場合は，この限りでない。

演習問題

問1 法人その他使用者の発意に基づきその法人等の業務に従事する者が職務上作成する著作物の著作者について，著作権法に規定するところを述べよ。

〔参照条文：法15条〕

問2 著作者の著作物及びその題号の同一性を保持する権利について，著作権法に規定するところを述べよ。

〔参照条文：法20条〕

問3 著作権に含まれる著作者の権利の種類について，著作権法に規定するところを述べよ。

〔参照条文：法21条〜法27条〕

問4 放送事業者又は有線放送事業者が，著作物を一時的に録音し，又は録画することができる場合について，著作権法に規定するところを述べよ。

〔参照条文：法44条〕

6 著作隣接権

実演家，レコード製作者，放送事業者は，著作物を創作する者ではなく著作物を利用する立場ですが，著作権者と同様に著作権法で保護されます。この著作権に類似する権利を著作隣接権といいます。

6.1 著作隣接権

著作権法
第89条 実演家は，第90条の2第1項及び第90条の3第1項に規定す

る権利（以下「実演家人格権」という。）並びに第91条第1項［録音権，録画権］，第92条第1項［放送権，有線放送権］，第92条の2第1項［送信可能化権］，第95条の2第1項［譲渡権］及び第95条の3第1項［貸与権等］に規定する権利並びに第94条の2［放送される実演の有線放送］及び第95条の3第3項［商業用レコードの二次使用］に規定する報酬並びに第95条第1項［貸レコード業者］に規定する二次使用料を受ける権利を享有する。

2　　レコード製作者は，第96条［複製権］，第96条の2［送信可能化権］，第97条の2第1項［譲渡権］及び第97条の3第1項［貸与権等］に規定する権利並びに第97条第1項［商業用レコードの二次使用］に規定する二次使用料及び第97条の3第3項［貸レコード業者］に規定する報酬を受ける権利を享有する。

3　　放送事業者は，第98条から第100条［複製権，再放送権及び有線放送権，送信可能化権，テレビジョン放送の伝達権］までに規定する権利を享有する。

4　　有線放送事業者は，第100条の2から第100条の5［複製権，放送権及び再有線放送権，送信可能化権，テレビジョン放送の伝達権］までに規定する権利を享有する。

5　　前各項の権利の享有には，いかなる方式の履行をも要しない。

6　　第1項から第4項までの権利（実演家人格権並びに第1項及び第2項の報酬及び二次使用料を受ける権利を除く。）は，著作隣接権という。

著作権法
第90条　この章の規定は，著作者の権利に影響を及ぼすものと解釈してはならない。

6.2　実演家の権利

　実演家とは，俳優，舞踊家，演奏家，歌手その他実演を行う者及び実演を指揮し，又は演出する者をいいます。

（1）氏名表示権

著作権法
第90条の2　実演家は，その実演の公衆への提供又は提示に際し，その氏名若しくはその芸名その他氏名に代えて用いられるものを実演家名として表示し，又は実演家名を表示しないこととする権利を有する。

2　　実演を利用する者は，その実演家の別段の意思表示がない限り，その

実演家につき既に実演家が表示しているところに従って実演家名を表示することができる。

3，4　［省略］

（2）同一性保持権

著作権法
第90条の3　実演家は，その実演の同一性を保持する権利を有し，自己の名誉又は声望を害するその実演の変更，切除その他の改変を受けないものとする。

2　前項の規定は，実演の性質並びにその利用の目的及び態様に照らしやむを得ないと認められる改変又は公正な慣行に反しないと認められる改変については，適用しない。

（3）録音権及び録画権

著作権法
第91条　実演家は，その実演を録音し，又は録画する権利を専有する。

2　前項の規定は，同項に規定する権利を有する者の許諾を得て映画の著作物において録音され，又は録画された実演については，これを録音物（音を専ら影像とともに再生することを目的とするものを除く。）に録音する場合を除き，適用しない。

（4）放送権及び有線放送権

著作権法
第92条　実演家は，その実演を放送し，又は有線放送する権利を専有する。

2　前項の規定は，次に掲げる場合には，適用しない。
　一　放送される実演を有線放送する場合
　二　次に掲げる実演を放送し，又は有線放送する場合
　　イ　前条第1項に規定する権利を有する者の許諾を得て録音され，又は録画されている実演
　　ロ　前条第2項の実演で同項の録音物以外の物に録音され，又は録画されているもの

（5）送信可能化権

著作権法
第92条の2 実演家は，その実演を送信可能化する権利を専有する。
2 前項の規定は，次に掲げる実演については，適用しない。
　一 第91条第1項に規定する権利を有する者の許諾を得て録画されている実演
　二 第91条第2項の実演で同項の録音物以外の物に録音され，又は録画されているもの

（6）放送等のための固定

著作権法
第93条 実演の放送について第92条第1項に規定する権利を有する者の許諾を得た放送事業者は，その実演を放送及び放送同時配信等のために録音し，又は録画することができる。ただし，契約に別段の定めがある場合及び当該許諾に係る放送番組と異なる内容の放送番組に使用する目的で録音し，又は録画する場合は，この限りでない。
2 次に掲げる者は，第91条第1項の録音又は録画を行ったものとみなす。
　一 前項の規定により作成された録音物又は録画物を放送若しくは放送同時配信等の目的以外の目的又は同項ただし書に規定する目的のために使用し，又は提供した者
　二 前項の規定により作成された録音物又は録画物の提供を受けた放送事業者又は放送同時配信等事業者で，これらを更に他の放送事業者又は放送同時配信等事業者の放送又は放送同時配信等のために提供したもの

（7）放送のための固定物等による放送

著作権法
第93条の2 第92条第1項に規定する権利を有する者がその実演の放送を許諾したときは，契約に別段の定めがない限り，当該実演は，当該許諾に係る放送のほか，次に掲げる放送において放送することができる。
　一 当該許諾を得た放送事業者が前条第1項の規定により作成した録音物又は録画物を用いてする放送
　二 当該許諾を得た放送事業者からその者が前条第1項の規定により作成した録音物又は録画物の提供を受けてする放送

（右余白：7　著作権法）

　　三　当該許諾を得た放送事業者から当該許諾に係る放送番組の供給を受
　　　けてする放送（前号の放送を除く。）
2　　前項の場合において，同項各号に掲げる放送において実演が放送され
　たときは，当該各号に規定する放送事業者は，相当な額の報酬を当該実
　演に係る第92条第1項に規定する権利を有する者に支払わなければなら
　ない。

(8)　放送される実演の有線放送

著作権法
第94条の2　有線放送事業者は，放送される実演を有線放送した場合（営
　利を目的とせず，かつ，聴衆又は観衆から料金（いずれの名義をもって
　するかを問わず，実演の提示につき受ける対価をいう。次条第1項にお
　いて同じ。）を受けない場合を除く。）には，当該実演（著作隣接権の存
　続期間内のものに限り，第92条第2項第二号に掲げるものを除く。）に
　係る実演家に相当な額の報酬を支払わなければならない。

(9) 商業用レコードの二次使用

著作権法
第95条　放送事業者及び有線放送事業者（以下この条及び第97条第1項
　において「放送事業者等」という。）は，第91条第1項に規定する権利
　を有する者の許諾を得て実演が録音されている商業用レコードを用いた
　放送又は有線放送を行った場合（営利を目的とせず，かつ，聴衆又は観
　衆から料金を受けずに，当該放送を受信して同時に有線放送を行った場
　合を除く。）には，当該実演（第7条第一号から第六号までに掲げる実
　演で著作隣接権の存続期間内のものに限る。次項から第4項において同
　じ。）に係る実演家に二次使用料を支払わなければならない。
2　　前項の規定は，実演家等保護条約の締約国については，当該締約国で
　あって，実演家等保護条約第16条1（a）（i）の規定に基づき実演家等保
　護条約第12条の規定を適用しないこととしている国以外の国の国民をレ
　コード製作者とするレコードに固定されている実演に係る実演家につい
　て適用する。
3　　第8条第一号に掲げるレコードについて実演家等保護条約の締約国に
　より与えられる実演家等保護条約第12条の規定による保護の期間が第1
　項の規定により実演家が保護を受ける期間より短いときは，当該締約国
　の国民をレコード製作者とするレコードに固定されている実演に係る実

演家が同項の規定により保護を受ける期間は，第8条第一号に掲げるレコードについて当該締約国により与えられる実演家等保護条約第12条の規定による保護の期間による。

4　第1項の規定は，実演・レコード条約の締約国（実演家等保護条約の締約国を除く。）であって，実演・レコード条約第15条（3）の規定により留保を付している国の国民をレコード製作者とするレコードに固定されている実演に係る実演家については，当該留保の範囲に制限して適用する。

5　第1項の二次使用料を受ける権利は，国内において実演を業とする者の相当数を構成員とする団体（その連合体を含む。）でその同意を得て文化庁長官が指定するものがあるときは，当該団体によってのみ行使することができる。

6　文化庁長官は，次に掲げる要件を備える団体でなければ，前項の指定をしてはならない。

一　営利を目的としないこと。

二　その構成員が任意に加入し，又は脱退することができること。

三　その構成員の議決権及び選挙権が平等であること。

四　第1項の二次使用料を受ける権利を有する者（以下この条において「権利者」という。）のためにその権利を行使する業務をみずから的確に遂行するに足りる能力を有すること。

7　第5項の団体は，権利者から申込みがあったときは，その者のためにその権利を行使することを拒んではならない。

8　第5項の団体は，前項の申込みがあったときは，権利者のために自己の名をもってその権利に関する裁判上又は裁判外の行為を行う権限を有する。

9　文化庁長官は，第5項の団体に対し，政令で定めるところにより，第1項の二次使用料に係る業務に関して報告をさせ，若しくは帳簿，書類その他の資料の提出を求め，又はその業務の執行方法の改善のため必要な勧告をすることができる。

10　第5項の団体が同項の規定により権利者のために請求することができる二次使用料の額は，毎年，当該団体と放送事業者等又はその団体との間において協議して定めるものとする。

11　前項の協議が成立しないときは，その当事者は，政令で定めるところにより，同項の二次使用料の額について文化庁長官の裁定を求めることができる。

12　第70条第3項，第6項及び第8項，第71条（第二号に係わる部分に

限る.）並びに第72条から第74条までの規定は，前項の裁定及び二次使用料について準用する。この場合において，第70条第3項中「著作権者」とあるのは「当事者」と，第72条第2項中「著作物を利用する者」とあるのは「第95条第1項の放送事業者等」と，「著作権者」とあるのは「同条第5項の団体」と，第74条中「著作権者」とあるのは「第95条第5項の団体」と読み替えるものとする。

13　私的独占の禁止及び公正取引の確保に関する法律の規定は，第10項の協議による定め及びこれに基づいてする行為については，適用しない。ただし，不公正な取引方法を用いる場合及び関連事業者の利益を不当に害することとなる場合は，この限りでない。

14　第5項から前項までに定めるもののほか，第1項の二次使用料の支払及び第5項の団体に関し必要な事項は，政令で定める。

著作権及び著作隣接権を管理する事業を行う者は，著作権等管理事業法に基づく文化庁長官の登録を受けなければなりません。

（10）譲渡権

著作権法
第95条の2　実演家は，その実演をその録音物又は録画物の譲渡により公衆に提供する権利を専有する。

2　前項の規定は，次に掲げる実演については，適用しない。

一　第91条第1項に規定する権利を有する者の許諾を得て録画されている実演

二　第91条第2項の実演で同項の録音物以外の物に録音され，又は録画されているもの

3　第1項の規定は，実演（前項各号に掲げるものを除く。以下この条において同じ。）の録音物又は録画物で次の各号のいずれかに該当するものの譲渡による場合には，適用しない。

一　第1項に規定する権利を有する者又はその許諾を得た者により公衆に譲渡された実演の録音物又は録画物

二　第103条において準用する第67条第1項の規定による裁定を受けて公衆に譲渡された実演の録音物又は録画物

三　第103条において準用する第67条の2第1項の規定の適用を受けて公衆に譲渡された実演の録音物又は録画物

四　第1項に規定する権利を有する者又はその承諾を得た者により特定かつ少数の者に譲渡された実演の録音物又は録画物

五　国外において，第1項に規定する権利に相当する権利を害すること
なく，又は同項に規定する権利に相当する権利を有する者若しくはそ
の承諾を得た者により譲渡された実演の録音物又は録画物

（11）貸与権等

著作権法
第95条の3　実演家は，その実演をそれが録音されている商業用レコー
ドの貸与により公衆に提供する権利を専有する。

2　前項の規定は，最初に販売された日から起算して1月以上12月を超え
ない範囲内において政令で定める期間を経過した商業用レコード（複製
されているレコードのすべてが当該商業用レコードと同一であるものを
含む。以下「期間経過商業用レコード」という。）の貸与による場合には，
適用しない。

3　商業用レコードの公衆への貸与を営業として行う者（以下「貸レコー
ド業者」という。）は，期間経過商業用レコードの貸与により実演を公衆
に提供した場合には，当該実演（著作隣接権の存続期間内のものに限る。）
に係る実演家に相当な額の報酬を支払わなければならない。

4　第95条第4項から第14項までの規定［二次使用料を受ける権利を有
する文化庁長官が指定する団体］は，前項の報酬を受ける権利について
準用する。この場合において，同条第10項中「放送事業者等」とあり，
及び同条第12項中「第95条第1項の放送事業者等」とあるのは，「第
95条の3第3項の貸レコード業者」と読み替えるものとする。

5　第1項に規定する権利を有する者の許諾に係る使用料を受ける権利は，
前項において準用する第95条第5項の団体によって行使することができ
る。

6　第95条第7項から第14項までの規定は，前項の場合について準用す
る。この場合においては，第4項後段の規定を準用する。

6.3　レコード製作者の権利

レコード製作者の著作隣接権として，複製権，送信可能化権，譲渡権，貸与
権があります。

（1）複製権

著作権法
第96条　レコード製作者は，そのレコードを複製する権利を専有する。

(2) 送信可能化権

著作権法
第96条の2　レコード製作者は，そのレコードを送信可能化する権利を専有する。

(3) 商業用レコードの二次使用

著作権法
第97条　放送事業者等は，商業用レコードを用いた放送又は有線放送を行った場合（営利を目的とせず，かつ，聴衆又は観衆から料金（いずれの名義をもってするかを問わず，レコードに係る音の提示につき受ける対価をいう。）を受けずに，当該放送を受信して同時に有線放送を行った場合を除く。）には，そのレコード（第8条第一号から第四号までに掲げるレコードで著作隣接権の存続期間内のものに限る。）に係るレコード製作者に二次使用料を支払わなければならない。

2　第95条第2項及び第4項の規定は，前項に規定するレコード製作者について準用し，同条第3項の規定は，前項の規定により保護を受ける期間について準用する。この場合において，同条第2項から第4項までの規定中「国民をレコード製作者とするレコードに固定されている実演に係る実演家」とあるのは「国民であるレコード製作者」と，同条第3項中「実演家が保護を受ける期間」とあるのは「レコード製作者が保護を受ける期間」と読み替えるものとする。

3　第1項の二次使用料を受ける権利は，国内において商業用レコードの製作を業とする者の相当数を構成員とする団体（その連合体を含む。）でその同意を得て文化庁長官が指定するものがあるときは，当該団体によってのみ行使することができる。

4　第95条第6項から第14項［二次使用料を受ける権利を有する文化庁長官が指定する団体］までの規定は，第1項の二次使用料及び前項の団体について準用する。

(4) 譲渡権

著作権法
第97条の2　レコード製作者は，そのレコードをその複製物の譲渡により公衆に提供する権利を専有する。

2　前項の規定は，レコードの複製物で次の各号のいずれかに該当するものの譲渡による場合には，適用しない。

一　前項に規定する権利を有する者又はその許諾を得た者により公衆に譲渡されたレコードの複製物

二　第103条において準用する第67条第1項の規定による裁定を受けて公衆に譲渡されたレコードの複製物

三　第103条において準用する第67条の2第1項の規定の適用を受けて公衆に譲渡されたレコードの複製物

四　前項に規定する権利を有する者又はその承諾を得た者により特定かつ少数の者に譲渡されたレコードの複製物

五　国外において，前項に規定する権利に相当する権利を害することなく，又は同項に規定する権利に相当する権利を有する者若しくはその承諾を得た者により譲渡されたレコードの複製物

（5）貸与権等

著作権法
第97条の3　レコード製作者は，そのレコードをそれが複製されている商業用レコードの貸与により公衆に提供する権利を専有する。

2　前項の規定は，期間経過商業用レコードの貸与による場合には，適用しない。

3　貸レコード業者は，期間経過商業用レコードの貸与によりレコードを公衆に提供した場合には，当該レコード（著作隣接権の存続期間内のものに限る。）に係るレコード製作者に相当な額の報酬を支払わなければならない。

4　第97条第3項の規定は，前項の報酬を受ける権利の行使について準用する。

5　第95条第6項から第14項［二次使用料を受ける権利を有する文化庁長官が指定する団体］までの規定は，第3項の報酬及び前項において準用する第97条第3項に規定する団体について準用する。この場合においては，第95条の3第4項後段の規定を準用する。

6　第1項に規定する権利を有する者の許諾に係る使用料を受ける権利は，第4項において準用する第97条第3項の団体によって行使することができる。

7　第5項の規定は，前項の場合について準用する。この場合において，第5項中「第95条第6項」とあるのは，「第95条第7項」と読み替えるものとする。

6.4 放送事業者の権利

放送事業者とは，公衆によって同一の内容の送信が同時に受信されることを目的として行う無線通信の送信を業として行う者をいいます。有線放送事業者と分けて規定されています。

放送事業者は，一般に自ら著作物を創作する者ではないので，著作者としての保護を受けることはできません。しかし，既存の著作物を利用した放送が受信者に録画等をされることによって，不利益を被る可能性があるので，著作隣接権が認められています。

(1) 複製権

著作権法
第98条 放送事業者は，その放送又はこれを受信して行う有線放送を受信して，その放送に係る音又は影像を録音し，録画し，又は写真その他これに類似する方法により複製する権利を専有する。

(2) 再放送権及び有線放送権

著作権法
第99条 放送事業者は，その放送を受信してこれを再放送し，又は有線放送する権利を専有する。
2 前項の規定は，放送を受信して有線放送を行う者が法令の規定により行わなければならない有線放送については，適用しない。

(3) 送信可能化権

著作権法
第99条の2 放送事業者は，その放送又はこれを受信して行う有線放送を受信して，その放送を送信可能化する権利を専有する。
2 前項の規定は，放送を受信して自動公衆送信を行う者が法令の規定により行わなければならない自動公衆送信に係る送信可能化については，適用しない。

(4) テレビジョン放送の伝達権

著作権法
第100条 放送事業者は，そのテレビジョン放送又はこれを受信して行う有線放送を受信して，影像を拡大する特別の装置を用いてその放送を

公に伝達する権利を専有する。

6.5 有線放送事業者の権利

　有線放送事業者とは，公衆によって同一の内容の送信が同時に受信されることを目的として行う有線電気通信の送信を業として行う者をいいます。

(1) 複製権

著作権法
第100条の2　有線放送事業者は，その有線放送を受信して，その有線放送に係る音又は影像を録音し，録画し，又は写真その他これに類似する方法により複製する権利を専有する。

(2) 放送権及び再有線放送権

著作権法
第100条の3　有線放送事業者は，その有線放送を受信してこれを放送し，又は再有線放送する権利を専有する。

(3) 送信可能化権

著作権法
第100条の4　有線放送事業者は，その有線放送を受信してこれを送信可能化する権利を専有する。

(4) 有線テレビジョン放送の伝達権

著作権法
第100条の5　有線放送事業者は，その有線テレビジョン放送を受信して，影像を拡大する特別の装置を用いてその有線放送を公に伝達する権利を専有する。

7 権利侵害

著作権者等の許諾なしに著作物等を利用することは権利の侵害となります。

7.1 差止請求

著作権法
第112条 著作者，著作権者，出版権者，実演家又は著作隣接権者は，その著作者人格権，著作権，出版権，実演家人格権又は著作隣接権を侵害する者又は侵害するおそれがある者に対し，その侵害の停止又は予防を請求することができる。

2 著作者，著作権者，出版権者，実演家又は著作隣接権者は，前項の規定による請求をするに際し，侵害の行為を組成した物，侵害の行為によって作成された物又は専ら侵害の行為に供された機械若しくは器具の廃棄その他の侵害の停止又は予防に必要な措置を請求することができる。

7.2 侵害とみなす行為

著作権法
第113条 次に掲げる行為は，当該著作者人格権，著作権，出版権，実演家人格権又は著作隣接権を侵害する行為とみなす。

一 国内において頒布する目的をもって，輸入の時において国内で作成したとしたならば著作者人格権，著作権，出版権，実演家人格権又は著作隣接権の侵害となるべき行為によって作成された物を輸入する行為

二 著作者人格権，著作権，出版権，実演家人格権又は著作隣接権を侵害する行為によって作成された物（前号の輸入に係る物を含む。）を情を知って頒布し，頒布の目的をもって所持し，若しくは頒布する旨の申出をし，又は業として輸出し，若しくは業としての輸出の目的をもって所持する行為

2〜4［省略］

5 プログラムの著作物の著作権を侵害する行為によって作成された複製物（＊1）を業務上電子計算機において使用する行為は，これらの複製物を使用する権原を取得した時に情を知っていた場合に限り，当該著作権を侵害する行為とみなす。

6, 7［省略］

8 次に掲げる行為は，当該権利管理情報に係る著作者人格権，著作権，実演家人格権又は著作隣接権を侵害する行為とみなす。

一 権利管理情報として虚偽の情報を故意に付加する行為

二 権利管理情報を故意に除去し，又は改変する行為（記録又は送信の方式の変換に伴う技術的な制約による場合その他の著作物又は実演

　　等の利用の目的及び態様に照らしやむを得ないと認められる場合を除く。）

　三　前2号の行為が行われた著作物若しくは実演等の複製物を，情を知って，頒布し，若しくは頒布の目的をもって輸入し，若しくは所持し，又は当該著作物若しくは実演等を情を知って公衆送信し，若しくは送信可能化する行為

9　　第94条の2，第95条の3第3項若しくは第97条の3第3項に規定する報酬又は第95条第1項若しくは第97条第1項に規定する二次使用料を受ける権利は，前項の規定の適用については，著作隣接権とみなす。この場合において，前条中「著作隣接権者」とあるのは「著作隣接権者（次条第9項の規定により著作隣接権とみなされる権利を有する者を含む。）」と，同条第1項中「著作隣接権を」とあるのは「著作隣接権（同項の規定により著作隣接権とみなされる権利を含む。）を」とする。

10　　国内において頒布することを目的とする商業用レコード（以下この項において「国内頒布目的商業用レコード」という。）を自ら発行し，又は他の者に発行させている著作権者又は著作隣接権者が，当該国内頒布目的商業用レコードと同一の商業用レコードであって，専ら国外において頒布することを目的とするもの（以下この項において「国外頒布目的商業用レコード」という。）を国外において自ら発行し，又は他の者に発行させている場合において，情を知って，当該国外頒布目的商業用レコードを国内において頒布する目的をもって輸入する行為又は当該国外頒布目的商業用レコードを国内において頒布し，若しくは国内において頒布する目的をもって所持する行為は，当該国外頒布目的商業用レコードが国内で頒布されることにより当該国内頒布目的商業用レコードの発行により当該著作権者又は著作隣接権者の得ることが見込まれる利益が不当に害されることとなる場合に限り，それらの著作権又は著作隣接権を侵害する行為とみなす。ただし，国内において最初に発行された日から起算して7年を超えない範囲内において政令で定める期間を経過した国内頒布目的商業用レコードと同一の国外頒布目的商業用レコードを輸入する行為又は当該国外頒布目的商業用レコードを国内において頒布し，若しくは国内において頒布する目的をもって所持する行為については，この限りでない。

11　　著作者の名誉又は声望を害する方法によりその著作物を利用する行為は，その著作者人格権を侵害する行為とみなす。

＊1　　当該複製物の所有者によって第47条の3第1項の規定により作成さ

れた複製物並びに第1項第一号の輸入に係るプログラムの著作物の複製物及び当該複製物の所有者によって同条第1項の規定により作成された複製物を含む。

［用語解説］

「権原」とは，ある行為をなすことを正当とする法律上の原因を意味します。

7.3 善意者に係る譲渡権の特例

著作権法
第113条の2 著作物の原作品若しくは複製物（映画の著作物の複製物（映画の著作物において複製されている著作物にあっては，当該映画の著作物の複製物を含む。）を除く。以下この条において同じ。），実演の録音物若しくは録画物又はレコードの複製物の譲渡を受けた時において，当該著作物の原作品若しくは複製物，実演の録音物若しくは録画物又はレコードの複製物がそれぞれ第26条の2第2項各号，第95条の2第3項各号又は第97条の2第2項各号のいずれにも該当しないものであることを知らず，かつ，知らないことにつき過失がない者が当該著作物の原作品若しくは複製物，実演の録音物若しくは録画物又はレコードの複製物を公衆に譲渡する行為は，第26条の2第1項，第95条の2第1項又は第97条の2第1項に規定する権利を侵害する行為でないものとみなす。

---

8 罰 則

著作権法
第119条 著作権，出版権又は著作隣接権を侵害した者（第30条［私的使用のための複製］第1項（第102条［著作隣接権の制限］第1項において準用する場合を含む。第3項において同じ。）に定める私的使用の目的をもって自ら著作物若しくは実演等の複製を行った者，第113条［侵害とみなす行為］第2項，第3項若しくは第6項から第8項の規定により著作権，出版権若しくは著作隣接権（同項の規定による場合にあっては，同条第9項の規定により著作隣接権とみなされる権利を含む。第120条の2第五号において同じ。）を侵害する行為とみなされる行為を

行った者，第113条第10項の規定により著作権若しくは著作隣接権を侵害する行為とみなされる行為を行った者又は次項第三号若しくは第六号に掲げる者を除く。）は，10年以下の懲役若しくは1,000万円以下の罰金に処し，又はこれを併科する。

2　次の各号のいずれかに該当する者は，5年以下の懲役若しくは500万円以下の罰金に処し，又はこれを併科する。

一　著作者人格権又は実演家人格権を侵害した者（第113条第8項の規定により著作者人格権又は実演家人格権を侵害する行為とみなされる行為を行った者を除く。）

二　営利を目的として，第30条第1項第一号に規定する自動複製機器を著作権，出版権又は著作隣接権の侵害となる著作物又は実演等の複製に使用させた者

三　第113条第1項の規定により著作権，出版権又は著作隣接権を侵害する行為とみなされる行為を行った者

四，五［省略］

六　第113条第5項の規定により著作権を侵害する行為とみなされる行為を行った者

3　次の各号のいずれかに該当する者は，2年以下の懲役若しくは200万円以下の罰金に処し，又はこれを併科する。

一　第30条第1項に定める私的使用の目的をもって，録音録画有償著作物等（録音され，又は録画された著作物又は実演等（著作権又は著作隣接権の目的となっているものに限る。）であって，有償で公衆に提供され，又は提示されているもの（その提供又は提示が著作権又は著作隣接権を侵害しないものに限る。）をいう。）の著作権を侵害する自動公衆送信（国外で行われる自動公衆送信であって，国内で行われたとしたならば著作権の侵害となるべきものを含む。）又は著作隣接権を侵害する送信可能化（国外で行われる送信可能化であって，国内で行われたとしたならば著作隣接権の侵害となるべきものを含む。）に係る自動公衆送信を受信して行うデジタル方式の録音又は録画（以下この号及び次項において「有償著作物等特定侵害録音録画」という。）を，自ら有償著作物等特定侵害録音録画であることを知りながら行って著作権又は著作隣接権を侵害した者

二　第30条第1項に定める私的使用の目的をもって，著作物（著作権の目的となっているものに限る。以下この号において同じ。）であって有償で公衆に提供され，又は提示されているもの（その提供又は提示が著作権を侵害しないものに限る。）の著作権（第28条に規定する

権利（翻訳以外の方法により創作された二次的著作物に係るものに限る。）を除く。以下この号及び第5項において同じ。）を侵害する自動公衆送信（国外で行われる自動公衆送信であって，国内で行われたとしたならば著作権の侵害となるべきものを含む。）を受信して行うデジタル方式の複製（録音及び録画を除く。以下この号において同じ。）（当該著作物のうち当該複製がされる部分の占める割合，当該部分が自動公衆送信される際の表示の精度その他の要素に照らし軽微なものを除く。以下この号及び第5項において「有償著作物特定侵害複製」という。）を，自ら有償著作物特定侵害複製であることを知りながら行って著作権を侵害する行為（当該著作物の種類及び用途並びに当該有償著作物特定侵害複製の態様に照らし著作権者の利益を不当に害しないと認められる特別な事情がある場合を除く。）を継続的に又は反復して行った者

4，5［省略］

著作権法
第120条　第60条［著作者が存しなくなった後における人格的利益の保護］又は第101条の3［実演家の死後における人格的利益の保護］の規定に違反した者は，500万円以下の罰金に処する。

著作権法
第120条の2　次の各号のいずれかに該当する者は，3年以下の懲役若しくは300万円以下の罰金に処し，又はこれを併科する。

一　技術的保護手段の回避若しくは技術的利用手段の回避を行うことをその機能とする装置（当該装置の部品一式であって容易に組み立てることができるものを含む。）若しくは技術的保護手段の回避若しくは技術的利用手段の回避を行うことをその機能とするプログラムの複製物を公衆に譲渡し，若しくは貸与し，公衆への譲渡若しくは貸与の目的をもって製造し，輸入し，若しくは所持し，若しくは公衆の使用に供し，又は当該プログラムを公衆送信し，若しくは送信可能化する行為（当該装置又は当該プログラムが当該機能以外の機能を併せて有する場合にあっては，著作権等を侵害する行為を技術的保護手段の回避により可能とし，又は第113条［侵害とみなす行為］第6項の規定により著作権，出版権若しくは著作隣接権を侵害する行為とみなされる行為を技術的利用制限手段の回避により可能とする用途に供するために行うものに限る。）をした者

二　業として公衆からの求めに応じて技術的保護手段の回避又は技術的利用手段の回避を行った者

　三　第113条第2項の規定により著作権，出版権又は著作隣接権を侵害
　　する行為とみなされる行為を行った者

　四　第113条第7項の規定により技術的保護手段に係る著作権等又は技
　　術的利用制限手段に係る著作権，出版権若しくは著作隣接権を侵害す
　　る行為とみなされる行為を行った者

　五　営利を目的として，第113条第8項の規定により著作者人格権，著
　　作権，実演家人格権又は著作隣接権を侵害する行為とみなされる行為
　　を行った者

　六　営利を目的として，第113条第10項の規定により著作権又は著作
　　隣接権を侵害する行為とみなされる行為を行った者

著作権法
第121条　著作者でない者の実名又は周知の変名を著作者名として表示し
た著作物の複製物（原著作物の著作者でない者の実名又は周知の変名を
原著作物の著作者名として表示した二次的著作物の複製物を含む。）を頒
布した者は，1年以下の懲役若しくは100万円以下の罰金に処し，又は
これを併科する。

著作権法
第121条の2　次の各号に掲げる商業用レコード（当該商業用レコード
の複製物（2以上の段階にわたる複製に係る複製物を含む。）を含む。）
を商業用レコードとして複製し，その複製物を頒布し，その複製物を頒
布の目的をもって所持し，又はその複製物を頒布する旨の申出をした者
（当該各号の原盤に音を最初に固定した日の属する年の翌年から起算し
て70年を経過した後において当該複製，頒布，所持又は申し出を行っ
た者を除く。）は，1年以下の懲役若しくは100万円以下の罰金に処し，
又はこれを併科する。

一　国内において商業用レコードの製作を業とする者が，レコード製作
　者からそのレコード（第8条各号のいずれかに該当するものを除く。）
　の原盤の提供を受けて製作した商業用レコード

二　国外において商業用レコードの製作を業とする者が，実演家等保護条
　約の締約国の国民，世界貿易機関の加盟国の国民又はレコード保護条約
　の締約国の国民（当該締約国の法令に基づいて設立された法人及び当該
　締約国に主たる事務所を有する法人を含む。）であるレコード製作者か
　らそのレコード（第8条各号のいずれかに該当するものを除く。）の原
　盤の提供を受けて製作した商業用レコード

著作権法
第122条の2　秘密保持命令に違反した者は，5年以下の懲役若しくは

500万円以下の罰金に処し，又はこれを併科する。

2　前項の罪は，国外において同項の罪を犯した者にも適用する。

著作権法
第123条　第119条第1項から第3項まで，第120条の2第三号から第六号まで，第121条の2及び前条第1項の罪は，告訴がなければ公訴を提起することができない。

2，3　〔省略〕

4　無名又は変名の著作物の発行者は，その著作物に係る前項の罪について告訴をすることができる。ただし，第118条第1項ただし書に規定する場合及び当該告訴が著作者の明示した意思に反する場合は，この限りでない。

著作権法
第124条　法人の代表者（法人格を有しない社団又は財団の管理人を含む。）又は法人若しくは人の代理人，使用人その他の従業者が，その法人又は人の業務に関し，次の各号に掲げる規定の違反行為をしたときは，行為者を罰するほか，その法人に対して当該各号に定める罰金刑を，その人に対して各本条の罰金刑を科する。

　一　第119条第1項若しくは第2項第三号から第六号まで又は第122条の2第1項　3億円以下の罰金刑

　二　第119条第2項第一号若しくは第二号又は第120条から第122条まで　各本条の罰金刑

2　法人格を有しない社団又は財団について前項の規定の適用がある場合には，その代表者又は管理人がその訴訟行為につきその社団又は財団を代表するほか，法人を被告人又は被疑者とする場合の刑事訴訟に関する法律の規定を準用する。

3　第1項の場合において，当該行為者に対してした告訴又は告訴の取消しは，その法人又は人に対しても効力を生じ，その法人又は人に対してした告訴又は告訴の取消しは，当該行為者に対しても効力を生ずるものとする。

4　第1項の規定により第119条第1項若しくは第2項又は第122条の2第1項の違反行為につき法人又は人に罰金刑を科する場合における時効の期間は，これらの規定の罪についての時効の期間による。

演習問題

問 1　実演家の録音権，録画権，放送権，有線放送権について，著作権法に規定するところを述べよ。

〔参照条文：法 91 条，法 92 条〕

問 2　放送事業者及び有線放送事業者が商業用レコードを用いた放送又は有線放送を行った場合について，著作権法に規定するところを述べよ。

〔参照条文：法 95 条，法 97 条〕

問 3　放送事業者の権利の種類について，著作権法に規定するところを述べよ。

〔参照条文：法 98 条〜法 100 条〕

問 4　著作権等の権利を侵害する行為について，著作権法に規定するところを述べよ。

〔参照条文：法 113 条〕

問 5　著作権を侵害した者に対する罰則について，著作権法に規定するところを述べよ。

〔参照条文：法 119 条〕

8 国 際 条 約

（1992年ジュネーブ）

1 概 要

　国際電気通信連合条約は，電気通信の利用についての国際協力，開発途上国に対する援助等を目的として制定された国際条約です。また，この目的を達成するために設立された国際連合の専門機関が国際電気通信連合（ITU：International Telecommunication Union）です。

　国際電気通信連合は，

　　無線周波数の割り当ておよび登録

　　無線通信業務に関する対地静止衛星軌道の調整

　　電気通信の世界的な標準化

　　開発途上国における電気通信関係設備の拡充および整備の促進

等を目的としています。

　電気通信分野の国際標準化では，有線通信に関することは電気通信標準化部門（ITU-T：ITU Telecommunication Standardization Sector）が，無線通信に関することは無線通信部門（ITU-R：ITU Radio Communication Sector）が標準化活動を行っています。

　国際電気通信連合に関する条約には，次の規定があります。

国際電気通信連合憲章（憲章）

国際電気通信連合条約（条約）

国際電気通信連合憲章に規定する無線通信規則（無線通信規則）

国際電気通信連合憲章に規定する国際電気通信規則（電気通信規則）

　これらの国際条約に基づいて，日本国内では電波法や電気通信事業法等が制定されています。

② 国際電気通信連合憲章

　国際電気通信連合憲章は，国際電気通信連合条約と共に，国際電気通信連合（連合）の基本文書として作成されたものです。

　憲章及び条約の二つの文書があるのは，「基本的性格を有する規定」は憲章に，「一定の間隔で改正を要する可能性があるその他の規定」は条約に定めるためです。また，憲章において，憲章及び条約は同時に締結する必要があることとされています。

　憲章は，構成国の権利及び義務，連合の組織等について規定しています。

2.1　前　文

憲章の制定の趣旨，目的等を宣言しています。

憲章
1　　国際電気通信連合の基本的文書であるこの憲章及びこれを補足する国際電気通信連合条約（以下「条約」という。）の締約国は，各国に対してその電気通信を規律する主権を十分に承認し，かつ，平和並びにすべての国の経済的及び社会的発展の維持のために電気通信の重要性が増大していることを考慮し，電気通信の良好な運用により諸国民の間の平和的関係及び国際協力並びに経済的及び社会的発展を円滑にする目的をもって，次のとおり協定した。

　「1」の数字は，号を表します。各条項による分け方に加えて，条文全体が一連の号数によって定められています。

③ 国際電気通信連合

3.1　連合の目的

　国際電気通信連合の目的は，電気通信の利用についての国際協力，開発途上国に対する援助等について定められています。また，この目的を達成するために連合が行うことについて定められています。

憲章
第1条　連合の目的

憲章
2　　1　連合の目的は，次のとおりとする。

憲章
3 (a) すべての種類の電気通信の改善及び合理的利用のため，すべての構成国の間における国際協力を維持し及び増進すること。

憲章
3A (aの2) 連合の目的として掲げられたすべての目的を達成するため，団体及び機関の連合の活動への参加を促進し及び拡大させ，並びに当該団体及び機関と構成国との間の実りある協力及び連携を促進すること。

憲章
4 (b) 電気通信の分野において開発途上国に対する技術援助を促進し及び提供すること，その実施に必要な物的資源，人的資源及び資金の移動を促進すること並びに情報の取得を促進すること。

憲章
5 (c) 電気通信業務の能率を増進し，その有用性を増大し，及び公衆によるその利用をできる限り普及するため，技術的手段の発達及びその最も能率的な運用を促進すること。

憲章
6 (d) 新たな電気通信技術の便益を全人類に供与するよう努めること。

憲章
7 (e) 平和的関係を円滑にするため，電気通信業務の利用を促進すること。

憲章
8 (f) これらの目的を達成するため，構成国の努力を調和させ，並びに構成国と部門構成員との間の実りあるかつ建設的な協力及び連携を促進すること。

憲章
9 (g) 経済社会の情報化が世界的に発展していることにかんがみ，地域的及び世界的な他の政府間機関並びに電気通信に関係がある非政府機関と協力して，電気通信の問題に対する一層広範な取組方法の採用を国際的に促進すること。

憲章
10 2 このため，連合は，特に次のことを行う。

憲章
11 (a) 各国の無線通信の局の間の有害な混信を避けるため，無線周波数スペクトル帯の分配，無線周波数の割り振り及び周波数割り当ての登録（宇宙業務のため，対地静止衛星軌道上の関連する軌道位置又は他の軌道上の衛星の関連する特性を登録することを含む。）を行うこと。

憲 章
12（b）各国の無線通信の局の間の有害な混信を除去するため並びに無線通信業務に係る無線周波数スペクトルの使用及び対地静止衛星軌道その他の衛星軌道の使用を改善するための努力を調整すること。

憲 章
13（c）満足すべき業務の質を保ちつつ，電気通信の世界的な標準化を促進すること。

憲 章
14（d）連合が有するすべての手段（必要な場合には，連合が国際連合の適当な計画に参加すること及び自己の資源を使用することを含む。）により，開発途上国に対する技術援助を確保するための国際協力及び連帯を促進し，並びに開発途上国における電気通信設備及び電気通信網の創設，拡充及び整備を促進すること。

憲 章
15（e）電気通信手段，特に宇宙技術を使用する電気通信手段が有する可能性を十分に利用することができるように，これらの手段の発達を調和させるための努力を調整すること。

憲 章
16（f）電気通信の良好な業務及び健全なかつ独立の経理と両立する範囲内で，できる限り低い基準の料金を設定するため，構成国及び部門構成員の間の協力を促進すること。

憲 章
17（g）電気通信業務の協力によって人命の安全を確保する措置の採用を促進すること。

憲 章
18（h）電気通信に関し，研究を行い，規則を定め，決議を採択し，勧告及び希望を作成し，並びに情報の収集及び公表を行うこと。

憲 章
19（i）国際的な金融機関及び開発機関と共に，社会的な事業計画，特に，電気通信業務を各国において最も孤立した地域にまで提供することを目的とするものを進展させるための優先的かつ有利な信用枠の形成を促進することに従事すること。

憲 章
19A（j）連合の目的を達成するため，関係団体の連合の活動への参加及び地域的機関その他の機関との協力を奨励すること。

3.2 連合の構成

^{憲 章}
第2条 連合の構成

^{憲 章}
20 国際電気通信連合は，政府間機関であり，当該機関においては，構成国及び部門構成員は，明確な権利及び義務を有し，連合の目的の達成のために協力する。連合は，普遍性の原則を考慮し，かつ，連合への普遍的な参加が望ましいことを考慮して，次の国で構成する。

^{憲 章}
21 (a) この憲章及び条約の効力発生前にいずれかの国際電気通信条約の締約国として国際電気通信連合の構成国である国

^{憲 章}
22 (b) 国際連合加盟国であるその他の国で，第53条［憲章及び条約に加入］の規定に従ってこの憲章及び条約に加入したもの

^{憲 章}
23 (c) 国際連合加盟国でないその他の国で，構成国となることを申請し，かつ，その申請が構成国の3分の2によって承認された後，第53条の規定に従ってこの憲章及び条約に加入したもの。構成国としての加盟の申請が全権委員会議から全権委員会議までの間において提出されたときは，事務総局長は，構成国と協議する。構成国は，協議を受けた日から起算して4箇月の期間内に回答しないときは，棄権したものとみなす。

3.3 構成国及び部門構成員の権利及び義務

構成国は，連合の会議に参加する権利，理事会に対する被選挙資格，会議における投票権等を有します。

^{憲 章}
第3条 構成国及び部門構成員の権利及び義務

^{憲 章}
24 1 構成国及び部門構成員は，この憲章及び条約に定める権利を有し，義務を負う。

^{憲 章}
25 2 連合の会議，会合及び協議への参加に関し，

^{憲 章}
26 (a) 構成国は，会議に参加する権利を有し，理事会に対する被選挙資格を有し，及び連合の役員又は無線通信規則委員会の委員の選挙に対す

る候補者を指名する権利を有する。

憲章
27 (b) 構成国は，また，第169号及び第210号の規定が適用される場合を除くほか，すべての全権委員会議，すべての世界会議，すべての部門の総会，すべての研究委員会の会合及び，当該構成国が理事会の構成員であるときは，理事会のすべての会期において，一の票を投ずる権利を有する。地域会議においては，関係地域の構成国のみが投票の権利を有する。

憲章
28 (c) 構成国は，また，第169号及び第210号の規定が適用される場合を除くほか，通信によって行う協議において，一の票を投ずる権利を有する。地域会議に関する協議については，関係地域の構成国のみが投票の権利を有する。

憲章
28A 3 部門構成員は，連合の活動への参加に関し，この憲章及び条約の関連規定に従うことを条件として，自己が構成員となっている部門の活動に完全に参加する資格を有する。

憲章
28B (a) 部門構成員は，部門の総会及び会合の議長及び副議長並びに世界電気通信開発会議の議長及び副議長を出すことができる。

憲章
28C (b) 部門構成員は，条約の関連規定及び全権委員会議が採択した関連決定に従うことを条件として，関係部門における勧告及び問題の採択並びに当該部門の運営方法及び手続に関する決定に参加する資格を有する。

3.4 連合の文書

連合の文書は，国際電気通信連合憲章，国際電気通信連合条約，国際電気通信規則，無線通信規則です。

憲章
第4条 連合の文書

憲章
29 1 連合の文書は，国際電気通信連合憲章，国際電気通信連合条約及び業務規則とする。

憲章
30 2 この憲章は，連合の基本的文書とし，条約によって補足される。

憲章
31 3 この憲章及び条約は，電気通信の利用を規律し及びすべての構成
国を拘束する次に掲げる業務規則によって，更に補足される。

国際電気通信規則

無線通信規則

憲章
32 4 この憲章の規定と条約又は業務規則の規定との間に矛盾がある場
合には，この憲章の規定が優先する。条約の規定と業務規則の規定との
間に矛盾がある場合には，条約の規定が優先する。

3.5 連合の組織

憲章
第7条 連合の組織

憲章
39 連合は，次のものから成る。

憲章
40 (a) 全権委員会議（連合の最高機関）

憲章
41 (b) 理事会（全権委員会議の代理者として行動する。）

憲章
42 (c) 世界国際電気通信会議

憲章
43 (d) 無線通信部門（世界無線通信会議，地域無線通信会議，無線通信
総会及び無線通信規則委員会を含む。）

憲章
44 (e) 電気通信標準化部門（世界電気通信標準化会議を含む。）

憲章
45 (f) 電気通信開発部門（世界電気通信開発会議及び地域電気通信開発
会議を含む。）

憲章
46 (g) 事務総局

　連合の組織は，全権委員会議，理事会，世界国際電気通信会議，無線通信部
門，電気通信標準化部門，電気通信開発部門，事務総局から構成されています。
各組織の任務は，次号から規定されています。

3.6　全権委員会議

最高の意思決定機関です。全加盟国により4年ごとに開催されます。

憲章
第8条　全権委員会議

憲章
47　1　全権委員会議は,構成国を代表する代表団で構成する。同会議は,4年ごとに招集する。

憲章
48　2　構成国の提案に基づき,かつ,理事会の報告を考慮して,全権委員会議は,次のことを行う。

憲章
49　(a)　第1条に定める連合の目的を達成するための一般方針を決定すること。

憲章
50　(b)　前回の全権委員会議の後の連合の活動並びに連合の戦略的な政策及び計画に関する理事会の報告を審議すること。

憲章
51　(c)　第50号に規定する報告に基づいて行われた決定を考慮して,連合の戦略計画及び予算の基準を定め,並びに次回の全権委員会議までの期間における連合の活動に関連するすべての事項を検討の上,当該期間について,連合の会計上の限度額を定めること。

憲章
51A　(d)　第161D号から第161G号までに定める手続を使用し,構成国が通知する分担等級に基づいて,次回の全権委員会議までの期間における分担単位数の総数を定めること。

憲章
52　(d)　連合の職員編成に関するすべての一般的指示を作成し,また,必要な場合には,連合のすべての職員の基準俸給,俸給表並びに手当及び年金の制度を定めること。

憲章
53　(e)　連合の会計計算書を審査し,必要な場合には,最終的に承認すること。

憲章
54　(f)　理事会を構成する構成国を選出すること。

55（g）連合の役員として，事務総局長，事務総局次長及び各部門の局長
を選出すること。

56（h）無線通信規則委員会の委員を選出すること。

57（i）必要な場合には，第55条の規定及び条約の関連規定にそれぞれ従
って，構成国が提出したこの憲章及び条約の改正案を検討し及び採択す
ること。

58（j）連合と他の国際機関との間の協定を必要に応じて締結し又は改正し，
並びに理事会が連合を代表してこれらの国際機関と締結した暫定的協定
を審査し，及びこれに関して適当と認める措置をとること。

58A（jの2）連合の会議，総会及び会合の一般規則を採択し及び改正す
ること。

59（k）その他必要と認めるすべての電気通信の問題を処理すること。

59A　3　例外として，次のいずれかの場合には，通常の全権委員会議か
ら通常の全権委員会議までの間に，特定の問題を処理するために限定さ
れた議事日程により，臨時の全権委員会議を招集することができる。

59B（a）先立って開催された通常の全権委員会議が決定する場合

59C（b）構成国の3分の2以上が事務総局長に対して個別に請求する場
合

59D（c）構成国の少なくとも3分の2の同意を得て理事会が提案する場
合

3.7　理事会

構成国の代表により毎年開催されます。

憲章
第10条　理事会

憲章
65　1　(1)　理事会は，第61号の規定に従って全権委員会議が選出した構成国で構成する。

憲章
66　(2)　理事会の各構成員は，理事会に参加する1人の者を任命する。この者は，1人又は2人以上の者によって補佐されることができる。

憲章
67　2　削除

憲章
68　3　全権委員会議から全権委員会議までの間においては，理事会は，連合の指導的機関として，全権委員会議が委任した権限の範囲内で，同会議の代理者として行動する。

憲章
69　4　(1)　理事会は，構成国がこの憲章，条約，業務規則，全権委員会議の決定並びに必要な場合には連合の他の会議及び会合の決定を実施することを容易にするための適当なすべての措置をとるものとし，また，全権委員会議が課するその他のすべての任務を行う。

憲章
70　(2)　理事会は，連合の政策の方向及び戦略が，電気通信を取り巻く環境の変化に完全に適合するようにするため，全権委員会議の一般的指示に従って電気通信政策の広範な問題を検討する。

憲章
70A　(2の2)　理事会は，連合のために勧告された戦略的な政策及び計画に関し，その会計上の影響を含めた報告を作成するものとし，このために，第74A号の規定に基づいて事務総局長が作成する具体的な資料を使用する。

憲章
71　(3)　理事会は，連合の活動の効果的な調整を確保し，並びに事務総局及び3部門に対する効果的な会計上の監督を行う。

憲章
72　(4)　理事会は，連合の目的に従い，連合が有するすべての手段（連合による国際連合の適当な計画への参加を含む。）により，開発途上国における電気通信の発展に貢献する。

4 無線通信部門

4.1　任務及び組織

憲章
第12条　任務及び組織

憲章
78 1 (1) 無線通信部門は，開発途上国の特別な関心事に留意し，次に定めるところにより，第1条に定める無線通信に関する連合の目的を達成することを任務とする。

　　第44条の規定に従うことを条件として，対地静止衛星軌道その他の衛星軌道を使用する無線通信業務を含むすべての無線通信業務が無線周波数スペクトルを合理的，公平，効果的かつ経済的に使用することを確保すること。

　　周波数の範囲を問わず研究を行い，無線通信に関する勧告を採択すること。

憲章
79 (2) 無線通信部門及び電気通信標準化部門の双方に関係がある問題に関しては，両部門の正確な権限について，条約の関連規定に従い，緊密な協力により，常に再検討しなければならない。無線通信部門，電気通信標準化部門及び電気通信開発部門の間においては，緊密な調整を確保しなければならない。

憲章
80 2 無線通信部門の運営は，次のものによって行う。

憲章
81 (a) 世界無線通信会議及び地域無線通信会議

憲章
82 (b) 無線通信規則委員会

憲章
83 (c) 無線通信総会

憲章
84 (d) 研究委員会

憲章
84A (dの2) 無線通信諮問委員会

憲章
85 (e) 無線通信局（選出された局長が統括する。）

憲章
86 3 無線通信部門の構成員は，次のとおりとする。

憲章
87 (a) すべての構成国の主管庁（権利として構成員となる。）

憲章
88 (b) 条約の関連規定により部門構成員となる団体又は機関

　無線通信部門（ITU-R）は，無線通信に関する問題の研究を行い勧告を作成し採択すること，無線通信規則の改正，周波数割り当て及び登録すること等を行います。これらの業務を行うため次の組織で構成されています。
　世界無線通信会議
　地域無線通信会議
　無線通信規則委員会
　無線通信総会
　無線通信研究委員会
　無線通信局
　各組織の任務は，次号から規定されています。

4.2　無線通信会議及び無線通信総会

　世界無線通信会議（WRC）は，無線通信規則の改定，周波数配分割り当て計画，世界的な無線通信事項の提言等を行います。
　世界無線通信会議，地域無線通信会議は，無線通信規則を改正します。2年ごとに開催されます。
　無線通信総会（RA）は，世界無線通信会議と連携して開催されます。無線通信会議の準備作業と研究委員会の課題割り当て等が取り扱われます。

憲章
第13条　無線通信会議及び無線通信総会

憲章
89 1 世界無線通信会議は，無線通信規則の一部改正又は，例外として，全部改正を行い，及びその他世界的性質を有する問題（同会議の権限内のものであり，かつ，その議事日程に関するものに限る。）を取り扱うことができる。同会議のその他の任務は，条約で定める。

憲章
90 2 世界無線通信会議は，通常3年から4年までの間のいずれかの期間ごとに招集する。ただし，条約の関連規定に従い，同会議を招集しないこと又は追加的に招集することができる。

憲 章
91 3 無線通信総会は，同様に通常 3 年から 4 年までの間のいずれか
の期間年ごとに招集するものとし，無線通信部門の能率を向上させるた
め，場所及び期日について世界無線通信会議と連携することができる。
無線通信総会は，世界無線通信会議の討議に必要な技術的基礎を確立し，
及び同会議のすべての要請に応ずる。同総会の任務は，条約で定める。

条 約
第 5 節　無線通信部門

条 約
第 7 条　世界無線通信会議

条 約
112 1 世界無線通信会議は，憲章第 90 号の規定により，特定の無線通
信の問題を検討するために招集する。世界無線通信会議は，この条の関
連規定に従って採択された議事日程に掲げる事項を取り扱う。

条 約
113 2 (1) 世界無線通信会議の議事日程には，次のものを含めることが
できる。

条 約
114 (a) 憲章第 4 条［連合の文書］に規定する無線通信規則の一部改又
は，例外として，全部改正

条 約
115 (b) その他世界的性質を有する問題で世界無線通信会議の権限内の
もの

条 約
116 (c) 無線通信規則委員会及び無線通信局の活動についてこれらに与え
る指示及びこれらの活動の審査に関する事項

条 約
117 (d) 無線通信総会及び無線通信研究委員会が研究しなければならな
い題材並びに同総会が将来の無線通信会議との関係において検討しなけ
ればならない問題の特定

5 電気通信標準化部門

電気通信標準化部門（ITU-T）は，電気通信の技術，運用及び料金に関する標準化問題を研究する組織です。

5.1 任務及び組織

憲 章
第17条 任務及び組織

憲 章
104 1（1）電気通信標準化部門は，開発途上国の特別な関心事に留意し，電気通信を世界的規模で標準化するため，技術，運用及び料金の問題についての研究を行うこと並びにこれらの問題に関する勧告を採択することにより，第1条［連合の目的］に定める電気通信の標準化に関する連合の目的を十分に達成することを任務とする。

憲 章
105 （2）電気通信標準化部門及び無線通信部門の双方に関係がある問題に関しては，両部門の正確な権限について，条約の関連規定に従い，緊密な協力により，常に再検討しなければならない。無線通信部門，電気通信標準化部門及び電気通信開発部門の間においては，緊密な調整を確保しなければならない。

憲 章
106 2 電気通信標準化部門の運営は，次のものによって行う。

憲 章
107 （a）世界電気通信標準化総会

憲 章
108 （b）電気通信標準化研究委員会

憲 章
108A（bの2）電気通信標準化諮問委員会

憲 章
109 （c）電気通信標準化局（選出された局長が統括する。）

憲 章
110 3 電気通信標準化部門の構成員は，次のとおりとする。

憲 章
111 （a）すべての構成国の主管庁（権利として構成員となる。）

憲 章
112 （b）条約の関連規定により部門構成員となる団体又は機関

5.2　世界電気通信標準化総会

　世界電気通信標準化総会は，標準化問題の研究，勧告の作成を行います。4年ごと（または2年ごと）に開催されます。

憲章
第18条　世界電気通信標準化総会

憲章
113　1　世界電気通信標準化総会の任務は，条約で定める。

憲章
114　2　世界電気通信標準化総会は，4年ごとに招集する。ただし，条約の関連規定に従い，同総会を追加的に開催することができる。

条約
第13条　世界電気通信標準化総会

条約
184　1　世界電気通信標準化総会は，憲章第104号の規定により，電気通信の標準化に関する特定の問題を検討するために招集する。

条約
184A　1の2　世界電気通信標準化総会は，憲章第145A号の規定に従い，電気通信標準化部門の活動の管理のための作業の方法及び手続を採択する権限を有する。

条約
185　2　世界電気通信標準化総会が研究し及び勧告を作成する問題は，同総会が自己の定めた手続に従って採択した問題又は全権委員会議その他の会議若しくは理事会が付託した問題とする。

条約
186　3　世界電気通信標準化総会は，憲章第104号の規定に基づき，次のことを行う。

条約
187　(a)　電気通信標準化研究委員会が第194号の規定に従って作成した報告を審査し，この報告中の勧告案を承認し，修正し又は否決し，及び電気通信標準化諮問委員会が第197J号及び第197K号の規定に従って作成した報告を審査すること。

条約
188　(b)　連合の資源に対する要求を最小限度にとどめることが必要であることを考慮して，研究中の問題及び新たな問題の検討に基づく作業計

画を承認し，それらの問題の優先度及び緊急度を決定し，並びにそれらの問題の研究を実施することによる会計上の影響及びその研究を完了するために必要な日程を評価すること。

条約
189 (c) 第188号の規定に基づいて承認した作業計画を考慮して，現在の研究委員会を存続させるべきか廃止すべきか及び新たな研究委員会を設置する必要があるかないかを決定し，並びに研究すべき問題を各研究委員会に割り当てること。

条約
190 (d) 開発途上国が関心のある問題の研究に参加することを容易にするため，できる限り，そのような問題を一括すること。

条約
191 (e) 前回の世界電気通信標準化会議の後の電気通信標準化部門の活動に関する電気通信標準化局長の報告を審査し及び承認すること。

条約
191の2 (f) 他の部会を存続させ，廃止し又は設置する必要性について決定し，並びに当該他の部会の議長及び副議長を任命すること。

条約
191の3 (g) 第191の2号に規定する部会の付託事項を定めること。当該部会は，問題又は勧告を採択しない。

条約
191A 4 世界電気通信標準化総会は，その権限内の特定の問題を，その問題について必要とされる措置を示して電気通信標準化諮問委員会に付託することができる。

条約
191B 5 世界電気通信標準化総会については，同総会が開催される国の政府が指名した議長が主宰し，同総会が連合の所在地において開催されるときは，同総会で選出された議長が主宰する。議長は，同総会で選出された副議長によって補佐される。

6 電気通信開発部門

電気通信開発部門（ITU‐D：Telecommunications Development Sector）は，電気通信の開発，特に開発途上国の開発の促進を図る目的で設置され，次の組織で構成されています。

世界電気通信開発会議
地域電気通信開発会議
電気通信開発研究委員会
電気通信開発局

6.1 任務及び組織

憲 章
第21条 任務及び組織

憲 章
118 1 (1) 電気通信開発部門は，第1条に定める連合の目的を達成することを任務とする。同部門は，また，技術協力及び技術援助のための活動を行い，組織し及び調整することにより電気通信の開発を促進し及び向上させるため，国際連合の専門機関としての及び国際連合の開発のための体制その他の資金供与のための制度の下で事業を実施するための執行機関としての連合の二重の責任を，特定の権限の範囲内で，遂行することを任務とする。

憲 章
119 (2) 無線通信部門，電気通信標準化部門及び電気通信開発部門の活動で，開発に係る事項に関するものについては，この憲章の関連規定に従い，緊密な協力の対象とする。

憲 章
130 3 電気通信開発部門の運営は，次のものによって行う。

憲 章
131 (a) 世界電気通信開発会議及び地域電気通信開発会議

憲 章
132 (b) 電気通信開発研究委員会

憲 章
132A (bの2) 電気通信開発諮問委員会

憲 章
133 (c) 電気通信開発局（選出された局長が統括する。）

憲 章
134 4 電気通信開発部門の構成員は，次のとおりとする。

憲 章
135 (a) すべての構成国の主管庁（権利として構成員となる。）

憲 章
136 (b) 条約の関連規定により部門構成員となる団体又は機関

6.2 電気通信開発会議

世界電気通信開発会議は4年ごと，地域電気通信開発会議は各地域（5地域）で全権委員会議の間に1回開催されます。電気通信の開発に関係がある問題，計画を検討し，電気通信開発局の活動の指針を討議します。

憲章 第22条 電気通信開発会議

憲章 137 1 電気通信開発会議は，電気通信の開発に関係がある問題，事業及び計画を検討するため並びに電気通信開発局に対して指針を与えるための討議の場とする。

憲章 138 2 電気通信開発会議は，次のものから成る。

憲章 139 (a) 世界電気通信開発会議

憲章 140 (b) 地域電気通信開発会議

憲章 141 3 全権委員会議から全権委員会議までの間において，世界電気通信開発会議並びに，資力及び優先度に応じて，地域電気開発会議を開催する。

憲章 143 5 電気通信開発会議の任務は，条約で定める。

条約 第16条 電気通信開発会議

条約 208 1 電気通信開発会議の任務は，憲章第118号の規定に基づき，次のとおりとする。

条約 209 (a) 世界電気通信開発会議は，電気通信の開発に関する問題及び優先順位を決定するために作業計画及び指針を作成し，並びに電気通信開発部門に対して当該作業計画に関する指針を与える。同会議は，当該作業計画を考慮して，現在の研究委員会を存続させるべきか廃止すべきか及び新たな研究委員会を設置する必要があるかないかを決定し，並びに研究すべき問題を各研究委員会に割り当てる。

条約
210（b）地域電気通信開発会議は，関係地域のニーズ及び特性を考慮して，電気通信の開発に関連する問題及び優先順位を検討する。同会議は，また，世界電気通信開発会議に勧告を提出することができる。

条約
211（c）電気通信開発会議は，開発途上国の電気通信網及び電気通信業務の拡大及び近代化並びにこれらのために必要な資源の移動に対して特別な考慮を払いつつ，世界的な電気通信及び地域的な電気通信の均衡のとれた発展のための目標及び戦略を定めるべきである。同会議は，政策上，組織上，運用上，規制上，技術上及び財政上の問題並びにこれらに関係する問題（新たな財源の探求及びその財源からの資金調達を含む。）の検討を行う場とする。

条約
212（d）世界電気通信開発会議及び地域電気通信開発会議は，それぞれの権限の範囲内において，提出された報告を検討し，及び電気通信開発部門の活動を評価する。これらの会議は，また，連合のその他の部門の活動に関係する電気通信の開発に係る事項を検討することができる。

7 世界国際電気通信会議

世界国際電気通信会議は，国際電気通信規則の改正を取り扱います。

憲章
第25条　世界国際電気通信会議

憲章
146　1　世界国際電気通信会議は，国際電気通信規則の一部改正又は，例外として，全部改正を行い，及びその他世界的性質を有する問題（同会議の権限内のもの又はその議事日程に関するものに限る。）を取り扱うことができる。

憲章
147　2　世界国際電気通信会議の決定は，いかなる場合にも，この憲章及び条約の規定に適合するものでなければならない。同会議は，決議及び決定を採択する場合には，予見可能な会計上の影響を考慮しなければならず，また，全権委員会議の定めた会計上の限度額を超える支出をもたらすおそれがある決議及び決定の採択を避けるべきである。

8 国際電気通信連合に関するその他の規定

8.1 言　語

　連合で使用される言語には公用語と業務用言語があります。公用語は，国際電気通信連合憲章，国際電気通信連合条約，業務規則等の基本的な文書に使用され，業務用言語は，公用語以外の討議用語や会議の議事録等に使用される言語です。

憲章
第29条　言　語

憲章
171　1（1）連合の公用語は，英語，アラビア語，中国語，スペイン語，フランス語及びロシア語とする。

憲章
172　（2）第171号に定める言語は，全権委員会議の関連決定に従い，連合における文書の作成及び公表（その作成及び公表は，各言語による文書が形式及び内容において同様となるように行う。）のため，並びに連合の会議中及び会合中における相互間の通訳のために，使用する。

憲章
173　（3）矛盾又は紛議がある場合には，フランス文による。

憲章
174　2　会議又は会合のすべての参加者が同意するときは，討議は，第171号に定める言語よりも少ない数の言語により行うことができる。

8.2　連合の所在地

　国際電気通信連合の所在地は，スイスのジュネーブで，事務総局，無線通信局等の常設機関が設置されています。

憲章
第30条　連合の所在地

憲章
175　連合の所在地は，ジュネーブとする。

演習問題

問1　国際電気通信連合の目的について，国際電気通信連合憲章に規定するところを述べよ。

〔参照条文：憲章2号〜憲章9号〕

問2　国際電気通信連合の文書及び業務規則について，国際電気通信連合憲章に規定するところを述べよ。

〔参照条文：憲章 29 号〜憲章 31 号〕

問3　無線通信部門の任務について，国際電気通信連合憲章に規定するところを述べよ。

〔参照条文：憲章 78 号〕

問4　世界無線通信会議の議事日程に含めることができる事項について，国際電気通信連合条約に規定するところを述べよ。

〔参照条文：条約 113 号〜条約 117 号〕

問5　電気通信標準化部門の任務について，国際電気通信連合憲章に規定するところを述べよ。

〔参照条文：憲章 104 号〕

問6　電気通信開発部門の運営はどのような会議等によって行われるか，国際電気通信連合憲章に規定するところを述べよ。

〔参照条文：憲章 130 号〜憲章 133 号〕

9 　電気通信に関する一般規定

9.1　国際電気通信業務を利用する公衆の権利

電気通信に関する基本的な取り決めについて規定されています。これらの規定は，国際（国家）間の取り決めで，これに基づいて国内法に規定されます。

電気通信の利用者に対し，いかなる優先権も与えないことが規定されています。ただし，人命の安全に関する通信等については，別に優先的な取扱いが規定されています。

憲 章
第 33 条　国際電気通信業務を利用する公衆の権利

憲 章
179　構成国は，公衆に対し，国際公衆通信業務によって通信する権利を承認する。各種類の通信において，業務，料金及び保障は，すべての利

用者に対し，いかなる優先権又は特恵も与えることなく同一とする。

9.2　電気通信業務の停止

^{憲章}
第34条　電気通信の停止

^{憲章}
180　1　構成国は，国内法令に従って，国の安全を害すると認められる私報又はその法令，公の秩序若しくは善良の風俗に反すると認められる私報の伝送を停止する権利を留保する。この場合には，私報の全部又は一部の停止を直ちに発信局に通知する。ただし，その通知が国の安全を害すると認められる場合は，この限りでない。

^{憲章}
181　2　構成国は，また，国内法令に従って，他の私用の電気通信であって国の安全を害すると認められるもの又はその法令，公の秩序若しくは善良の風俗に反すると認められるものを切断する権利を留保する。

^{憲章}
第35条　業務の停止

^{憲章}
182　構成国は，国際電気通信業務を全般的に，又は一定の関係若しくは通信の一定の種類（発信，着信又は中継）に限って，停止する権利を留保する。この場合には，停止する旨を事務総局長を経由して直ちに他の構成国に通知する。

9.3　責　任

国際電気通信業務の取扱い上の事故に起因する損害賠償の責任を免除することが規定されています。

^{憲章}
第36条　責　任

^{憲章}
183　構成国は，国際電気通信業務の利用者に対し，特に損害賠償の請求に関しては，いかなる責任も負わない。

9.4　電気通信の秘密

^{憲章}
第37条　電気通信の秘密

憲章
184　1　構成国は，国際通信の秘密を確保するため，使用される電気通信のシステムに適合するすべての可能な措置をとることを約束する。

憲章
185　2　もっとも，構成国は，国内法令の適用又は自国が締約国である国際条約の実施を確保するため，国際通信に関し，権限のある当局に通報する権利を留保する。

9.5　電気通信設備の設置及び保護等

憲章
第38条　電気通信路及び電気通信設備の設置，運用及び保護

憲章
186　1　構成国は，国際電気通信の迅速なかつ不断の交換を確保するために必要な通信路及び設備を最良の技術的条件で設置するため，有用な措置をとる。

憲章
187　2　第186号の通信路及び設備は，できる限り，実際の運用上の経験から最良と認められた方法及び手続きによって運用し，良好に使用することができる状態に維持し，並びに科学及び技術の進歩に合わせて進歩していくようにしなければならない。

憲章
188　3　構成国は，その管轄の範囲内において，第186号の通信路及び設備を保護する。

憲章
189　4　すべての構成国は，特別の取極による別段の定めがある場合を除くほか，その管理の範囲内にある国際電気通信回線の部分の維持を確保するために有用な措置をとる。

憲章
189A　構成国は，すべての種類の電気機器及び電気設備の運用が他の構成国の管轄内にある電気通信設備の運用を混乱させることを防ぐため，実行可能な措置をとることの必要性を認める。

9.6　違反の通報

憲章
第39条　違反の通報

憲章
190 構成国は，第6条の規定の適用を容易にするため，この憲章，条約
及び業務規則に対する違反に関し，相互に通報し，必要な場合には，援
助することを約束する。

9.7 優先順位

憲章179号には各種類の通信において，業務，料金及び保障は，すべての利
用者に対し，いかなる優先権又は特恵も与えることなく同一とすることが規定
されていますが，例外として，人命の安全に関するもの，官用電気通信に関す
るものについて優先的な取扱いが規定されています。

憲章
第40条　人命の安全に関する電気通信の優先順位

憲章
191 国際電気通信業務は，海上，陸上，空中及び宇宙空間における人命
の安全に関するすべての電気通信並びに世界保健機関の伝染病に関する
特別に緊急な電気通信に対し，絶対的優先順位を与えなければならない。

憲章
第41条　官用電気通信の優先順位

憲章
192 前条及び第46条の規定に従うことを条件として，官用電気通信（附
属書第1014号参照）は，当事者が特に請求したときは，可能な範囲で，
他の電気通信に対して優先順位を有する。

9.8 特別取極・地域的取極

国情を同じくする国あるいは隣接国相互間等の共通の問題を有する国におい
て，締結される協定について規定されています。また，地域主管庁会議とは別
に地域的会議を開催することができます。

憲章
第42条　特別取極

憲章
193 構成国は，構成国全体には関係しない電気通信の問題について特別
取極を締結する権能を，自国のため並びに認められた事業体及び正当に
許可されたその他の事業体のために留保する。ただし，特別取極は，そ
の実施によって，他の構成国の無線通信業務に生じさせ得る有害な混信
に関して及び，一般に，他の構成国のその他の電気通信業務の運用に生

じさせ得る技術的な支障に関しては，この憲章，条約及び業務規則に抵触してはならない。

憲章
第43条　地域的会議，地域的取極及び地域的機関

憲章
194　構成国は，地域的に取り扱うことができる電気通信の問題を解決するため，地域的会議を開催し，地域的取極を締結し，及び地域的機関を設置する権利を留保する。地域的取極は，この憲章又は条約に抵触してはならない。

演習問題

問1　構成国が公衆に対する公衆通信業務によって通信する権利について，国際電気通信連合憲章に規定するところを述べよ。

〔参照条文：憲章 179 号〕

問2　電気通信の停止について，国際電気通信連合憲章に規定するところを述べよ。

〔参照条文：憲章 180 号，憲章 181 号〕

問3　国際電気通信業務の停止について，国際電気通信連合憲章に規定するところを述べよ。

〔参照条文：憲章 182 号〕

問4　構成国の国際電気通信業務の利用者に対する責任について，国際電気通信連合憲章に規定するところを述べよ。

〔参照条文：憲章 183 号〕

問5　電気通信の秘密について，国際電気通信連合憲章に規定するところを述べよ。

〔参照条文：憲章 184 号，憲章 185 号〕

問6　電気通信路及び電気通信設備の設置，運用及び保護について，国際電気通信連合憲章に規定するところを述べよ。

〔参照条文：憲章 186 号〜憲章 189A 号〕

問7 国際電気通信業務の優先順位について，国際電気通信連合憲章に規定するところを述べよ。

〔参照条文：憲章 191 号，憲章 192 号〕

10　無線通信に関する特別規定

無線通信に関する基本的な取り決めについて規定されています。

10.1　無線周波数スペクトル等の使用

憲章
第44条　無線周波数スペクトルの使用及び対地静止衛星軌道その他の衛星軌道の使用

憲章
195　1　構成国は，使用する周波数の数及びスペクトル幅を，必要な業務の運用を十分に確保するために欠くことができない最小限度にとどめるよう努める。このため，構成国は，改良された最新の技術をできる限り速やかに適用するよう努める。

憲章
196　2　構成国は，無線通信のための周波数帯の使用に当たっては，無線周波数及び関連する軌道（対地静止衛星軌道を含む。）が有限な天然資源であることに留意するものとし，また，これらを各国又はその集団が公平に使用することができるように，開発途上国の特別な必要性及び特定の国の地理的事情を考慮して，無線通信規則に従って合理的，効果的かつ経済的に使用しなければならないことに留意する。

10.2　有害な混信

無線航行業務その他の安全業務の運用を妨害し，又は無線通信規則に従って行う無線通信業務の運用を妨害する等の有害な混信を生じさせないように，無線局等を設置し運用しなければならないことを規定しています。

憲章
第45条　有害な混信

憲章
197　1　すべての局は，その目的のいかんを問わず，他の構成国，認められた事業体その他正当に許可を得て，かつ，無線通信規則に従って無線通信業務を行う事業体の無線通信又は無線業務に有害な混信を，生じさ

せないように設置し及び運用しなければならない。

憲章
198　2　各構成国は，認められた事業体その他正当に許可を得て無線通信業務を行う事業体に第197号の規定を遵守させることを約束する。

憲章
199　3　構成国は，また，すべての種類の電気機器及び電気設備の運用が第197号の無線通信又は無線業務に有害な混信を生じさせることを防ぐため，実行可能な措置をとることの必要性を認める。

10.3　遭難の呼出し

憲章
第46条　遭難の呼出し及び通報

憲章
200　無線通信の局は，遭難の呼出し及び通報を，いずれから発せられたかを問わず，絶対的優先順位において受信し，同様にこの通報に応答し，及び直ちに必要な措置をとる義務を負う。

憲章
第47条　虚偽の遭難信号，緊急信号，安全信号又は識別信号

憲章
201　構成国は，虚偽の遭難信号，緊急信号，安全信号又は識別信号の伝送又は流布を防ぐために有用な措置をとること並びにこれらの信号を発射する自国の管轄の下にある局を探知し及び識別するために協力することを約束する。

10.4　国防機関の設備

憲章
第48条　国防機関の設備

憲章
202　1　構成国は，軍用無線設備について，完全な自由を保有する。

憲章
203　2　もっとも，第202号の設備は，遭難の場合において行う救助に関する規定，有害な混信を防ぐためにとる措置に関する規定並びに使用する発射の型式及び周波数に関する業務規則の規定を，当該設備が行う業務の性質に従って，できる限り遵守しなければならない。

憲章
204　3　第202号の設備は，また，公衆通信業務その他業務規則によって

規律される業務に参加するときは，原則として，これらの業務に適用される規則に従わなければならない。

[11] 国際連合その他の関係機関及び非構成国との関係

11.1　国際連合その他の国際機関

国際電気通信連合（ITU）に関連する国際機関には，次の機関等があります。
国際海事機関（IMO）
国際民間航空機関（ICAO）
国際電気通信衛星機構（ITSO）
国際移動通信衛星機構（IMSO）
世界気象機関（WMO）
国際連合教育科学文化機関（UNESCO）

11.2　国際連合その他の関係機関及び非構成国との関係

憲 章
第49条　国際連合との関係

憲 章
205　国際連合と国際電気通信連合との関係は，これらの機関の間で締結された協定で定める。

憲 章
第50条　その他の国際機関との関係

憲 章
206　連合は，電気通信の分野における完全な国際的調整の実現に資するため，利害関係を有し又は関連する活動を行う国際機関と協力すべきである。

憲 章
第51条　非構成国との関係

憲 章
207　すべての構成国は，構成国でない国と電気通信を交換することを認める条件を定める機能を，自己のため及び認められた事業体のために留保する。構成国でない国から発する電気通信が構成国によって受信されたときは，その通信は，伝送されなければならず，また，当該通信が構成国の通信路を経由する限り，この憲章，条約及び業務規則の義務的規

定並びに通常の料金の適用を受ける。

12　用語の定義

_{憲　章}
附属書　国際電気通信連合の憲章，条約及び業務規則において使用する若干の用語の定義

_{憲　章}
1001　連合の文書の適用上，次の用語は，次に定義する意味を有する。

_{憲　章}
1001 A　構成国　第2条の規定により国際電気通信連合の構成員と認められる国

_{憲　章}
1001 B　部門構成員　条約第19条の規定に従い部門の活動に参加することを承認された団体又は機関

_{憲　章}
1002　主管庁　国際電気通信連合憲章，国際電気通信連合条約及び業務規則の義務を履行するためにとるべき措置について責任を有する政府の機関

_{憲　章}
1003　有害な混信　無線航行業務その他の安全業務の運用を妨害し，又は無線通信規則に従って行う無線通信業務の運用に重大な悪影響を与え，若しくはこれを反覆的に中断し若しくは妨害する混信

_{憲　章}
1004　公衆通信　局が公衆の用に供されている事実により，局が伝送するために受信しなければならない電気通信

_{憲　章}
1005　代表団　同一の構成国が派遣する代表及び，場合により，代表者，顧問，随員又は通訳の全体

　　各構成国は，任意にその代表団を構成するものとし，特に，条約の関連規定により承認された団体又は機関に属する者を，特に代表，顧問又は随員の資格で，代表団に含めることができる。

_{憲　章}
1006　代表　全権委員会議に対して構成国の政府が派遣する者又は連合の他の会議若しくは会合において構成国の政府若しくは主管庁を代表す

る者

憲章
1007　事業体　個人，団体，企業又は政府の施設で，国際電気通信業務を行うための電気通信設備又は国際電気通信業務に有害な混信を生じさせるおそれのある電気通信設備を運用するもの

憲章
1008　認められた事業体　第1007号に定議する事業体のうち公衆通信業務又は放送業務を運用する事業体で，その主たる事務所の所在地がある構成国によって，又は自己の領域において電気通信業務に関する設置及び運用を当該事業体に許可した構成国によって，第6条に定める義務を課されたもの

憲章
1009　無線通信　電波による電気通信

憲章
1010　放送業務　一般公衆によって直接に受信されるための発射を行う無線通信業務。放送業務は，音響のための発射，テレビジョンのための発射その他の形態の発射を含むことができる。

憲章
1011　国際電気通信業務　異なった国に存在し又は属するすべての種類の電気通信の局の間における電気通信の提供

憲章
1012　電気通信　有線，無線，光線その他の電磁的方式によるすべての種類の記号，信号，文言，影像，音響又は情報のすべての伝送，発射又は受信

憲章
1013　電報　受取人に配達するため電信によって伝送することを意図した文言。この用語は，別段の定めがない限り，無線電報を含む。

憲章
1014　官用電気通信　次のいずれかのものから発する電気通信又はその返信

　　　元首
　　　政府の長又は政府の一員である者
　　　陸軍，海軍又は空軍の司令長官
　　　外交官又は領事官
　　　国際連合事務総長又は国際連合の主要機関の長
　　　国際司法裁判所

憲章
1015　私報　官用電報又は業務用電報以外の電報

憲章
1016　電信　伝送された情報を受信と同時に画像記録の形式で記録するための電気通信の形式。伝送された情報は，場合により，他の形式で提供すること又は将来の使用のために記録することができる。
注　画像記録とは，情報の媒体であって，筆記され若しくは印刷された文言又は静止影像を永久的な形式で記録するものであり，かつ，整理し及び検索することができるものをいう。

憲章
1017　電話　主として言語の形式で情報を交換するための電気通信の形式

演習問題

問1　無線周波数スペクトルの使用及び対地静止衛星軌道の使用について，国際電気通信連合憲章に規定するところを述べよ。
〔参照条文：憲章 195 号，憲章 196 号〕

問2　有害な混信及びそれに対する措置について，国際電気通信連合憲章に規定するところを述べよ。
〔参照条文：憲章 197 号～憲章 199 号〕

問3　遭難の呼出し及び通報について，国際電気通信連合憲章に規定するところを述べよ。
〔参照条文：憲章 200 号〕

問4　次の用語の定義について，国際電気通信連合憲章に規定するところを述べよ。
　　① 公衆通信　　② 放送業務　　③ 電気通信
〔参照条文：憲章 1004 号，憲章 1010 号，憲章 1012 号〕

〈著者略歴〉

吉川忠久（よしかわ　ただひさ）

学　歴　東京理科大学物理学科卒業
職　歴　郵政省関東電気通信管理局
　　　　日本工学院八王子専門学校
　　　　中央大学理工学部兼任講師
　　　　明星大学理工学部非常勤講師

技術者のための
情報通信法規

2022 年 9 月 20 日　　第 1 版第 1 刷発行

著　　者　吉川忠久
発行者　村上和夫
発行所　株式会社 オーム社
　　　　　郵便番号　101-8460
　　　　　東京都千代田区神田錦町 3-1
　　　　　電話　03 (3233) 0641 (代表)
　　　　　URL https://www.ohmsha.co.jp/

© 吉川忠久 2022

組版　サン工房　　印刷・製本　壮光舎印刷
ISBN978-4-274-22912-1　Printed in Japan

本書の感想募集 https://www.ohmsha.co.jp/kansou/
本書をお読みになった感想を上記サイトまでお寄せください．
お寄せいただいた方には，抽選でプレゼントを差し上げます．

マンガでわかる
物理［光・音・波編］

- 新田 英雄 著
- 深森 あき 作画
- トレンド・プロ 制作
- B5 変判／ 240 頁
- 定価（本体 2000 円【税別】）

マンガでわかる
電気数学

- 田中賢一 著
- 松下マイ 作画
- オフィス sawa 制作
- B5 変判／ 268 頁
- 定価（本体 2200 円【税別】）

マンガでわかる
電　気

- 藤瀧和弘 著
- マツダ 作画
- トレンド・プロ 制作
- B5 変判／ 224 頁
- 定価（本体 1900 円【税別】）

定価は変更される場合があります

ホームページ https://www.ohmsha.co.jp/ 　　 **TEL／FAX** TEL.03-3233-0643 FAX.03-3233-3440

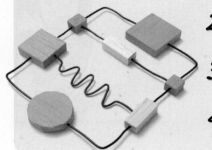

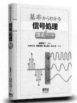